化学化工材料与新能源研究

延海龙　朱晓波　孟令挥　著

吉林科学技术出版社

图书在版编目（CIP）数据

化学化工材料与新能源研究 / 延海龙，朱晓波，孟令挥著. -- 长春 : 吉林科学技术出版社，2024. 6.

ISBN 978-7-5744-1562-1

Ⅰ. TQ04；TK01

中国国家版本馆 CIP 数据核字第 2024Q2Z499 号

化学化工材料与新能源研究

著　　者　延海龙　朱晓波　孟令挥
出 版 人　宛　霞
责任编辑　刘　畅
封面设计　南昌德昭文化传媒有限公司
制　　版　南昌德昭文化传媒有限公司
幅面尺寸　185mm × 260mm
开　　本　16
字　　数　240 千字
印　　张　11.5
印　　数　1~1500 册
版　　次　2024年6月第1版
印　　次　2024年12月第1次印刷

出　　版　吉林科学技术出版社
发　　行　吉林科学技术出版社
地　　址　长春市福祉大路5788 号出版大厦A 座
邮　　编　130118
发行部电话/传真　0431-81629529 81629530 81629531
81629532 81629533 81629534
储运部电话　0431-86059116
编辑部电话　0431-81629510
印　　刷　三河市嵩川印刷有限公司

书　　号　ISBN 978-7-5744-1562-1
定　　价　72.00元

前　言

随着世界经济的快速发展和全球人口的不断地增长，世界能源消耗剧增，人类社会的可持续发展受到严重威胁，人们越发意识到解决能源危机的关键是能源材料，尤其是新能源材料技术的突破。化学化工材料与新能源是降低碳排放，优化能源结构、实现人类社会可持续发展的重要途径，也是国民经济和社会发展的命脉。新能源是相对常规能源而言的，一般指以采用新技术和新材料而获得的，在新技术基础上系统开发利用的能源。新能源具有资源可持续、清洁、分布均衡等特点，必将成为未来可持续能源系统的支柱。新能源产业的发展既是整个能源供应系统的有效补充手段，也是环境治理和生态保护的重要措施，是满足人类社会可持续发展需要的最终能源选择。新能源材料是实现新能源的转化利用及发展新能源技术中所用的关键材料，是发展新能源技术的核心和其应用的基础。

本书是从高性能纤维与聚氨酯材料介绍入手，针对复合相变储能材料及其热性能、金属氢化物镍电池材料、锂离子电池材料进行了分析研究；另外对燃料电池材料、太阳能电池材料、超级电容器材料做了一定的介绍；还对生物质能与核能材料做了研究。本书较为系统、全面地介绍了化学化工材料和新能源的基本知识与理论，各章节内容既前后呼应、相互联系，又自成体系，相对独立；既可供读者全面、系统地学习，又便于读者有针对性地查阅与选学。

另外，作者在写作本书时参考了国内外同行的许多著作和文献，在此一并向涉及的作者表示衷心的感谢。因为作者水平有限，书中难免存在不足之处，恳请读者批评指正。

《化学化工材料与新能源研究》
审读委员会

目　录

第一章 高性能纤维与聚氨酯材料

第一节 高性能纤维

一、高性能纤维的概述

（一）纤维

按照国际人造纤维标准化局的术语，纤维被定义成具有柔韧性、细度、长度与横截面积比较大等特征的一种物质。纤维按其原料来源通常分为天然纤维和化学纤维两大类。

1. 天然纤维

天然纤维是指来源于自然界中原有的或者经人工培植的植物、人工饲养的动物以及矿物中直接取得的纺织纤维，包括取自于植物的棉纤维、麻类纤维等，取自于动物的毛类纤维、蚕丝纤维等，取自于矿物岩石的石棉纤维等。现今，大部分天然纤维仍被用于衣物、家用和其他纺织品，用来确保人们日常生活的温暖、舒适和美观。自 20 世纪 60 年代以来，虽然化学纤维的发展利用迅速增加，天然纤维已经丧失了大量市场份额，但是其在纺织纤维年总产量中仍然约占 1/3。

2. 化学纤维

化学纤维是采用天然或合成的高分子合成物、无机物以及金属物为原料，在人工条件下加工所制成的纤维，可分为有机纤维和无机纤维。

20 世纪 80 年代以后，随着化学纤维产量的高速稳定增长，人们更加重视新产品的开发，通过化学、物理改性及纺丝加工新技术对常规大品种纤维的使用性能进行较大改进，如染色、光热稳定、防污、抗起球、蓬松、手感、吸湿等，开发了各种仿天然纤维的改性品种，主要使常规化纤具有某种特定性能及风格，提升其服装用途的性能，这些纤维被称为差别化纤维。

另外，随着国防军工和高新技术产业的发展需求，化学纤维作为一种重要的工程材料，其在众多产业领域的应用被不断拓展，由此推动了一批具有特殊性能与功能的纤维品种的研发和规模化生产。这些纤维区别于差别化纤维，主要满足某种特需目的并大多应用于高技术产业领域，被称作特种合成纤维或高技术纤维，主要包括高性能纤维和高功能纤维。

（二）高性能纤维的定义

一般而言，纤维的性能是指其对来自外界的物理或化学作用的抵抗能力，是纤维避免自身遭到破坏而失去使用价值的能力，包括物理性能、力学性能、稳定性能、加工和使用性能等，而对于涤纶、锦纶等常规大品种纤维来说，其性能主要满足服装用途。

因此，高性能纤维通常是指物理化学结构特殊，用在特定领域，并具有高强度、高模量、突出的耐高温及抗燃性或者化学稳定性等优异性能的一类特种化学纤维。高性能纤维与普通纤维相比，其对外界的物理和化学作用具有特殊的耐受能力，某一项或几项性能指标显著高于普通纤维，其高性能的特点主要体现在比普通纤维具备更高的拉伸强度和模量，更好的热稳定性、耐强腐蚀性、耐候性及电绝缘性等，属于特殊用途的纤维。

高性能纤维是新材料领域研究开发的重要方向之一，是通过分子设计、工程控制不断向材料极限挑战的一种努力，这些性能的获得和应用往往与高新技术或尖端科学领域相关，是材料学、材料加工工程、材料物理与化学、化学反应工程、化工设备设计与制造等多学科交叉融合的结果。虽然其生产量很小，远不能与常规纤维品种相比，但在国民经济中占有重要的地位，是其他材料所难以取代的。它不仅是发展航空航天和国防工业所迫切需要的关键性战略物资，而且在船舶、电子信息、医疗、环境保护、能源、桥梁建筑、交通运输、体育娱乐等领域具有广阔应用的前景。可以这么认为，高性能纤维是发展高新技术产业的先导及支柱材料之一。

二、高性能纤维的分类

（一）按性能分类

1. 高强度高模量纤维

高强度高模量纤维一般指强度大于 2.5GPa（17.7cN/dtex）、模量高于 55GPa（441.5cN/dtex）的纤维。从化学结构上看，高强度高模量纤维属于均聚和共聚的芳杂环类及一些无机类纤维，包括对位芳酰胺及其共聚纤维、聚芳酯、聚醚酰亚胺、聚苯并双恶唑和噻唑、超高分子量聚乙烯、聚乙烯醇、碳纤维、碳化硅、氮化硅、碳化硼、硼纤维、氧化铝纤维等。

代表性品种包括聚对苯二甲酰对苯二胺纤维（对位芳纶或芳纶 1414，PPTA），超高分子量聚乙烯纤维（UHMWPE），聚苯成苯并二恶唑纤维（PBO），聚芳酯纤维（PAR），聚（2，5- 二羟基 -1，4- 亚苯基吡啶并二咪唑）纤维（PIPD，M5），碳纤维（CF）等。

2. 耐高温纤维

耐高温纤维通常是指在 200℃以上可以长期使用并保持主要的物理机械性能的一类纤维，即在此高温下能维持常温时所具备的物理力学性能或经较长使用时间仍具有最低限度的物理力学性能。这类纤维具有以下特征：高温下尺寸大小无变化，软化点及熔点高，耐燃或不燃，热分解温度高，长期暴露在高温下也能保持一般特性，具备纤维制品所必需的柔软性、弹性和可加工性，多为芳杂环类纤维，如间位芳酰胺、聚芳砜酰胺、聚恶唑、噻唑和咪唑类、聚芳砜、聚芳酰亚胺等。

代表性品种包括聚间苯二甲酰间苯二胺纤维（间位芳纶或芳纶 1313，PMIA），聚酰胺酰亚胺纤维（PAI），聚酰亚胺纤维（PI），聚四氟乙烯纤维（PTFE），聚苯硫醚纤维（PPS），聚芳恶二唑纤维（POD），聚苯并咪唑纤维（PBI），聚对苯撑苯并二恶唑纤维（PBO），聚对苯撑苯并双噻唑纤维（PBT），聚砜基酰胺纤维（芳砜纶，PSA），聚醚醚酮纤维（PEEK），高硅氧纤维，氧化铝纤维，碳化硅纤维及陶瓷纤维等等。

3. 抗燃纤维

抗燃纤维是指纤维分子结构本身具有抗燃性的一类纤维，即在火焰中难以燃烧，仅发生赤热和炭化，其化学结构具有稠环、三维交联、金属螯合或在火焰中能形成难燃的表面碳化层或者分解出不可燃的保护性气体，而且释放出的烟雾和有害气体极少，极限氧指数大于 32%。抗燃纤维主要为梯形结构、分子高度交联、金属螯合或芳杂环类纤维。

代表性品种包括酚醛纤维（PF），三聚氰酰胺纤维（密胺，MF）、聚丙烯腈预氧化纤维（PANOF），连续玄武岩纤维（BF）等。

4. 耐强腐蚀纤维

耐强腐蚀纤维是指在≤ 200℃下，耐各种介质腐蚀溶解的一类纤维，主要为含氟纤维。代表性品种包括聚四氟乙烯纤维（PTFK）、聚苯硫醚纤维（PPS）、四氟乙烯 – 六氟丙烯共聚纤维、聚偏氯乙烯纤维、乙烯 – 三氟氯乙烯共聚纤维等。

（二）按化学组成分类

1. 有机高性能纤维

有机高性能纤维指由有机聚合物制成的高性能纤维或者利用天然聚合物经化学处理而制成的高性能纤维，按分子链的刚柔性可分为刚性链聚合物纤维和柔性链聚合物纤维。刚性链聚合物的分子链为刚性链，由于其具有芳香主链、刚性分子链节，且高度有序，柔软度较差，如果分子间作用力很强，容易形成液晶单元，可采用液晶纺丝加工制备高性能纤维，主要包括芳香族聚酰胺纤维、芳香族聚酯纤维、芳杂环聚合物纤维、聚四氟乙烯纤维等大多数高性能纤维；而柔性链聚合物的分子链为柔性链，不包含芳香环，柔性度较好，由于分子间作用力小，容易择优取向，如果制备高强度高模量纤维，则需要高分子质量以及分子链充分地伸直取向，通常采用冻胶纺丝和超倍拉伸方法加工，主要包括超高分子量聚乙烯纤维、超高分子量聚乙烯醇纤维等。

2. 无机高性能纤维

无机高性能纤维以矿物质、金属或有机聚合物前躯体为原料制成，具备有不同的分子构象或结构，如无定形纤维、多晶纤维和单晶纤维等。主要品种有碳纤维、玄武岩纤维、玻璃纤维、氧化铝纤维、氧化锆纤维、硼纤维、碳化硅纤维、硅硼氮纤维、金属纤维等。

三、高性能纤维的性能

（一）碳纤维的性能

1.PAN 纤维的结构与性能

PAN 纤维的结晶结构与缺陷和碳纤维的性能密切相关。高结晶度有利于碳纤维性能的提高，通常在高性能 PAN 基碳纤维中其纤维的结晶度需在 45% 以上。此外，小的结晶尺寸有利于碳纤维强度的提高，而大的结晶尺寸则有利于弹性模的增加。对 PAN 纤维晶体结构的认识目前主要分为两类：一部分研究者认为 PAN 为单相准晶结构，即 PAN 是无序的，但这种无序又比通常认为的非晶无序要规整。另一部分研究者则认为 PAN 纤维的晶体结构包含相对有序的“准晶区”和无序的非晶区，其中以 Warner 等的研究最具代表。高度取向的 PAN 纤维由伸长的孔隙和原纤组成，原纤由沿纤维轴向长 5 ~ 10nm 的有序区和 3 ~ 7nm 的无序区组成，棒的直径约为 0.6nm。对于常规 PAN 纤维，其结晶度和凝固后的拉伸过程没有太大关系。一般来说，预热拉伸使氰基获得足够的能量，发生横向整列重排，并把氰基基团上的水化层释放出来，得到网络结构趋于密实的 PAN 纤维，进而通过高倍拉伸得到高度有序的结构，提高纤维的断裂强度。但过度牵伸会将 PAN 分子链强行拉断，导致了缺陷、裂纹和断丝等现象的出现，影响最终碳纤维的性能。

PAN 纤维表面和内部的孔隙构成了主要的结构缺陷，其形成受溶剂种类、凝固浴浓度、温度、牵伸等影响。PAN 纤维经湿法纺丝后，由于溶剂的扩散，表面产生明显的沟槽，同时纤维表面和内部形成明显的皮芯结构，存在较多的孔隙，严重影响碳纤维的强度和模量，有效去除 PAN 纤维的缺陷，可显著提高碳纤维的力学性能。较湿法纺丝而言，干湿法纺丝中的 PAN 纺丝液由于在空气层中经历了挤出胀大效应，经牵伸变细后进入凝间浴，因此，所得纤维的表面较光滑，不存在沟槽等缺陷，有效地降低了纤维表面的缺陷，纤维性能大幅提高。

2. 预氧化纤维的结构与性能

PAN 中大量氰基的存在使得分子链间存在较强的相互作用力，导致 PAN 的熔点较高。随着碳纤维制备过程中热处理温度的提高，PAN 将在熔融前即发生氧化分解，因此，需在碳化过程前对其进行预氧化处理，使 PAN 的线性分子链转化为耐热的梯形结构，以便在高温碳化时不熔不燃。PAN 的预氧化过程反应较复杂，包括环化反应、氧化反应、脱氢反应及分解反应等。

PAN 纤维在预氧化过程中经脱氢、环化、氧化等环节生成结构较稳定的共轭环结构，提高了 PAN 基碳纤维的耐热性。在整个 PAN 基碳纤维的制备过程中，预氧化过程所消耗的时间最长，也最为关键，其结构转变在很大程度上决定了最终碳纤维的结构和性能。影响 PAN 纤维预氧化过程的因素有很多，其中主要包括预氧化过程中施加在纤维上的张力、热处理温度、预试化时间、介质以及预氧化反应场等。预氧化过程中纤维会产生化学收缩和物理收缩，通过在纤维上施加适当的张力，可减小收缩量，提高纤维的强度。同时为避免 PAN 纤维在预氧化过程中因释放大量热量破坏其分子量，影响所得碳纤维的强度，通常需采用较低的加热速率。除此之外，改善预氧化的介质，增加紫外光辐照等，也可较好地提高碳纤维前驱体的质量。

3. 碳纤维的结构与性能

碳化一般是在高纯度的惰性气体保护下将预氧化的 PAN 纤维加热至 1000 ~ 1800℃，以除去其中的 H、O、N 等非碳元素，生成含碳量约为 95% 的碳纤维。在碳化过程中，PAN 预氧丝中直链分子和预氧化过程中所形成的共轭环结构进一步交联、环化和缩聚，使形成的环化和末端基分解，释放出 NH2、CO、CO2、H2、N2、HCN 和 H2O 等。在碳化阶段，所有非碳元素均以适当形式去除副产物，形成类石墨结构。碳化过程一般包括两段升温：第一阶段为 PAN 分子链的化学反应及挥发性产物的扩散，需在较低温度下进行，一般低于 600℃，并需严格控制升温速率，一般小于 5℃ /min，避免纤维表面产生气孔或不规则的形态；第二阶段为 PAN 分子链间的交联以及 N2、HCN 与 H2 等气体的挥发，可在较快温度下进行。在该过程中，环化序列的碳原子进入相邻序列已挥发的氮原子留下的空间，促进了横向类石墨结构的生长。在高温碳化阶段，类石墨结构进一步生长，形成二维有序的层面网状石墨结构。这种纤维内部分子结构的交联化和网状化大大提高了纤维的强度和模量。

（二）PPTA 纤维的性能

1. 力学性能

高模型的 PPTA 纤维的断裂强度高达 1100cN/dtex，断裂伸长非常低。

作为产业用纺织纤维，对比强度有较高的要求。比强度是抗拉强度与密度之比，比模量则是指抗拉模量与密度之比。

2. 热性能

PPTA 纤维的玻璃化温度是 345 ℃，分解温度为 560 ℃，极限氧指数为 28% ~ 30%。PPTA 纤维的强度和初始模量随温度的升高而降低，但它在 300℃下的强度和模比其他常规纤维（如聚酯、尼龙等）在常温下的性能还好。在干热空气下，180℃下 48h 的强度保持率为 84%，400℃下为 50%，零强温度为 455℃。同时，它的耐低温性能也好，在 –196℃下，Kevlar49 纤维不发脆，不分解。

3. 压缩和剪切性能

芳纶纤维为轴向伸展的聚合物，分子链的构象给予纤维高的纵向弹性模量，芳香族环及电子的共轭体系赋予纤维高的力学刚性和化学稳定性；横向以氢键相结合，氢键使酰胺基具有稳定性，但它比纤维轴向的共价键要弱得多，所以，芳纶纤维纵向强度较高，而横向强度较低。

4. 耐疲劳性能

PPTA 纤维因为压缩性能较差，所以耐疲劳问题较突出。长时间的周期性载荷往往会引起纤维的疲劳和强度的下降，这对产业用纺织纤维十分重要。选择纤维 / 橡胶复合材料为试样，进行弯曲、拉伸、压缩及剪切的疲劳试验，然后测定帘线的强力保持率，结果锦纶帘线强力保持率为 100%，而芳纶帘线为 70% ~ 78%，芳纶 / 锦纶复合帘线为 85%，显然芳纶帘线的耐疲劳性能较差。

5. 耐紫外光性能

在吸收光谱中，芳纶在紫外线区间约 250nm 处有一个强的吸收峰，低而宽的吸收峰集中在 330nm 周围，这就造成了芳纶使用上的缺陷。芳纶纤维不仅须防止紫外光照射，而且不可暴露于阳光中。芳纶在空气中吸收来自太阳光的 300 ~ 400nm 波长的辐射，导致了强力性能严重下降。

（三）聚酰亚胺纤维的主要性能

聚酰亚胺纤维是一种杂环纤维聚合物纤维，是一个具有众多优良性能的高性能纤维。其主要优良性能有以下几点。

1. 高强高模

常见的聚酰亚胺分子主链上含有大量酰亚胺环、芳环或杂环，使分子链的芳香性高，刚性大；加之酰亚胺环上的氮氧双键键能非常高，芳杂环产生的共轭效应使分子间作用力较大；纤维在制备过程中沿轴方向高度取向，致使聚酰亚胺纤维具有高强高模的特性，尤其在模量方面更加突出。

2. 热稳定性

聚酰亚胺纤维除上述提到的高强高模特性之外，耐热性也是其主要性能之一。其中芳香族聚酰亚胺纤维的初始分解温度一般都在 500℃以上，最大热失重速率一般在 550 ~ 650℃。联苯型聚酰亚胺纤维的热分解温度更是高达 600℃，含杂环聚酰亚胺纤维的初始分解温度一般为 570 ~ 610℃，在无氧氛围下，900℃时，质量残留超过 65%，是迄今热稳定性最好的聚合物品种。含杂环聚酰亚胺纤维的玻璃化转变温度可以超过 450℃，极大地拓展了该种聚合物材料在航空航天等极端领域下的应用。这是因为聚酰亚胺本身属于芳杂环聚合物，主链结构中的芳环和杂环作为重复的基本结构单元，可增加分子链的刚性，削弱分子的热运动，如转动和振动等；杂环可以使分子链间产生偶极吸引力等，从而改善聚合物的热稳定性。

3. 耐低温性

聚酰亚胺纤维可耐极低的温度，例如在 -269℃的液氦中仍不会脆裂，因此可用在低温环境的考察试验中。

4. 耐辐照性

聚酰亚胺分子呈钢棒状，弱键极少，保证了纤维在经高能辐射后仍能保持高强度。实验表明，聚酰亚胺纤维经 1×108Gy 快电子照射后其强度保持率仍为 90%。优异的耐辐照性能可使聚酰亚胺纤维作为高温介质及放射性物质的过滤材料，也是航空航天首选的材料。

5. 良好的介电性能

普通芳香型 PI 的相对介电常数为 3.4 左右，若在 PI 中引入氟或大的侧基，其相对介电常数、介电损耗、介电强度分别可达到 2.5、10-3、100 ~ 300kV/mm，并且在宽广的频率范围和温度范围内，其介电性能仍能保持较高水平。

6. 其他性能

聚酰亚胺纤维对生物无毒，可以用在医用器械上，并经得起数千次消毒。一些品种的聚酰亚胺具有很好的生物相容性。例如，聚酰亚胺纤维在血液相容性试验中为非溶血性，体外细胞毒性试验为无毒等。聚酰亚胺纤维为自熄性材料，发烟率低，由二苯酮四酸二酐（BTDA）和 4，4′ – 二异氰酸二苯甲烷酯（MDI）合成并纺制的聚酰亚胺纤维的极限氧指数为 38%。热膨胀系数小，为 10-5 ~ 10-7℃数量级。另外，对于酸及有机溶剂，它相对较为稳定，但不耐水解，特别是碱性水解。PI 有个明显的特点，即可将其进行碱性水解，重新得到 BTDA 和 MDI，并且回收率很高。当然，设计 PI 结构也可使其极耐水解，如经得起 120℃下水煮 500h。

聚酰亚胺纤维的性能由其构成聚酰亚胺高分子链的化学结构及纤维物理结构所决定。

第二节　聚氨酯的主要组分与结构特征

一、聚氨酯材料的概述

聚氨酯（PU）是聚氨基甲酸酯的简称，是一种高分子主链上带有重复的氨基甲酸酯结构单元（—NHCOO—）的聚合物的总称。它通常由多异氰酸酯和低聚物多元醇以及多元醇或芳香族二胺等通过逐步聚合反应制备，为典型的多嵌段共聚物。除了生成氨基甲酸酯基团外，还生成脲、缩二脲等基团。所以，从广义上来说，PU 是异氰酸酯的加成物。实际合成中，通过改变原料种类及组成，可以大幅度地改变产品形态及其性能，制成线型或体型结构的 PU 材料，得到从柔软到坚硬的最终产品，产品性能和用途也各有不同。

PU 材料是六大合成材料之一，是目前所有高分子材料中唯一一种在塑料、橡胶、泡沫、纤维、涂料、胶黏剂和功能高分子七大领域均有应有价值的合成高分子材料。由此也决定了 PU 材料是高分子材料中品种最多、用途最广、发展最快的一种特种有机合成材料。可以广泛应用于轻工、建筑、汽车、纺织、机电、船舶、石化、冶金、能源、军工等国民经济各个领域。

二、聚氨酯的主要组分

（一）异氰酸酯

为了生成聚氨酯，必须使用分子中含有两个或者数个 NCO 基团的异氮酸酯。芳族、环脂族异氰酸酯都是聚氨酯化学的组成中很适用的组分。由于芳基连接的异氰酸酯基有很高的反应活性，芳族异氰酸酯也经济易得，故芳族异氰酸酯是非常重要的反应物。脂肪族异氰酸酯仅用于特别适合其反应性的某些聚合物的生成反应，或对最终产品性能有特殊要求的场合。例如，对光稳定的涂料，只能用脂肪族异氰酸酯合成。

在同类异氰酸酯中，其反应性也有明显差异。这些差异来自它们的结构和取代基的影响，其中位阻效应起着重要作用。例如，在 2，4- 甲苯二异氰酸酯中，甲基对位的异氰酸酯基团的活性要比邻位异氰酸酯基团大得多（大约 25 倍）。还有，使用二异氰酸酯或多异氰酸酯时，在第一个异氰酸酯基反应后，例如，在氨基甲酸酯的生成反应中，余下的异氰酸酯基团的反应性通常都降低。

目前制备异氰酸酯的工艺路线是对相应的胺类进行光气化。该路线包括游离胺的光气化、胺的盐酸盐或氨基甲酸盐的光气化以及加压光气化等这些方法和技术。用做原料的芳胺最好是由相应的硝基化合物加氢制备。例如，由二硝基甲苯制甲苯二胺（TDA），或由硝基苯生成的中间体苯胺制二氨基二苯基甲烷（MDA）。制造脂肪族胺类有特殊的方法。例如，己二腈经催化还原反应制备六亚甲基二胺（HDA）。在很多情况下，用相应的芳胺进行苯环加氢，得到环脂族胺（如 MDA 加氢）。异佛尔酮二胺是由丙酮、氰化氢及氨制得的。

引进异氰酸酯基团的其他方法有羧酸酰胺的霍夫曼重排反应、羧酸叠氮化物的库尔斯重排反应、氧肟酸及其衍生物的佐森（Zossen）重排反应、氮川碳酸盐的热重排反应，但它们只有科研意义。这些反应只在特殊情况下使用，如对苯二甲酰胺的霍夫曼重排反应。氰酸盐的烷基化反应也只用于特殊场合。

从 20 世纪 60 年代中期开始人们就已经知道用一氧化碳将硝基化合物直接转化成异氰酸酯的方法，而且十分简单。但是由于效率低及催化剂用量大，故此方法在工业上从未获得应用。硝基化合物与一氧化碳在醇类存在的条件下，以贵金属硒或硫黄作为催化剂，进行催化反应生成相应的氨基甲酸酯，在工业上似乎更有吸引力。异氰酸酯通过氨基甲酸酯热裂的方法再生，生成异氰酸酯和醇。人们把这种方法作为制备 MDI 产品的工业方法。

由胺类、醇类及脲合成的氨基甲酸酯也能够分解成异氰酸酯和醇，且人们正在考虑将它作为生产异氰酸酯的工业方法。

在世界范围内，TDI 仍然是生产吨位最大的二异氰酸酯。TDI 是以 2，4– 及 2，6– 甲苯二异氰酸酯的异构体混合物的形式提供的。市场上出售的 TDI 除了不同的异构体物以外，还有纯的 2，4– 体。

最重要的产品仍为 TDI–80，它含有 80% 的 2，4– 异构体和 20% 的 2，6– 异构体，是制造软质聚氨酯泡沫的标准异氰酸酯。MDI 是产量居第二位的芳族多异氟酸酯。它是由苯胺与甲醛缩合，然后进行光气化反应而生产的。苯胺与甲醛缩合不是得到单一的 4，4′ – 二氨基 – 二苯基甲烷，而是含有 2，4′ – 及 2，2′ – 异构体的混合物，以及分子中含有两个以上芳环的缩合产物，如三环及多环化合物。故 MDI 是一种不同异构体的混合物。市售的 MDI 的品种很多，来适用于不同的应用领域要求，从纯的双环的 4，4′ –MDI，到包括所有的各种聚合的 MDI。

纯的 4，4′ –MDI 异构体最好用于制造高性能的聚氨酯弹性体。含有高于三环的异氰酸酯混合物及多环的异氰酸酯产物通称为聚合 –MDI。虽然这些产品不是真正的聚合物，而是低聚物，也使用聚合 –MDI 这一名称。聚合 –MDI 是绝大多数硬质泡沫配方的基础原料。另外某些类型的 MDI，特别是 2，4– 异构体含量较高的 MDI，也能用于制造软质聚氨酯泡沫。

由于对更特殊 MDI 的类型的需求持续增长，有必要进一步开发 MDA 及 MDI 的制造方法。最近，提取法看来是最有效的，因其产品适应性好，对生态有利。在该法中作为苯胺和甲醛缩合反应的催化剂氯化氢可以循环使用，因而可以取消盐酸中和及盐的处理工序。

脂肪族及环脂族系列中最重要的基本异氰酸酯产品为 1，6– 六亚甲基二异氰酸酯（HDI）及异佛尔酮二异氰酸酯（1– 异氰酸酯基 –3– 异氰酸甲酣基 –3，5，5– 三甲基 – 环己烷，IPDI）。

异佛尔酮二异氰酸酯的两个 NCO 基团具有不同的反应活性，另外还有氢化（还原）的 MDI。

这些脂肪族二异氰酸酯或其改性体主要用于涂料。其他如赖氨酸酯二异氰酸酯和 1，4– 双异氰酸甲苯酯及类似的环己基二异氰酸酯等脂肪族二异氰酸酯，在工业上仍未取得重要地位。

在许多情况下，间接或甚至需要对基本的异氰酸酯进行改性，然后再进行聚氨酯反应。改性的理由可能是要求降低最终产品的蒸汽压，改变粘度、官能度或反应性，或者对产品的性能有特殊的要求。通过对异氰酸酯中一部分异氰酸酯基团进行化学变化的方法改性，使之形成更大一些的，但其中仍含有未反应的 NCO 基团的分子。最重要的改性反应为二聚、三聚反应，生成碳化二亚胺、缩二脲、脲、氨基甲酸酯或脲基甲酸酯基团的反应。一般常根据要求使用特殊的催化剂，有选择性地进行改性。用特殊的方法制备仍含有游离异氰酸酯基团的氨基甲酸酯齐聚物（NCO 预聚体）也是可能的，从广义上讲，也可将它看成是异氰酸酯的一种改性方法。用芳族和脂肪族异氰酸酯生产改性异银酸酯，其实用价值正在增长。

可以将异氰酸酯的封端或保护方法看作是异氰酸酯改性的一种特殊方法。在这种情况下，NCO 基团与能形成易热解的弱键化合物反应，在高温时又重新产生异氰酸酯。

二聚异氰酸酯也被看作封端异氰酸酯。生产这类异氰酸酯可用膦催化剂。二氮杂环丁烷二酮环可用热处理的方法，当然也可使用催化剂使其裂解开环。这种脱封反应，不放出封端剂即可得到两个异氰酸基团。因此，这种二氮杂环二酮具备有重要的工业价值，主要用作弹性体的硫化剂及涂料的固化剂。

（二）多元醇

除异氰酸酯外，分子中具有数个羟基官能团的化合物，也是生成聚氨酯的重要组分，较低分子量的化合物如乙二醇、甘油、丁二醇和三羟甲基丙烷等用作扩链剂或交联剂。较高分子量的多元醇（平均分子量可达 8×108）才是生成聚氨酯的真正基础。它们的结构对最终聚氨酯产品的性能有重要影响。这些较高分子量的多元醇主要是聚氨酯和聚酯两类。它们几乎都是用合成的方法制造的。虽然，也使用一些天然产品，如蓖麻油，但它们不是主要的。聚氨酯化学对这些含羟基聚合物的要求，导致含羟基聚醚及聚酯在技术上取得了新的突破。另一方面，只有在有效而经济地制造这些原材料的基础上，聚氨酯市场才有快速增长的可能，对多异氰酸酯和多元醇亦都是如此。

从各种多元醇在过去几十年中所经历的重要变化可以清楚看到聚氨酯的历史发展。在初期，有学者发现聚氨酯反应，且获得了重要的工业意义之后，聚酯多元醇则占有显著的地位。根据所要求的结构及平均分子量，聚酯可由二元醇或多元醇与二元羧酸通过经典的酯化反应制得。在当时，这种聚酯非常适合做引人注目的弹性聚氨酯的原材料。当有水存在下的发泡反应被发现之后，至少在最初，聚酯多元醇也只能用于制造聚氨酯泡沫。但不久人们了解到聚醚多元醇特别适合于形成聚氨酯软泡时，这方面的情况就很快发生了变化。这种聚醚多元醇是以低分子量的二元醇或多元醇作起始剂，通过环氧化物的碱催化加聚反应制成。

这个领域发展的至关重要的因素是，这些新的聚醚多元醇拥有以石油化工为基础的原材料，即环氧化物如环氧乙烷、环氧丙烷，它们不但能大量获得，而且具有价格低廉的吸引力。各种起始剂都非常适应碱催化的环氧化物的加聚反应。这就为合成具有不同的平均分子量、链结构、官能度以及黏度的聚醚多元醇开辟了道路。此外它们的—OH 对异氰酸酯也有不同的反应活性。在它们被发现后的几十年中，多元醇的制造商们，向市场提供了各种各样的聚醚多元醇及配方。因为有了广泛的原材料来源，它才能满足聚氨酯泡沫的各种不同的要求。这种进展使聚氨酯软泡，特别是块状软泡进入了迅速增长的时代，且一直延续至今。

聚氨酯越向新的应用领域渗透，对它们性能的要求就越严格。与这些要求相适应的，就是原材料的变化。对于异氰酸酯，可能一部分是利用已知基本异氰酸酯的混合物，一部分是选择性地制造异构体，如 MDI 就是如此。但主要的还是使用新开发的、改性的异氰酸酯。在多元醇方面，是利用已经提及具有各种各样性能的合成聚酯和聚醚。

通过改性制造工艺，即采用连续酯化方法，有可能生产高质量标准的聚酯多元醇。因为很小量的某种催化剂杂质都会引起聚酯反应性的波动，给聚氨酯的生产带来巨大困难，所以改进制造工艺是很重要的。在某些情况下，已经建立的生产线由于使用了特种原材料而变得更专门化，如用所谓的杂酸（马来酸酐与六氯环戊二烯的 Diels-Alder 加成物）得到的聚酯，适用于阻燃泡沫。

除了二羧酸及多元醇的经典缩聚反应外，制造 OH 端基聚酯，还有其他方法。己内酯用适当的起始剂如二元醇的条件下，可发生开环聚合反应。另外，还有聚碳酸酯结构的多元醇。

生产较窄分子量分布的聚己内酯的难度不大。它们和聚碳酸酯多元醇一样可用作合成高性能聚氨酯的原料。聚碳酸酯多元醇可以从二元醇与光气缩聚而得。为了使反应进行平稳，以二元醇与碳酸酯（如二苯基碳酸酯）进行酯交换反应，是工业上乐于采用的方法。

为了满足最终产品的特殊性能要求，如聚酯型聚氨酯泡沫的情况，可以使用各种聚酯的掺和物即所谓的混合聚酯，混合聚酯中含有不同的合成嵌段，如不同的二元醇嵌入分子中，由于这些混合聚酯结晶倾向较低，使聚氨酯在低温下具有优良的物理性能。

利用聚醚多元醇也能满足特殊性能的要求，不仅通过选择原材料（起始剂及环氧化物）的方法，而且也可以通过使用分子结构中的不同链序达到这一目的。除了水以外，还有许多低分子量的二元醇、三元醇及多元醇可用作起始剂。另外，带有氨基的化合物也日益重要，它们的碱性有助于提高多元醇的反应性。含较多官能团的化合物，特别是天然化合物，如蔗糖和山梨醇，已成为很有价值的起始剂，如用作制造硬泡的侧链较短的多元醇。在这方面，必须提及的还有低分子量甲醛低聚物及其氢化产物。使用这种起始剂制得的聚醚多元醇具有很好的性能，如支化度和官能度等。

用于制备聚醚多元醇的环氧化物，主要是环氧丙烷及环氧乙烷。其他环氧化物则次之，只在特殊情况下使用，如为得到较佳阻燃性能而使用的气化环氧化物碱催化的环氧丙烷的加聚反应得到仲羟基产物，正如预期环氧乙烷生成的伯羟驻对异氟酸酯的反应性较仲羟基大些，故通过选择环氧化物，可以预测聚醚多元醇的反应性。通过环气丙烷及环氧乙烷的逐步加聚反应（嵌段聚合反应），我们能有选择地将环氧丙烷链节或者环氧乙烷链节嵌入聚醚分子链中的某一位置。这就是为什么嵌段聚合反应能使多元醇具有预期黏度、亲水性以及反应性的原因。

基本上可以这样说，长链多元醇可制得柔软的聚氨酯，主要用于制造软质聚氨酯泡沫及弹性体。短链及高度支化的多元醇常生成氨基甲酸酯和交联结构，它们主要用于制造硬质聚氨酯产品（如硬泡）。

聚四亚甲基乙二醇醚是一种特殊的聚醚多元醇，由四氢呋喃经阳离子催化聚合反应而得。它们很早就被引入聚氨酯化学的组成中，且已成为弹性体领域中的一种重要的化合物。

聚硫醚可由硫二甘醇的缩聚反应制造，仅用于数量有限的聚氨酯。

应当指出，混合聚醚酯（或聚酯醚）可由特殊的方法制得，如通过羧酸的烷氧基化或通过羟基封端聚酯的“分子再缩聚反应”制造。

多元醇含有精细的固体颗粒分布，构成母体多元醇。例如，在软泡领域中，使用填充多元醇能明显地增加产品的硬度。填料可为天然的无机物（如白垩、高岭土）。但是，使用无机填料难以得到稳定的悬浮体，因此最好是使用有机填料。

有两类填充多元醇成功地获得肯定，并占有了可观的一部分市场，而且，这种势头还在增长。它们是聚合物多元醇及含聚脲分散体的多元醇，即所谓的 PHD 多元醇。

像分散多元醇的其他原理一样，以聚亚甲基聚豚及聚亚甲基三聚银胺为基础的产品已是人所共知的。

（三）二胺

除多元醇外，二胺及多胺在聚氨酯的合成中也有重要的作用，它们被用于两个方面：作为多元醇的起始剂和作为扩链剂。脂肪族胺和芳族胺，如乙二胺和二氨基二苯基甲烷都是制造聚醚的起始剂。含有两个伯氨基的化合物经环氧化作用后，得到四官能团的多元醇。也可用氨基醇，在使用含有叔氨基的氨基醇如三乙醇胺的情况下，期望发生正常的羟基烷氧基化。含氮多元醇因为其高反应性而用于硬泡配方及湿气固化的单组分涂料中。

由于氨基对异裙酸酯的反应性比羟基高得多，二胺特别适于用作交联剂或扩链剂。胺的反应性与其结构关系很大，因而必须根据每种反应选择最佳的胺类。

配制软质聚氨酯液体涂料时，可用脂肪族二胺作扩链剂。但是在非常重要的浇注弹性体及软质和硬质整皮泡沫领域中，主要是使用芳族二胺。脂肪族二胺因反应速度太快而不适用于这些工艺过程。实际上，有位阻的芳族二胺具有适中的反应活性已成功地用于这两种领域中。

（四）添加剂

大量添加剂可以成功地用于制造聚氨酯。这些添加剂对工艺操作是很有价值的，甚至也是很必要的，也有助于最终产品得到所要求的性能。

这些添加剂包括催化剂、稳定剂、发泡剂、阻燃剂以及能保护聚氨酯的抗水解剂、耐热剂、抗氧剂和抗光降解剂，其他添加剂有填料及颜料。

三、聚氨酯的结构特征

（一）聚氨酯结构

在聚氨酯工业发展的过程中，人们对聚氨酯材料做了比较深入、系统的基础研究，对相关化合物的特征，材料的合成工艺等都有了较深入的认识。虽然聚氨酯合成有不同的化学反应，生产出来的产品表现形式各种各样，但是聚氨酯化学的基础都是围绕异氰酸酯的特殊化学特性而展开的。

异氰酸酯是在分子结构中含有重叠双键异氰酸酯基（—N=C=O）的化合物。其化学活性主要表现在异氰酸酯基团上，该基团具有重叠双键排列的高度不饱和键结构，化学性质十分活泼，能与各种含活泼氢的化合物进行反应。

对于异氰酸酯基团所具有的高反应活性能力，有学者提出来该基团的电子共振理论：由于异氰酸酯基团的共振作用，使得氮、碳、氧原子周围的电子分布发生变化，产生亲核中心和亲电子中心的碳原子。

在该特性基团中，氮、碳和氧三个原子的电负性顺序为 O > N > C。所以，在氮原子和氧原子周围的电子云密度增加，表现出较强的电负性，使它们成为亲核中心，很容易与亲电子试剂进行反应。而对于排列在氧、氮原子中间的碳原子来讲，由于其两边强电负性原子的存在，使得碳原子周围正常的电子云偏向氮、氧原子，从而使碳原子呈现出较强的正电荷，成为易受亲核试剂攻击的亲电子中心，表现出很强的正碳离子特征，即十分容易与含有活泼氢的化合物（HX）发生亲核加成反应。

含活泼氢化合物（HX）的品种很多，在聚氨酯工业中，比较重要的含羟基化合物有醇类、酚类、水、羧酸等化合物；较为重要的含氨基化合物有胺类、脲类、氨基甲酸酯等化合物。

（二）聚氨酯的催化活性

聚氨酯合成中所采用的催化剂，都是既能催化与羟基的反应，也能催化与水的反应，但所有催化剂对这两个反应的催化活性各不相同。目前看来，常用的催化剂为有机叔胺类与有机金属化合物。一般来说，叔胺类催化剂对异氰酸酯与水的反应（即通常所说的“发泡反应”）的催化效率大于对异氰酸酯与羟基反应（即所谓的“凝胶反应”）的催化效率，有机金属类催化剂对凝胶反应的催化效率更显著。

1. 叔胺催化剂酸碱性对催化活性的影响

叔胺类催化剂对异氰酸酯与羟基化合物反应的影响，与催化剂的碱性和位阻效应等因素有关。一般来说，碱性大、位阻小，催化能力强。叔胺对水与异氰酸酯反应的催化活性的影响比对羟基与异氰酸酯反应的催化活性大，故叔胺催化剂一般用于聚氨酯泡沫制备。在叔胺类催化剂中，三亚乙基二胺是一种结构特殊的催化剂，由于它是杂环化合物，叔胺 N 原子上没有位阻，所以它对发泡反应及凝胶反应都具有较强的催化性能，是聚氨酯泡沫塑料常用的催化剂之一，也可以用于聚氨酯胶黏剂、弹性体等的制备。

2. 有机金属化合物对异氰酸酯反应的影响

一般的重金属盐都对异氰酸酯与活泼氢化合物的反应起催化作用。

一般来说，有机金属化合物催化剂对 NCO 与 OH 的反应催化活性比对 NCO 与水的反应强。同一种催化剂对不同二异氰酸酯的活性不同，如三亚乙基二胺对芳香族异氰酸酯与羟基反应的催化作用比脂肪族的 HDI 及芳脂型异氰酸酯 XDI 高很多。有机锡对芳香族异氰酸酯及脂肪族异氰酸酯与羟基反应都有较好的催化性能。辛酸铅催化体系的凝胶速率最快，这是由于它对异氰酸酯与氨基甲酸酯的反应有较强的催化效果，脲基甲酸酯的生成使得体系迅速交联。

3. 催化剂的协同效应

不同催化剂对 NCO 的活性不同。例如，催化剂的浓度增加，反应速度加快；两种不同催化剂复合起来，催化活性比单一催化剂的活性强很多。叔胺催化剂和有机锡催化剂结合使催化能力成倍增强，显示出很好的协同效应。两种或两种以上催化剂配合使用，在聚氨酯泡沫塑料配方设计中是很常见的，可控制发泡与凝胶反应的平衡，获得良好的工艺性能和泡沫物性。

在具体的生产实践中，要根据反应及制品的类型，根据有关资料中不同催化剂的相对活性及实践经验，选择合适的催化体系。

（三）异氰酸酯的催化机理

一般认为，异氰酸酯与羟基化合物反应的催化机理是，异氰酸酯或羟基化合物先与催化剂生成不稳定的配合物，然后发生反应，生成聚氨酯。

一种公认的催化机理是基于异氰酸酯受亲核的催化剂进攻，生成中间配合物，再与羟基化合物反应。

另外，有人认为金属有机化合物的催化机理与叔胺类不同，是形成一种三元活化配合物。有人提出羟基化合物与催化剂形成四环活化配合物，再和异氰酸酯反应生成氨基甲酸酯。

（四）温度与溶剂对异氰酸酯反应的影响

1. 温度的影响

一般来说，随着反应温度的升高，异氰酸酯与各类活性氢化合物的反应速率加快。在有特殊催化剂作用下，异氰酸酯自聚反应速度也加快。但当反应温度在 130 ~ 150℃时，各个反应的速率常数都相似。例如，MDI 与聚己二酸一缩二乙二醇酯二醇（PDA）反应中，温度对反应速度的影响。并不是反应温度越高越好，当处于 130℃以上时，异氰酸酯基团与氨基甲酸酯或脲键反应，产生交联键，且在此温度以上，所生成的氨基甲酸酯、脲基甲酸酯或缩二脲不是很稳定，可能会分解。羟基化合物与二异氰酸酯的反应温度一般以 60 ~ 100℃为宜。

2. 溶剂的影响

制备聚氨酯合成革树脂、胶黏剂、涂料等产品，常常采用溶液聚合法，而溶剂品种对反应速度有较大的影响。

溶剂的极性越大，异氰酸酯与羟基的反应越慢，这是因为溶剂分子极性大，能与羟基形成氢键而发生缔合，使反应缓慢。因此，在溶剂型聚氨酯产品制备中，采用烃类溶剂如甲苯，反应速度比酯、酮溶剂快，一般先让二异氰酸酯与低聚物二醇液体在加热情况下本体聚合，当黏度增大到一定程度、搅拌困难时，才加适量氨酯级溶剂稀释，降低黏度以便继续均匀地反应。要让树脂具有较高的分子量，一般应采用此法。并且，与溶液聚合法相比，此法可缩短反应时间，且尽可能降低溶剂对反应的影响。因溶剂对反应速度的影响，间接地影响到分子量的增加，并增加产生副反应的机会。

第三节　聚氨酯化学、设备与应用

一、聚氨酯化学

（一）合成聚氨酯树脂的基本化学反应

聚氨酯高分子材料主要是由多异氰酸酯和氢给予体间发生亲核加成、支化、交联等化学反应而生成的含有氨基甲酸酯特性基团的嵌段大分子。

多异氰酸酯具有特征的—N=C=0 基团，其高度不饱和重叠双键的共振作用，使其电荷分布不均，产生亲核中心和亲电子中心的正碳原子，致使异氰酸酯化合物化学性质极其活泼，能与各种氢给予体发生亲核化学反应。同时，异氰酸酯的反应性强弱还受到母体 R 的电负性、特性基团间的诱导效应以及空间结构产生的位阻效应等因素的影响。其主要化学反应简述如下。

1. 异氰酸酯与含羟基化合物的反应

异氰酸酯与含羟基化合物的亲核加成反应是聚氨酯合成中最重要的反应之一。以醇为例，它们和异氰酸酯反应生成氨基甲酸酯。

2. 异氰酸酯与水的反应

水作为化学反应性发泡剂，它和异氰酸酯的反应是制备聚氨酯泡沫体的基本反应，其反应将首先生成不稳定的氨基甲酸，之后，氨基甲酸分解成二氧化碳和胺，如果异氰酸酯过量，生成的胺会继续和异氰酸酯反应生成脲。

虽然水是最廉价的化学发泡剂，但在制备聚氨酯泡沫体时，需严格控制水的用量，使之低于 4%，否则在制备聚氨酯软泡时，会因反应放热量过大而使泡沫体产生烧芯，甚至出现火灾的危险。同时，由于水量过多，还会让泡沫体中脲基含量高，使制品的手感变差。

3. 异氰酸酯与酚类化合物的反应

异氰酸酯与酚类化合物的反应情况与醇相似，生成氨基甲酸酯，但由于苯环的吸电子作用，使酚的羟基中的氧原子电子云密度降低，致使它与异氰酸酯的反应活性下降。该类反应主要用于制备封闭型异氰酸酯。

4. 异氰酸酯与氨基化合物的反应

氨基化合物与异氰酸酯反应是聚氨酯合成的重要的亲核加成反应。在此，它不仅包括低分子氨基化合物，同时，也包含大分子中的氨基，如大分子中的脲基、氨基甲酸酯等基团。

与醇类化合物相比，含有氨基的化合物，大多数都具有一定的碱性，因此，它们与异氰酸酯的反应速度要快得多。例如，脂肪族伯胺即使在 0 ~ 25℃的低温下，也能与异氰酸酯进行亲核加成反应，生成取代脲。

在聚氨酯合成的大分子中常含有氨基甲酸酯基团和脲基等含氮基团，它们在一定的条件下能与异氰酸酯反应，分别生成脲基甲酸酯和缩二脲型交联结构。

含氮的酰胺（R—CONH2）化合物羰基双键中的 π 电子能与氨基中氮原子的未共享电子对发生共轭现象，从而使氮原子上电子云密度下降，削弱了酰胺化合物的碱性，因此，它们与异氰酸酯的反应活性下降。酰胺化合物只有在较高的温度时（如 > 100℃），才能和异氰酸酯发生中等速度的反应，生成酰基脲。

5. 异氰酸酯的支化反应和自聚化反应

异氰酸酯和羟基、氨基反应，将会在聚合物大分子中生成氨基甲酸酯基团和取代脲基团，它们都是内聚能较高且含有活泼氢的基团。在许多聚氨酯材料的生产中，往往都有意识地预留出少部分异氰酸酯基，使它和大分子中的这些活泼基团发生进一步反应，分别生成脲基甲酸酯、缩二脲型的交联结构（参见与氨基化合物的反应）。

在一些条件下，异氰酸酯基上的共用电子对向氮原子方偏移而形成络合物，它们再与其他异氰酸酯进行加成反应，生成二聚或三聚的自聚结构。

在聚氨酯合成中由 TDI 自聚反应生成的二聚体，可以作为聚氨酯橡胶的硫化剂，它在生产过程中的高温条件下，能重新分解成 TDI 参与正常合成反应。

在三聚催化剂的作用下，芳香族和脂肪族异氰酸酯可产生三聚化合反应，生成由碳、氮原子构成的异氰脲酸酯六元环结构。该结构的热稳定性很好，它在聚合物中的存在，会使聚合物的耐热性得到很大提高，是改善聚氨酯材料耐热性的重要途径。

（二）聚氨酯合成的工艺特点

1. 原料来源广泛，配方繁多

就聚氨酯合成的主要原料异氰酸酯和醇类低聚物来讲，当前已开发的异氰酸酯化合物约有近百种，在目前聚氨酯材料的制备中，常用的也有二三十种，如 TDI、MDI、PAPI、HDI、NDI、IPDI、XDI、PPDI、HTDI、HMDI、CHDI，以及由它们衍生出来的改性产品，如各种异氰酸酯的二聚体、三聚体以及含有 NCO 端基的加成物等。

目前，我国聚氨酯工业所用氢给予体的端羟基多元醇低聚物主要有聚氧化丙烯醚系列（PPG），聚四氢呋喃多元醇系列（PTMEG），聚己内酯多元醇系列，以己二酸、癸二酸、邻苯二甲酸等为基础的聚酯多元醇系列（PES）、聚碳酸酯（PCDL），端氨基聚醚多元醇系列等，以及以农副产品（如蓖麻油、淀粉、大豆油、松香酯等）为基础开发的多元醇系列，其间还不包括其他小分子化合物。当前，在我国聚氨酯工业中经常选用的多元醇至少在 50 种以上。仅就这 20 对 50 的简单组合，就能构成上千个配方体系，

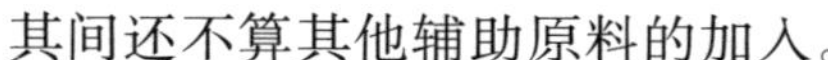

其间还不算其他辅助原料的加入。

2. 反应复杂

在聚氨酯材料的合成中，不仅有聚醚的开环反应，聚酯的缩聚反应，异氰酸酯与氢给体间的聚加成反应以及大分子间的扩链、交链、支化等反应，同时，在制备的过程中，还存在异氰酸酯与水等发生的生成气体的反应，并涉及成核技术、胶体化学等。

3. 反应速度快，相变过程迅速

在聚氨酯合成加工中所用原料的状态大多数为液态，且反应多属于放热反应，其反应速度极其迅速，尤其在催化剂的作用下，使得有些反应能在几十秒内，甚至在几秒内就能完成由液态向固态转变的相变过程，这是聚氨酯制备中的显著特点之一。

4. 催化剂作用突出

为控制聚氨酯合成过程中的各种反应的竞争和平衡，调节生产过程中的相变速度，有意识地促进某些反应、抑制某些反应，以使聚合物改善某种性能或改变某些加工条件。大多数聚氨酯材料的生产体系都使用了一种或者多种催化剂。

二、聚氨酯的设备及分类

（一）聚氨酯的特点及对加工设备的要求

1. 异氰酸酯等化学性质活泼

异氰酸酯的化学性质十分活泼，能与各种氢给予体反应，甚至能与空气中、皮肤中的水分反应。一些化学原料易燃和具有一定的结晶和毒性，因此，在储存、输送等操作中，必须注意防潮、防火、防中毒，对温度和湿度都有严格要求。

2. 液体的加工形式突出

一般塑料、橡胶生产的原料多为固体，而聚氨酯加工时，其原料多为液体，在储存、输送、计量、混合时，必须考虑其特性和要求。例如，液体的黏度的大小取决于温度的高低，在以体积计量的方式中，必须确保其温度一致，即黏度不变，方能确保计量的准确性。由于聚氨酯产品的性能对原料比例的依赖性极大，因此，对相关原料的计量精度要求高，在整个加工过程中计量精度不得出现波动，这一点，在聚氨酯加工中极其重要。

3. 必须适应快速反应和迅速相变的要求

针对聚氨酯生产反应速度快的特点，在原料精确计量后，要求各组分在极短的时间内同步加入，连续、充分、有效地混合和不间断吐出；针对相变过程迅速的特点，要求加工设备要注意及时清除残液，防止液体混合物料瞬间转变成固体来堵塞设备。

4. 放热剧烈

聚氨酯的大多数反应都为放热反应，物料混合时会出现急剧放热现象，因此，相关设备需要考虑具备有效的传热效能。

5. 要求设备要有良好的通用性和匹配性

为配合多样化产品的生产，设备必须要考虑与相关生产线组合的灵活性，要具一定的通用性。

（二）聚氨酯生产基本设备的分类

根据不同类型产品生产的特点和需要，选用不同的专用生产设备。

生产装备主要包括生产主机、相应的生产流水线和模具、辅助设备、制品后加工装置等。聚氨酯生产主机主要是对液体原料进行连续输送、计量、混合及连续吐出的设备。依据生产聚氨酯产品的类别，基本可将其分为低压机、高压机、喷涂机等。它们在不同的场合、不同的区域，其称谓有些不同。

低压机的原料计量、混合、吐出的压力一般都低于 0.2MPa。其主要用于聚氨酯泡沫体、聚氨酯弹性体等的生产，前者又称作低压发泡机，后者又称为弹性体浇注机或灌装机。

高压机的原料计量和传输均采用高压计量泵，无机械式搅拌装置，而是采用液体冲击混合原理使物料达到瞬间混合、反应的目的并连续吐出，混合和吐出压力通常在 10 ~ 20MPa，设备的精度、控制的复杂程度等均高于低压机。高压机主要用于聚氨酯反应注射模制（RIM）产品的生产，如模制聚氨酯半硬质泡沫制品、聚氨酯硬质制品以及添加各种固体增强材料的高强度结构型聚氨酯制品等。

喷涂机是将两组分物料分别计量、输送至专用喷枪中混合并高压喷出的设备，主要用于聚氨酯硬质泡沫体的灌注和喷涂，聚氨酯涂料、弹性体等的喷涂、灌注施工。

不同的产品生产装备将依据产品特点、产量等配备不同的模具及生产线组合。制品的后加工设备，有的是作为生产线组合的一个单元，有时则独立存在于整个生产过程中，完成产品的最终成型、修饰等工作。

三、聚氨酯材料的应用

由于聚氨酯含有强极性氨基甲酸酯基团，调节配方中 NCO/OH 的比例可制得热固性聚氨酯和热塑性聚氨酯的不同产物。按其分子结构可分为线型和体型两种。体型结构中，由于交联密度不同，可呈现硬质、软质或介于两者之间的性能，具有高强度、高耐磨和耐溶剂等特点。聚氨酯材料可用在国民生活的各领域。应用范围非常广。

（一）聚氨酯仿木材料

聚氨酯仿木材料是通过注塑机向模具注射聚氨酯组合料，待凝固、定型后取出。进行后期涂装工艺等加工。聚氨酯产品具有密度小、质量轻、尺寸稳定性好、不易变形等特性，可配合内埋木棒及铁条来做家具的结构性支撑部件。聚氨酯仿木材料利用模型的方法模制出各种复杂的结构及雕刻图案。可刨、可钉、可锯，有“合成木材”的美称。除了良好的模塑性能外。聚氨酯仿木家具相对于传统木质家具来说，他的价格更具优势，并且随着天然木材的紧缺，环保意识的增加，聚氨酯仿木家具在欧美等发达地区越来越受到欢迎。

（二）聚氨酯纤维

聚氨酯纤维是聚氨基甲酸酯纤维的简称，又称作聚氨酯弹性纤维，我国称氨纶，以聚氨酯为原料经干法纺丝或湿法纺丝制得的合成纤维。具有类似橡胶丝的高弹性回复率和高断裂伸长，其弹性伸长达 400% ~ 700%。当伸长为 500% ~ 600% 时，弹性回复率为 97% ~ 98%。聚氨酯纤维通常用分散染料、酸性染料或络合染料染色，可纯纺或混纺成裸丝或包芯，用于制作弹性编织物或纺织物。如各种内衣、滑雪服、运动衣、游泳衣以及医疗织物、宇航服等。

（三）聚氨酯树脂

聚氨酯树脂作为一种具有高强度、抗撕裂、耐磨等特性的高分子材料，在日常生活、工农业生产、医学等领域广泛应用。用来制备聚醚型聚氨酯。聚合方法随材料性质而不同。合成弹性体时，先制备低相对分子质量二元醇，再与过量芳族异氰酸酯反应，生成异氰酸酯为端基的预聚物，再同丁二醇扩链，得到热塑弹性体；若用芳族二胺扩链，并进一步交联，可得到浇铸型弹性体。聚氨酯弹性体用作滚筒、传送带、软管、汽车零件、合成皮革、电线电缆和医用人工脏器等：软质泡沫体用于车辆、居室、服装的衬垫，硬质泡沫体用作隔热、吸音、包装、绝缘以及低发泡合成木材，涂料用于高级车辆、家具和金属防护，水池水坝和建筑防渗漏材料以及织物涂层等。胶粘剂对金属、玻璃、陶瓷、皮革、纤维等都有良好的黏着力。

（四）聚氨酯橡胶轮胎

轮胎在汽车各部件中占有十分重要的地位。对汽车的各项行驶性能影响极大。橡胶轮胎在使用过程中暴露出使用寿命短、耐磨性和抗撕裂强度较差等缺点，尤其是载重汽车轮胎，因负重能力有限，经常导致爆胎现象的发生。橡胶轮胎的生产设备投资费用很高，而且某些工序需采用手工操作。即使是很高级的成型设备，制造质量和每批产品的质量都不可能完全均匀一致。此外，橡胶轮胎在使用过程中会产生很多废料，报废后回收再利用难度很大，容易造成环境污染。聚氨酯橡胶是由聚酯与二异腈酸酯类化合物聚合而成的。耐磨性能好，其次是弹性好、硬度高、耐油、耐溶剂。缺点是耐热老化性能差，聚氨酯橡胶在汽车工业中应用最多。聚氨酯弹性体是目前最耐磨的弹性体，具有高耐磨、可着色、高耐切割性、优良的耐油及耐化学品等优点。聚氨酯轮胎比橡胶轮胎均匀性更好，并且不会出现胎面剥离现象。

聚氨酯轮胎采用浇注工艺制造，其结构和目前生产的轮胎有很大区别。全聚氨酯充气轮胎是由胎体、带束层和胎面三部分构成。其中，胎体由较高模量的聚氨酯弹性体浇注而成，比较硬（邵尔 A 型硬度约为 85~95），因而耐疲劳性能、尺寸稳定性和耐切割性能都比较好：胎体上部的带束层由沿周向缠绕的芳纶或钢丝帘线构成。胎面则由低模量聚氨酯弹性体（邵尔 A 型硬度约为 70~75）浇注而成，来保证轮胎的耐磨性和行驶性能。

叉车实心轮胎由于前后桥分配的负荷不同、驱动轮与转向轮的工作特点不同及路面状况的差异，各轮胎的磨损状况不一致，如果同一车桥两侧未更换同厂、相同尺寸、结构、层级和花纹的轮胎，则会加速轮胎的磨损。在一定的载荷和胎压下，车速增加。叉车轮胎作为叉车运动的易损件之一。对叉车行驶中的灵便性、平稳性、安全性和使用经济性有着十分重要的作用，所以正确选用叉车轮胎可提高叉车轮胎的使用寿命，改善叉车的使用性能，降低使用成本。叉车使用的轮胎可分以为充气轮胎、充气轮辋实心轮胎和压配式实心轮胎三种。

（五）聚氨酯泡沫塑料

聚氨酯泡沫塑料是目前所有的墙体保温材料中保温性能最好的隔热产品，也是世界上最具前瞻性的保温材料。聚氨酯材料是目前国际上性能最好的保温材料，具有质量轻、保温、防潮、隔音、耐热、防震、耐腐蚀、容易与其他材料黏结，燃烧不产生熔滴等优异性能。硬质聚氨酯泡沫塑料简称聚氨酯硬泡。它在聚氨酯制品中的用量仅次于聚氨酯软泡。聚氨酯硬泡多为闭孔结构，具有绝热效果好、重量轻、比强度大、施工方便等优良特性，同时还具有隔音、防震、电绝缘、耐热、耐寒、耐溶剂等特点，广泛用于冰箱、冰柜的箱体绝热层、冷库、冷藏车等绝热材料，建筑物、储罐及管道保温材料，少量用于非绝热场合，如仿木材、包装材料等。一般而言，较低密度的聚氨酯硬泡主要用作隔热保温材料，较高密度的聚氨酯硬泡用作结构材料。聚氨酯硬泡一般为室温发泡，成型工艺比较简单。按施工机械化程度可分为手工发泡及机械发泡：按发泡时的压力可分为高压发泡及低压发泡；按成型方式可分成浇注发泡及喷涂发泡。

聚氨酯硬泡主要用途有食品等行业冷冻冷藏设备，如冰箱、冰柜、冷库、冷藏车等。聚氨酯硬泡是冷冻冷藏设备的最理想的绝热材料。用于工业设备保温，如储罐、管道等。

软质聚氨酯泡沫塑料简称聚氨酯软泡，是一种具有一定弹性的柔软性聚氨酯泡沫塑料。它是聚氨酯制品中用量最大的一种聚氨酯产品。聚氨酯软泡多为开孔结构，具有密度低、弹性回复好、吸音、透气、保温等性能，主要用作家具垫材、交通工具座椅坐垫等垫材，工业和民用上也把软泡用作过滤材料、隔音材料、防震材料、装饰材料、包装材料及隔热材料等。

按软硬程度，即耐负荷性能的不同。聚氨酯软泡可分为普通软泡、超柔软泡、高承载软泡、高回弹软泡等，其中高回弹软泡、高承载软泡一般用于制造坐垫、床垫。按生产工艺的不同，聚氨酯软泡又可分为块状软泡和模塑软泡。块状软泡是通过连续法工艺生产出大体积泡沫再切割成所需形状的泡沫制品；模塑软泡则是通过间隙法工艺直接将原料混合后注入模具发泡成所需形状的泡沫制品。聚氨酯软泡的主要用途包括以下几个方面：垫材，如座椅、沙发、床垫等（聚氨酯软泡是一种非常理想的垫材材料，垫材也是软泡用量最大的应用领域）；吸音材料，开孔的聚氨酯软泡具备有良好的吸声消震功能，可用作室内隔音材料。

（六）聚氨酯涂料

聚氨酯涂料是目前较常见的一类涂料，可分为双组分聚氨酯涂料和单组分聚氨酯涂料。双组分聚氨酯涂料一般是由异氰酸酯预聚物和含羟基树脂两部分组成，通常称为固化剂组分和主剂组分。这一类涂料的品种多，应用范围很广，根据含羟基组分的不同可分为丙烯酸聚氨酯、醇酸聚氨酯、聚酯聚氨酯、聚醚聚氨酯、环氧聚氨酯等品种。一般都具有良好的机械性能、较高的固体含量、各方面的性能都比较好，是目前很有发展前途的一类涂料品种。主要应用方向有木器涂料、汽车修补涂料、防腐涂料、地坪漆、电子涂料、特种涂料、聚氨酯防水涂料等。缺点是施工工序复杂。对施工环境要求很高，漆膜容易产生弊病。单组分聚氨酯涂料主要有聚氨酯油涂料、潮气固化聚氨酯涂料、封闭型聚氨酯涂料等品种。应用面不如双组分涂料广。主要用于地板涂料、防腐涂料、预卷材涂料等，总体性能不如双组分涂料全面。

随着消费者环保意识的逐渐增强，装饰装修市场的逐渐规范，环保的木器漆将会逐渐替代溶剂型木器漆，目前已涌现出一些更新的产品。其相关的行业标准也将更加完善。涂料丰满度的关键是涂料的固含量，我国的水性聚氨酯产品固含量大多低于35%，原因是聚氨酯分散体粒子表面存在的结合水扩散层使分散体黏度随固含量的提高而增加很快，而水性木器涂料对流平性能要求较高，黏度高则流平性能差。因此生产高固含量聚氨酯分散体的技术难题依然有待解决。耐水/耐醇性能的核心是后交联水性聚氨酯分散体的开发应用。国内已有研究，水性木器涂料在常温条件下成膜，不需高温处理。因此，后交联涂料必须是常温交联，后交联固化体系开发难度较大。要实现水性聚氨酯涂料工业的实质性发展，国内企业必须在助剂研发和配方技术方面有所突破。

在全球市场中，紫外固化水性聚氨酯增长迅速。因为使用时不必在喷涂前将聚酯和聚异氰酸酯混合。同时，这种涂料的聚氨酯分子具有在紫外线照射下的交联性质，能满足特别的高品质要求。拜耳材料科技用于生产木器罩面漆的新型紫外固化水溶性聚氨酯既经济又环保。在紫外光的照射下，涂层能在几秒内固化。另外，该涂料体系除了水，几乎不含其他溶剂，所以VOC含量极低。拜耳材料科技投放市场的涂料喷涂简便，可以应用于窗框、百叶窗、门以及各种外部木质平板。罩面漆可以是透明的，也可以着色，即使在低温条件下也有弹性，拥有良好的抗化学腐蚀性能，最重要的是耐候性强，它们的化学结构是一种特别的酯族聚氨酯，即便在阳光的照射下也几乎不会发生变化。另外，产品在黏合木头和勾勒木头纹理方面性能卓越，特别是在勾勒木头纹理的功能上，可应用在家具和地板漆。

（七）汽车用聚氨酯

轻量化、绿色环保和舒适安全已经成为我国汽车用环保材料发展的三大主题，汽车用聚氨酯产品将扮演重要的角色。针对汽车工业的发展趋势，我国应大力开发绿色环保、高性能的聚氨酯材料，大幅提高聚氨酯材料利用率。目前，国际上在汽车用聚氨酯材料方面发展异常迅速，应用比例逐年升高，我国还停留在较低层面上，科技含量不高，应用范围偏窄。因此，应该加快聚氨酯在汽车应用方面的技术研发，努力提升中国汽车工业制造技术水平。

在汽车材料发展的三大主题中，聚氨酯是实现汽车材料轻量化的关键材料和主要途径之一，我国应大力推进纤维增强型聚氨酯复合材料、热塑性聚氨酯弹性体材料等具有高抗冲击、高低温稳定性和高性价比等材料的制造新工艺、新产品的研发和推广。

甲苯二异氰酸酯（TDI）和MDI的主要下游市场是广泛应用于汽车工业的PU泡沫、涂料和黏合剂产品。其中，弹性泡沫塑料主要用于汽车的座椅、靠枕和扶手；PU涂料主要应用于汽车车身外表。例如高抛光和防刮漆；PU黏合剂则以出色的粘接和防震性能广泛应用于汽车工业。目前聚氨酯在汽车中的应用范围正在逐渐扩展，应用日益深化。我国应大力开发低有机挥发物含量、低雾化的聚氨酯泡沫汽车内饰材料、生物降解聚氨酯材料、植物油基聚醚多元醇聚氨酯材料、绿色聚氨酯汽车轮胎、水性聚氨酯胶粘剂和涂料等关键材料。此外，开发聚氨酯减噪声材料、微孔聚氨酯弹性体减震缓冲材料、聚氨酯保险杠和安全气囊、舒适聚氨酯汽车坐垫等提高汽车舒适安全的材料也是车用聚氨酯材料的发展方向。

随着汽车工业的发展，聚氨酯在现代汽车中的应用越来越广泛。高档轿车使用的聚氨酯占整车比例较中低档车型高，即随着轿车档次提升，对其舒适性等性能也提出更高的要求，进而需要使用更多的聚氨酯。汽车工业的发展将直接决定车用聚氨酯产业的未来走向。

中国汽车工业作为国民经济的重要的支柱产业之一，塑料在汽车配件的生产上从塑料原、辅材料的生产、加工装备与技术的整体水平、塑料制品的研制开发及应用的深度和广度都已经步入世界先进大国行列。

第二章 复合相变储能材料及其热性能

第一节 石蜡、碳材料复合相变储能材料及其热性能

相变材料的种类较多，从蓄热过程中材料相态的变化方式来看，分为固液——相变、固——固相变、固——气相变和液——气相变四类。由于后两种相变方式在相变过程中有气体产生，使得材料的体积变化很大，难以控制，尽管其相变焓很大，但在实际应用中很少被选用。因此，固——液相变和固——固相成为重点研究对象。

从材料的化学成分来看，主要分为无机相变材料和有机相变材料。无机相变材料包括结晶水合盐、熔融盐和金属合金等无机物。由于无机相变材料易出现过冷和相分离现象，一般都有毒性或腐蚀性，不利于容器盛装等缺点，限制了无机化合物在相变储能系统中的应用。与无机类相变储能材料相比，有机类相变储能材料具有无过冷及析出，性能稳定，无毒，无腐蚀等优点。其中石蜡类有机物除具有有机化合物的优点外，其相变潜热量大、相变温度范围广、价格低，所以在相变储能材料的研究使用中受到广泛的重视。但是石蜡类有机物相变储能材料热导率较低，也限制了其应用范围。是有效克服石蜡类有机化合物相变储能材料的缺点，同时改善相变材料的应用效果及拓展其应用范围，复合相变储能材料应运而生。

复合相变材料一般由较稳定的有机化合物和具有较高导热系数的无机物颗粒制备而得，因而复合相变材料具有较稳定的化学性质，无毒无腐蚀性或毒性和腐蚀性较小。同时它的导热能力较有机物有较大的改善。石蜡因其具有较高的相变焓及较稳定的化学性质，并具有相变稳定、易调节而广泛应用于相变储能系统。不同组成的石蜡相变温度不同，可以通过将不同相变温度的石蜡进行互混得到较广范围的相变温度。石蜡中添加入高导热系数的无机物颗粒，得到的复合物不仅仅导热系数有所提高，同时还保持了有机物原有的优点。

有机相变储能材料主要有石蜡类、脂肪酸类、酯类和醇类等，一般具有过冷度小、稳定性强、无过冷、腐蚀性小以及性能稳定等优点，受到研究者的广泛关注。但是有机相变材料普遍存在导热性能差的缺点，从而导致储热效率较低，限制了它的实际应用。因此，一般都对有机相变材料进行强化传热后再进行实际应用。

一、石蜡 / 碳材料复合相变储能材料的制备

石蜡 /MGN、石蜡 /MWCNT、石蜡 /GP 和石蜡 /EG 复合相变储能材料通过加热共混法制备而得。首先，将石蜡放入烧杯中，并在 80℃的水浴锅中加热至熔化状态；然后，将碳材料加入熔化状态的石蜡中，并在 80℃的水浴锅中持续磁力搅拌 2 h，直至碳材料在石蜡中均匀分散；最后，将石蜡与碳材料的混合物在室温下冷却至固态，则石蜡 / 碳材料复合相变储能材料制备完成。这里制备了质量分数分别为 0.1%、0.5%、1.0%、1.5% 和 2.5% 的石蜡 /MGN、石蜡 /MWC-NT、石蜡 /GP 和石蜡 /EG 复合相变储能材料。

二、石蜡 / 碳材料复合相变储能材料的性能表征

（一）微观形貌表征

采用扫描电子显微镜（SEM，QuantaTM 250）对碳材料和石蜡 / 碳材料复合相变储能材料的微观形貌进行观察。进行测试前需要采用导电双面胶将被测样品黏附到测试台上，并且对被测样品进行喷金处理。

（二）XRD 测试

采用 X 射线衍射仪（XRD，DX-2700）对石蜡、四种碳材料以及四种石蜡 / 碳材料复合相变储能材料的晶相进行测试，测试电压为 40 kV，测试电流为 30 mA，步长为 0.03，积分时间为 0.2 s。

（三）FTIR 测试

采用傅里叶变换红外光谱仪（FTIR，Tensor II）对石蜡、四种碳材料以及四种石蜡 / 碳材料复合相变储能材料的化学结构进行测试，测试范围为 4000 ~ 400cm^{-1}。

（四）相变特性测试

采用差示扫描量热仪对（DSC-100）对石蜡和石蜡 / 碳材料复合相变储能材料的相

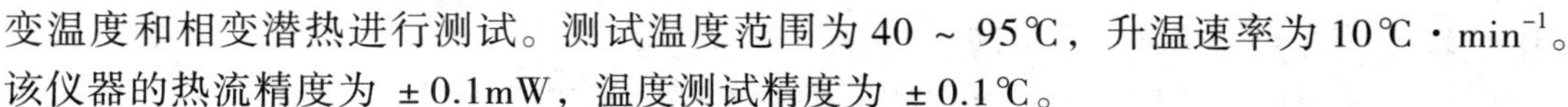

变温度和相变潜热进行测试。测试温度范围为 40 ~ 95℃，升温速率为 10℃ · min^{-1}。该仪器的热流精度为 ±0.1mW，温度测试精度为 ±0.1℃。

（五）导热系数测试

采用导热系数测试仪（DRL- Ⅲ）对石蜡和石蜡 / 碳材料复合相变储能材料的导热系数进行测试，测试温度为 20℃、25℃、30℃、35℃和 40℃。导热系数测试仪的误差为 ±3%，样品的测试尺寸为直径 30 mm，厚度 5mm 的圆片。

（六）储热 / 释热特性测试

搭建实验系统对石蜡与石蜡 / 碳材料复合相变储能材料的储热 / 释热特性进行测试。

该实验系统主要包括储热单元、高温恒温箱、低温恒温箱、数据采集器和电脑。其中储热单元主要由储热容器、蛇形铜管和 K 型热电偶组成。储热容器的材质为厚度 3mm 的亚克力板，形状为内径 80 mm、高度 140 mm 的圆柱体。为了降低热量损失，在容器的外部包裹一层 8 mm 厚的保温棉。蛇形铜管的内径为 3 mm，壁厚为 2 mm。

在储热 / 释热实验开始前，先在容器中灌入 500g 的测试样品。在储热过程中，将高温恒温箱中的传热流体的温度稳定在 85℃，之后采用循环泵，以 100 mL · min^{-1} 的流速在系统中循环，则传热流体通过储热容器中的蛇形铜管不断地给相变储能材料加热。当相变储能材料温度不断升高并达到稳定状态后则储热实验结束，然后开始释热实验。在进行释热实验时，首先将低温恒温箱中的传热流体稳定在 20℃，同样以 100 mL · min^{-1} 的流速在系统中循环。此时储热容器中的相变储能材料温度不断降低，当相变储能材料的温度达到稳定状态时，则释热实验结束。在整个实验过程当中，数据采集仪实时记录相变储能材料的温度变化情况。

三、石蜡 / 碳材料复合相变储能材料物性的特性

（一）石蜡 / 碳材料复合相变储能材料的相变特性

采用 DSC 对石蜡和石蜡 / 碳材料复合相变储能材料的相变温度和相变潜热进行了测试，石蜡 /EG、石蜡 /MGN、石蜡 /GP 和石蜡 /MWCNT 复合相变储能材料的相变温度和相变峰值温度略低于石蜡，并且随着碳材料添加含量的增加，复合相变储能材料的相变温度和相变峰值温度也随之降低。这是由于碳材料的添加使石蜡的导热性能提高，从而使石蜡的熔化速度加快导致复合相变储能材料的相变温度低于石蜡。

此外，从石蜡和石蜡 / 碳材料复合相变储能材料的相变潜热测试结果中看出，当在石蜡中添加碳材料后，相变潜热有所降低，并且相变潜热随着碳材料添加含量的升高而呈现出降低的趋势。这是由于在测试温度范围内碳材料没有相变潜热，仅有石蜡存在相变潜热，当碳材料的添加含量增加时，石蜡在复合材料中所占的比例相应减少，进而导致复合相变储能材料的相变潜热降低。

采用导热系数测试仪对石蜡和石蜡 / 碳材料复合相变储能材料在不同温度下的导热系数进行了测试，在 20℃下，碳材料的添加含量不同，石蜡 /EG 复合相变储能材料的

导热系数比石蜡分别高出的也不同。

此外，从测试结果中还可明显看出石蜡和石蜡/碳材料复合相变储能材料的导热系数均随着温度的升高而降低，但在同一测试温度下复合相变储能材料的导热系数始终高于石蜡。在复合相变储能材料中，石蜡/EG复合相变储能材料的导热系数高于其他几种复合相变储能材料。这是由于EG与MGN、GP和MWCNT相比具有更大的比表面积，更大程度上增加了与石蜡的接触面积，传热强化效果更佳。

（二）石蜡/碳材料复合相变储能材料的热循环稳定性

相变储能材料的热稳定性对其在储能领域的应用至关重要。因此，采用DSC对石蜡/碳材料复合相变储能材料在50次和100次热循环后的相变潜热进行研究。研究结果表明石蜡/碳材料复合相变储能材料的相变潜热随着循环次数的增加逐渐减小。但在经过100次热循环后，相变潜热仅仅有少量降低，这说明复合相变储能材料具有较强的热稳定性。

（三）石蜡/碳材料复合相变储能材料的储热/释热特性

通过实验系统对石蜡和石蜡/碳材料复合相变储能材料的储热/释热特性进行研究。石蜡和石蜡/碳材料复合相变储能材料储热/释热的测试结果表明，由于高导热碳材料的添加，与石蜡相比复合相变储能材料的储热效率明显提升，储热单元内的温度分布也更加均匀。

第二节　癸酸-十四醇、膨胀珍珠岩复合相变储能材料及其热性能

一、绪论

近年来，随环境的破坏和能源危机的日益加剧，节能及开发利用新能源逐渐成为全球一大趋势。建筑能耗在全球能源消耗中所占比例较高，在我国建筑能源消耗量已占总能耗的25%以上。建筑节能和室内温度调控已经逐渐成为近年来研究的热点。相变储能材料能够在较小的温度波动范围内储存或者释放大量的热量，提高能源利用率。将相变储能材料和建筑材料复合构成相变建材应用于建筑围护结构中能够有效调控建筑温度，减少建筑耗能。利用相变材料进行储能，能够充分利用太阳能，主要通过相变墙板、相变地板等进行蓄热，节能率可达15%左右，同时也能利用低价电能通过蓄热地板进行蓄热，进而节约成本。

脂肪酸和多元醇可以单独作为建筑节能中的相变储能材料，但是由于它们的相变

温度偏高、相变范围较窄，它们的推广应用存在一定的限制。这里选择癸酸（CA）和十四醇（MA）作为相变材料，并按照 9 ∶ 1 的比例将 CA 和 MA 混合在一起，制备出了一种新型复合相变储能材料 CA/MA（CM）。CM 的相变温度比 CA 和 MA 的低，并且相变范围较宽，适用温度范围大。

作为相变材料的支撑材料，应具有多孔结构，能够吸附大量的相变材料，而且不易燃烧，稳定性高，能够广泛应用于建筑的保温隔热。作为支撑材料的膨胀珍珠岩（EP）有着上述大部分优点，因此，选择 EP 作为相变材料的基体材料。

这里利用 CA、MA 和 EP 制备了复合定形相变储能材料，并对复合定形相变储能材料的各项物性进行了表征。然后将复合定形相变储能材料添加到水泥中，制备了复合相变水泥板。并且通过搭建小型水泥实验房间模型，研究复合相变水泥板对实验房间模型内部温度的调控特性。

二、CM/EP 复合相变储能材料的制备

（一）实验药品与试剂

制备 CM/EP 复合相变储能材料所使用的主要原材料如包括癸酸（CA）、十四醇（MA）、膨胀珍珠岩（EP）、乙醇等。

实验中选用的 EP 有三种规格：20 ~ 30 目、30 ~ 50 目、50 ~ 70 目，“目”数越大，表明颗粒尺寸越小。为了探究不同目数的 EP 对复合相变储能材料性能的影响，采用固定体积法测量了三种规格的 EP 的密度，其密度值如表 2-1 所示。

表 2-1　三种规格 EP 的密度

	EP1	EP2	EP3
规格 / 网目	20 ~ 30	30 ~ 50	50 ~ 70
密度 /（g/mL）	0.069	0.076	0.042

（二）CM/EP 复合相变储能材料的制备方法

为了制备出符合要求的复合相变储能材料，首先得确定 CA 和 MA 的比例。当 CA 和 MA 的比例为 9 ∶ 1 时，所得的 CM 复合相变储能材料满足相变范围较宽、相变焓值较大、相变温度适宜等要求。因此，在制备过程中，按 CA 和 MA 的质量比为 9 ∶ 1 制备了 CM 复合相变储能材料，然后再将 CM 复合相变储能材料浸入 EP 中。

为了确定 CM 与 EP 的最佳复合比例，制备了不同 CM 质量分数（10%、20%、30%、40%、50%、60%、70%、80%）的 CM/EP 复合相变储能材料。每种复合相变储能材料中的 EP 又可以分为三种类型，分别为 20 ~ 30 目（EP（1）、30 ~ 50 目（EP2）和 50 ~ 70 目（EP3）。因此，在实验中一共制备出了 24 种不同类型的 CM/EP 复合相

变储能材料。具体制备过程如下：

第一，首先，利用电子天平分别称取一定质量比例的 CA 和 MA 置于烧杯中，将烧杯置于磁力搅拌器中在 50℃下恒温搅拌 30 min，搅拌过程中转速设置为 400 r · min−1。

第二，将混合搅拌后的 CM 从磁力搅拌器中取出并且加入一定体积的乙醇，然后在常温下搅拌 10 min。

第三，称取一定质量的 EP，将其均匀地摊平在培养皿中，然后将过程第二中制备好的液态 CM 均匀地倒在 EP 表面上。

第四，将装有实验材料的培养皿放入真空干燥箱中真空处理 30 min，然后关闭真空，让其在 20℃下干燥 24 h，则 CM/EP 复合相变储能材料制备完成。

三、CM/EP 复合相变储能材料的性能表征

（一）微观形貌表征

采用 SEM（Quanta 250）对 EP 和 CM/EP 复合相变储能材料的微观形貌进行观察。用导电双面胶分别将膨胀珍珠岩和复合相变材料黏附到样品盘上，并且在材料的表面进行喷金处理，来进行微观形貌的观察。

（二）XRD 测试

采用 FTIR（VERTEX 80v）对 CA、MA、CM、EP 和 CM/EP 复合相变储能材料的官能团组成进行测试，测试范围为 500 ~ 4000 cm^{-1}。

（三）相变特性测试

采用 DSC（Discovery DSC25）对 CA、MA、CM、EP 和 CM/EP 复合相变储 2℃ · min^{-1}，样品质量为 5 ~ 10 mg，且用氮气氛围保护，氮气流量为 50 mL · min^{-1}。该仪器热焓精度为 ±0.1%，温度的测量精度为 ±0.01℃。

（四）泄漏测试

CM/EP 复合相变储能材料的泄漏测试步骤如下所示：

第一，将制备好的样品各取体积 5 mL，放到垫有分析滤纸的培养皿中，并把其均匀摊平在分析滤纸上。

第二，将干燥箱的温度设置为 60℃，待干燥箱温度达到 60℃后将装有样品的培养皿放入其中，进行泄漏情况测试。

第三，分别在 0 min、30 min、60 min 以及 120 min 时观察样品的泄漏情况。

（五）热稳定性测试

采用 TG（STA 449C）对 CA、MA、CM、EP 和 CM/EP 复合相变储能材料的热稳定性进行测试。测试温度范围为 30 ~ 400℃，升温速率为 10℃ · min^{-1}，氮气流量为 60 mL · min^{-1}。

此外，还采用 DSC 对 CM/EP 复合相变储能材料进行了 1 次、100 次、200 次、300

次、400 次和 500 次的熔化 / 凝固循环过程。每一个循环过程设置的最低温度为 0℃，最高温度为 50℃，达到设置温度后恒温 1min，温度变化速率为 10℃ · min^{-1}。

四、CM/EP 复合相变储能材料的热稳定性测试

热稳定性是指物质在高温加热的环境下能够保持原有的质量不变且不发生分解，以及在一定环境条件下循环工作多次后依旧保持最初的性能不变。物质的热稳定性可以通过 TG 和循环稳定性进行表征，通过分析物质的 TG 和循环稳定性，从而确定该种物质的工作温度范围和工作能力的可靠程度。

EP 在 30 ~ 400℃的温度范围内没有发生质量的变化，热稳定性比较好。主要是由于 EP 的主要成分为 SiO2、AL2O3 等金属氧化物，在 30 ~ 400℃的温度范围内不存在熔化降解等情况。CA 和 MA 开始降解的温度分别为 122℃和 133℃。CA 的降解温度低于 MA，这是因为 CA 的熔沸点低于 MA 的缘故。当温度大于 CA 和 MA 的降解温度时，在此温度下 CA 和 MA 的质量急剧减少。当温度达到 212℃和 223℃时，CA 和 MA 的质量依次减少为 0，这是因为在此温度下 CA 和 MA 发生气化现象导致质量挥发散失所致。对于 CM，开始降解的温度约等于 CA 开始降解的温度，降解结束的温度稍大于 MA 的降解结束温度。在 30 ~ 122℃的温度范围内，50%CM/EP2 复合相变储能材料的质量基本没有发生变化，这说明 50%CM/EP2PCM 在 122℃前并未发生热降解，在此温度范围内的热稳定性较好。当温度上升至 226℃时，含有 CM 质量分数为 50% 的 CM/EP2 复合相变储能材料的质量减少为原来的 50% 左右，这主要是因为 50%CM/EP2PCM 中 CM 发生热降解的结果。

由上述分析可知，50%CM/EP2 复合相变储能材料在常规应用的温度范围内（不超过 50℃）热稳定性较好，不会发生热降解，能够满足其在建筑领域中应用的基本要求。

通过进行多次的 DSC 循环测试可以判断相变储能材料循环稳定性的好坏，从而确定其循环稳定性。采用 DSC 测试了 50%CM/EP2PCM 循环 1 次、100 次、200 次、300 次、400 次和 500 次的热性能。测试结果表明，50%CM/EP2 复合相变储能材料的相变温度和相变潜热在经过多次 DSC 循环后变化很小，具有较好的热循环稳定性。

五、CM/EP 复合相变储能材料在建筑中的温度调控

（一）相变水泥板的制备

在实际中一般将相变储能材料与其他辅助材料相结合制备成建筑材料后再应用于建筑中。这里将 50%CM/EP2 复合相变储能材料掺入水泥当中，经混合搅拌后制备成复合相变材料水泥板（相变水泥板），进而将其应用于建筑节能。

为了探究相变材料对建筑温度的调控特性，实验中一共制备了 9 块水泥板，尺寸均为 500 mm × 300mm × 40 mm，其中三块是掺有不同比例 CM/EP2 复合相变储能材料的相变水泥板，另外 6 块是纯水泥板。在 6 块纯水泥板中，其中 5 块纯水泥板作为水泥实

验房间模型的四周围护结构和地板结构，另外 1 块纯水泥板为参照板，作为水泥实验房间模型的屋顶结构，三块相变水泥板用作水泥实验房间模型的屋顶结构。

普通水泥板和相变水泥板的具体制备过程如下：

第一，将自制模具用水清洗干净，在自制模具上覆盖一层保鲜膜以利于脱模。

第二，将普通硅酸盐水泥、优质河砂和一定体积比例的 CM/EP2 复合相变储能材料倒入搅拌容器中，并混合均匀。然后加入适当的水进行搅拌，其中加入的水、普通硅酸盐水泥和优质河沙的体积比例为 1 ： 2 ： 4，添加 CM/EP2 的体积分别为水泥板总体积的 10%、20% 和 30%。

第三，待水泥砂浆搅拌至黏稠状，将其倒入自制模具中，然后用插入式振捣器振捣模具中的水泥砂浆，直至其表面出现水泥浆为止，使其内部尽量不出现气泡和空隙，接着用塑料抹泥板将水泥砂浆表面抹平整。

第四，在自制模具中的水泥砂浆表面覆盖一层保鲜膜，防止水分过度散失从而导致水泥板表面开裂。

第五，静置 24 h 后拆模，在室温下放置 2 ～ 3 d，然后置于太阳下晾晒 1 d，便可得到 CM/EP2 复合相变储能材料体积分数含量为 10%、20% 和 30% 的相变水泥板。

同理，根据上述步骤，不添加 CM/EP2 复合相变储能材料时，可以得到其余 6 块纯水泥板。

（二）相变水泥板的导热系数测试

导热系数在热能存储系统的储 / 放热过程中具备有重要意义，为此测试了纯水泥板和含 CM/EP2 复合相变储能材料体积分数为 10%、20%、30% 的相变水泥块在 15℃、20℃、25℃、30℃、35℃、40℃的导热系数。

对于 CM/EP2 复合相变储能材料比例为 10%、20% 和 30% 的相变水泥板，其导热系数在 15 ～ 30℃的范围内均随着温度的升高而增大。当温度为 30℃时，导热系数达到最大值，CM/EP2 的体积分数为 10%、20%、30% 的相变水泥板的导热系数分别为 1.0760、0.8542 和 0.7949W · m^{-1} · K^{-1}。随着温度的进一步升高，导热系数值开始降低。上述现象的原因解释如下：对于瞬态热线法测导热系数，其基本原理是用两件相同的测试样品将一根细长的金属加热丝紧紧夹住，金属加热丝通电后在一定的加热功率下温度开始上升，经过一定的时间后，观察金属加热丝的温度变化情况，在加热功率一定的情况下，金属加热丝的温度越高，导热系数越小，而相变储能材料在相变过程中要从外界吸收大量的热量，因此相变水泥板中的 CM 在发生相变时会使得金属加热丝的温升速率减小，导致金属加热丝的最终温度减小，因此所测得的导热系数越大。CM/EP2 复合相变储能材料的相变温度范围在 20 ～ 30℃左右，在 20℃到 30℃的过程中相变程度越来越剧烈，所以相变水泥板的导热系数在这个温度范围内是逐渐增大的，而且在 30℃时达到最大值。当温度大于 30℃后，CM 已经相变结束并变成液态，而液态 CM 的导热系数小于固态时的导热系数。因此 30℃后导热系数降低，并且低于 15℃时相变水泥块的导热系数。对于纯水泥块，其内部不含 CM，在温度变化的过程中不会发生相变，因此纯水泥块的导热系数在 15 ~ 40℃的温度范围内基本保持不变，约为 1.292 $W \cdot m^{-1} \cdot K^{-1}$。

随着 CM/EP2 复合相变储能材料比例的增加，相变水泥板的导热系数逐渐减小。这主要是因为水泥块中热量的传递主要靠弹性波作用，水泥块越致密弹性波越容易传递，导热系数也就越大。低密度的 CM/EP2 复合相变储能材料的添加使得水泥块内部形成大量的“孔隙”，降低了水泥块整体的致密程度，从而使得导热系数减小。此外，CM 具有储热能力，在相变过程中吸收热量而保持温度近似不变，等效增大了水泥块的热容，降低了水泥块整体的导热系数。所以，随着水泥块中 CM/EP2PCM 比例的增加，其导热系数越来越小，归因于水泥块中 CM/EP2 的含量越多，水泥块内部的“孔隙”也就越多，从而使得水泥块整体的致密程度不断下降，而且 CM/EP2 的增加使得水泥块的潜热蓄热量增加，导致相变水泥块的热容增大，在双重作用之下，相变水泥块的导热系数不断减小。

（三）相变水泥板的抗压强度测试

作为建筑围护结构，相变水泥板必须具备一定的抵抗外界压力冲击的能力。为了探究相变水泥板中 CM/EP2 复合相变储能材料的比例对其抗压强度的影响，对含 CM/EP2 体积分数为 10%、20%、30% 的相变水泥板和纯水泥板进行了抗压强度的测试实验。

根据实验需求，一共制备了 4 块水泥块测试样品，其中包括 3 块含 CM/EP2 复合相变储能材料体积分数分别为 10%、20%、30% 的水泥块和 1 块纯水泥块。水泥块测试样品的尺寸按照标准抗压强度测试件的尺寸来制作，尺寸为 70.7mm × 70.7mm × 70.7mm。

随着水泥板测试样品中 CM/EP2 复合相变储能材料比例的增加，水泥块测试样品的抗压强度逐渐减小，而且减小的幅度较大。CM/EP2 的添加含量为 10%、20% 和 30% 的相变水泥板与纯水泥板相比，抗压强度分别降低了 54%、71.3% 和 81.6%。由此可见，随着 CM/EP2 添加量的增加，水泥板的抗压强度逐渐降低，但下降幅度呈现出减小的趋势。

添加 CM/EP2 复合相变储能材料的相变水泥板的抗压强度之所以小于纯水泥板，是由于 CM/EP2 的密度和硬度都小于纯水泥，从而使得相变水泥板的整体密度和硬度小于纯水泥板。因此相变水泥板与纯水泥板相比抗压强度减小，抵抗外界压力冲击的能力下降。此外，不同的材料混合使得它们之间的黏结性小于同种材料之间的黏结性，进而导致混合材料内部整体的黏结强度下降，因此其抗压强度也随之减小，所以相变水泥板的抗压强度明显小于纯水泥板。

（四）相变水泥板对建筑温度调控特性研究

为研究相变水泥板对建筑温度的调控特性，设计 4 组水泥板的储放热实验，其中 3 组实验的水泥板分别添加了体积分数为 10%、20% 和 30% 的 CM/EP2 复合相变储能材料，另外一组实验的水泥板为纯水泥板，作为对照组。本实验主要通过分析对比实验组和对照组的各温度测点的温度随时间的变化规律，得出相变水泥板对建筑温度的调控特性。

实验系统主要由水泥房间模型、计算机、数据采集仪、红外加热灯和 K 型热电偶等组成。水泥实验房间模型的四周和底部由纯水泥板围砌而成，屋顶则由相变水泥板制作而成。在水泥实验房间模型的正上方 0.5m 处悬挂红外加热灯，功率为 270 W，作为高温热源，用于在实验过程中加热水泥实验房间模型。水泥实验房间模型的四周和底部用隔热海绵板进行包裹，以防止加热过程中热量的散失。水泥实验房间模型内的温度变化由 K 型热电偶和数据采集仪获取。其中测试用的相变水泥板的尺寸为 500 mm × 300mm × 40 mm，在测试板的上表面布置了 5 个温度测点，其中 4 个温度测点分布在测试板的 4 个角落，距离测试板边缘 50mm，第 5 个温度测点位于测试板的中心处。在测试板的下表面同样布置了 5 个温度测点，它们的位置与上表面温度测点的位置相对应。另外，在水泥实验房间模型内部空间的中心位置处由高到低依次布置了 4 个温度测点，它们之间的间隔以及与底面和顶面的距离都为 60 mm，水泥实验房间模型所处的外部环境温度维持在 16℃左右。

实验开始时，开启红外加热灯对测试板的上部空间进行加热，加热过程持续时间约 9h。9h 过后将红外加热灯关闭，让水泥实验房间模型在 16℃的室温下自然冷却 15 h。本组实验结束后，保存相关实验数据，接着换另一比例的相变水泥板进行测试。

例如，在加热过程前期，相变水泥板上表面温度测点的温度开始快速上升，在加热过程后期，温度上升曲线趋于平缓，温度上升速率减小。在加热过程中，相变水泥板下表面温度测点的温度变化规律与上表面的基本一致，由于相变水泥板的存在，使得水泥板上下表面存在传热温差，因此下表面温度测点的温度值明显小于上表面温度测点的温度值。在加热过程中，水泥实验房间模型内部空间温度测点的温度变化规律和上下表面温度测点的温度变化规律基本一致，且加热过程的大部分时间内，内部空间温度的上升速率在三者之中是最小的，并且内部空间与下表面的温差远大于上表面与下表面的温差，这归因于热量从上表面传递到下表面所经过的介质是固体，导热系数大；而热量从下表面传递到内部空间所经过的介质是气体，导热系数小。在加热过程中各测温点温升速率先大后小的原因是随着上下表面和内部空间温度的不断增大，它们与热源之间的传热温差不断减小，传热速率不断降低，从而导致温度上升速率在加热过程中出现递减的现象。在冷却过程中，上下表面和内部空间各测温点的温度下降速率也呈现出逐渐减小的规律，不同的是当时间大于 50000s 时，内部测温点的温度首次大于上下表面测温点的温度，并且持续到冷却过程结束，这主要也是由于内部空间测温点周围的传热介质是空气，导热系数小且散热慢。

第三节　三水合醋酸钠 / 膨润土定型复合相变储能材料及其热性能

无机水合盐相变储能材料具有诸多优良特性，如相变潜热大、温度适用范围广、储放热过程接近于恒温过程等。这些优点使得无机水合盐相变储能材料在储能领域应用前景十分广阔。但无机水合盐存在的一些缺点，例如放热结晶过程中过冷度较大、多次循环后出现相分离、温度升高后容易发生泄漏和循环热稳定性差等，这些缺点使无机水合盐的实际应用受到限制。因此，为克服无机水合盐相变储能材料的缺点，改善无机水合盐的储热性能，需要向无机水合盐相变储能材料中添加其他材料制备成复合相变储能材料以解决以上问题。

一、三水合醋酸钠复合相变储能材料的制备

（一）实验药品与试剂

这里制备三水合醋酸钠复合相变储能材料所使用的主要原材料包括碳化硅、去离子水、膨润土、三水合醋酸钠。

（二）实验仪器

这里制备三水合醋酸钠复合相变储能材料所使用的主要仪器包括通风橱、电子天平、真空干燥箱、超声波清洗器、实验室级纯水器、数显磁力搅拌器。

（三）三水合醋酸钠复合相变储能材料的制备过程

这里以三水合醋酸钠作为无机水合盐相变储能材料，分别以膨润土、碳化硅作为添加剂，采用熔融共混法进行复合相变储能材料的制备。具体步骤如下所示：

第一，将一定质量的三水合醋酸钠在 70℃下加热至熔融状态；

第二，将一定质量的膨润土加入第一中，并采用磁力搅拌器在 600 r · min^{-1} 的转速下持续搅拌 20 min，然后将混合物放入超声波清洗器中以 53 kHz 的频率，在 60℃下超声 20 min；

第三，将第二中所得到的混合物置于真空干燥箱中，并在 75℃、0.08 MPa 的真空环境中放置 30 min；

第四，将第三中所得到的混合物置于空气中进行冷却，直到完全凝固，即得到三水合醋酸钠 / 膨润土复合相变储能材料。

在三水合醋酸钠 / 膨润土复合相变储能材料的制备过程中，通过调整三水合醋酸钠和膨润土之间的质量比，制备出不同组分比例的复合相变储能材料。三

为进一步改善三水合醋酸钠的过冷度和导热性能，在添加膨润土的基础上再添加碳化硅制备成三水合醋酸钠 / 膨润土 / 碳化硅复合相变储能材料。具体制备步骤如下：

熔融三水合醋酸钠混合物复合材料

第一，将一定质量的三水合醋酸钠在 70℃下加热到熔融状态；

第二，将一定质量的碳化硅加入第一中熔融的三水合醋酸钠中形成混合物，并采用磁力搅拌器以 600 r · min−1 的转速持续搅拌 20 min；

第三，将一定质量的膨润土加入第二中，并采用磁力搅拌器以 600r · min^{-1} 的转速持续搅拌 20 min，然后将混合物放入超声波清洗器中以 53 kHz 的频率，在 60℃下超声 20 min

第四，将第三中所得到的混合物置于真空干燥箱中，并在 75℃、0.08 MPa 的真空

环境中放置 30 min；

第五，将第四中所得到的混合物置于空气中进行冷却，直至完全凝固，即得到三水合醋酸钠 / 膨润土 / 碳化硅复合相变储能材料。

在三水合醋酸钠 / 膨润土 / 碳化硅的制备过程当中，通过调整材料之间的质量比来制备出不同材料组分的复合相变储能材料。

二、三水合醋酸钠复合相变储能材料的性能表征

（一）微观形貌表征

取 3 ~ 5 mg 样品通过双面导电胶粘在样品台上，然后在其表面进行喷金处理，再将样品放入电镜样品仓内，进行抽真空，在真空度达到 3×10^{-3} MPa 时，打开电子枪，开始观察样品。

（二）FTIR 测试

采用测试仪对三水合醋酸钠以及其复合相变储能材料的化学官能团组成进行测试，测试范围为 4000 ~ 400 cm^{-1}。

（三）热成像测试

将三水合醋酸钠及其复合相变储能材料测试样品压成直径 30 mm，厚度为 5mm 的圆片。把样品置于培养皿内，将培养皿放在 85℃水浴环境内进行加热。在加热过程中，每隔特定时间，用红外热成像仪记录复合相变储能材料的温度及形貌变化情况。

（四）过冷度测试

通过搭建过冷度测试系统，对三水合醋酸钠及其复合相变储能材料的过冷特性进行测试。具体测试过程如下：

第一，称取测试样品 25 g 置于试管中，并在试管中布置 K 型热电偶。

第二，将恒温槽温度设置为 80℃，使得恒温槽内的水逐渐升温加热融化待测样品，直至样品温度达到平衡状态。

第三，再将恒温槽温度设置为 10℃，对被测样品进行降温，直至样品温度达到平衡状态，实验过程采用温度巡检仪对测试过程样品的温度变化进行记录。

（五）相变特性测试

采用 TA 公司 DSC 25 型差示扫描量热仪对三水合醋酸钠及其复合相变储能材料的相变温度和相变潜热进行测试。首先用电子天平称取样品 10 ~ 20 mg，将称取好的样品放置于特制铝坩埚中，之后将其加盖密封，再置于差示扫描量热仪中特定位置。测试温度范围为 30 ~ 80℃，升温速率为 2℃ · min^{-1}，氮气氛围（50 mL · min^{-1}）。

（六）导热系数测试

采用 DRL- Ⅲ型导热系数测量仪对三水合醋酸钠及其复合相变储能材料进行导热系

数测试。测试样品为厚度 4 mm，直径 30 mm 的圆片，测试温度为 20℃、25℃、30℃、35℃、40℃。

（七）储热 / 释热特性测试

采用实验系统对三水合醋酸钠及其复合相变储能材料的储热 / 释热特性进行研究。储热 / 释热实验系统主要包括储热单元、循环水泵、低温恒温槽、恒温水浴锅、温度巡检仪和计算机组成。

储热单元由亚克力板制成，长 × 宽 × 高为 70 mm × 60mm × 70 mm，板厚为 5mm。平板换热器紧贴侧面放入储放热单元用于对相变材料进行换热。储放热单元共布置 4 个 K 型热电偶，分别为 T1、T2、T3 及 T4。测试时在储热模块中填充 216 cm^3 的相变储能材料，并且采用 K 型热电偶对相变储能材料的温度进行实时测量。

在进行储热测试时，将高温水浴锅中的载热流体在循环水泵的带动下进行循环，载热流体的流量设定为 500 mL · min^{-1}，在加热过程中载热流体的温度始终保持在 80℃左右，当储热模块中相变材料的温度趋于平衡时储热实验结束。当储热实验结束后，开始放热实验，首先循环水泵将低温恒温槽中的载热流体输入到循环系统中，来进行相变材料的释热实验。当进行释热实验时，实验过程与储热过程保持一致，也采用流量为 500 mL · min^{-1} 的载热流体来对储热模块进行冷却，此时载热流体的温度始终保持在 20℃左右，当储热模块中相变材料趋于稳定时，释热实验结束。在整个实验过程当中，通过热电偶、数据采集器和计算机对储热模块中的相变材料的温度进行实时采集。

三、三水合醋酸钠复合相变储能材料的特点

（一）三水合醋酸钠复合相变储能材料过冷特性

三水合醋酸钠 / 膨润土复合相变储能材料中，膨润土的质量分数减少时，复合相变储能材料的过冷度也相应降低。随膨润土质量分数的增加，复合相变储能材料的过冷度会减小。例如，当膨润土质量分数为 40% 时，复合相变储能材料的过冷度最小为 5.69℃。而当膨润土的质量分数进一步增加时，复合相变储能材料的过冷度反而增加，例如，当膨润土的质量分数为 50% 时，复合相变储能材料的过冷度增加到 22.60℃。复合相变储能材料的过冷度随着膨润土质量分数的增加呈现出先减小后增加的趋势。相较于三水合醋酸钠纯材料，三水合醋酸钠 / 膨润土复合相变储能材料的过冷度总体有一定幅度减小，但是过冷度仍然未完全消除。

当碳化硅添加剂质量分数不断增加时，三水合醋酸钠 / 膨润土 / 碳化硅复合相变储能材料的过冷度继续下降。相较于三水合醋酸钠的过冷度，三水合醋酸钠 / 膨润土 / 碳化硅复合相变储能材料过冷度大幅度减小。添加碳化硅可以显著改善三水合醋酸钠的过冷度，并且在一定范围内，随着碳化硅质量分数的增加，三水合醋酸钠 / 钙基膨润土 / 碳化硅复合材料的过冷度改善效果也变大。当碳化硅质量分数为 10% 时，三水合醋酸钠 / 膨润土 / 碳化硅复合相变储能材料几乎没有过冷现象。

（二）三水合醋酸钠复合相变储能材料的相变特性

三水合醋酸钠 / 膨润土复合材料的起始相变温度随着膨润土质量分数的增加而稍有降低，但降低的程度不超过 2℃。复合相变储能材料的相变峰值温度随着膨润土的质量分数增加而先增后减，但变化的程度不超过 1.5℃。因此可说明添加膨润土对复合材料的固－液相变起始温度和相变峰值温度影响程度较低。此外，可明显看出三水合醋酸钠 / 膨润土复合相变材料的相变潜热随着膨润土含量的增加而减小。这是由于在测试温度范围内仅有三水合醋酸钠存在相变潜热，而膨润土没有相变潜热，随着膨润土含量的增加，三水合醋酸钠的占比随之降低，因此复合相变储能材料的相变潜热也不断减少。

添加碳化硅对复合相变储能材料的起始相变温度和相变峰值温度的影响较小，三水合醋酸钠 / 膨润土 / 碳化硅复合相变储能材料的相变潜热也随碳化硅含量的增加而呈减小的趋势。

（三）三水合醋酸钠复合相变储能材料的导热性能

例如，采用导热系数测试仪对三水合醋酸钠及其复合相变储能材料在 20℃、25℃、30℃、35℃及 40℃下的导热系数进行测试。三水合醋酸钠及三水合醋酸钠 / 膨润土复合相变储能材料的导热系数均随着温度的增加而降低。并且在相同温度下，随着膨润土含量的增加，三水合醋酸钠 / 膨润土复合相变储能材料的导热系数随之降低。

在三水合醋酸钠 / 膨润土复合相变储能材料中加入少量碳化硅后，导热系数降低，但随着碳化硅添加含量的增加复合相变储能材料的导热系数出现增加的趋势，并且碳化硅的质量分数越大，复合相变储能材料的导热系数越大，碳化硅对复合相变材料的导热性能具备一定的强化作用。

（四）三水合醋酸钠复合相变储能材料循环热稳定性

相变储能材料的循环热稳定性对其在热能储存领域中的应用具有重要的影响。添加碳化硅不仅可以明显改善三水合醋酸钠的过冷现象，且在很大程度上改善了三水合醋酸钠的循环热稳定性。

第四节　相变微胶囊、高导热材料复合储能材料及其热性能

相变微胶囊封装技术尽管解决了相变储能材料熔化之后的泄漏问题，但其导热系数仍然偏低，制约着相变微胶囊储能材料在热能存储中的传热效率。因此，提高相变微胶囊的导热性能是提高其热能存储效率的有效手段，而目前针对相变微胶囊强化传热方面的研究却鲜有报道，因此这里通过向相变微胶囊中添加高导热材料的方法对其进行强化

传热。目前常用于强化传热的材料主要有高导热碳材料、金属粒子、泡沫金属等。

膨胀石墨是由天然鳞片石墨经过插层膨化制备而成，从微观结构上看膨胀石墨呈蠕虫状结构，由大量的微胞相互连接组成。而每个微胞内又有很多细小的孔隙组成，从而形成了丰富的孔隙结构。所以膨胀石墨具有质轻、多孔、吸附性好、比表面积大、导热性能优良等优点。

石墨烯是一种单原子层厚度的蜂窝状平面薄膜，无论是单层石墨烯还是多层石墨烯均具有良好的强度、柔韧度和热导率，因此也常用于相变储能材料的强化传热中。

目前常用于相变材料强化传热的金属粒子主要有金属铜、铝、氧化铜、氧化铝、二氧化硅和二氧化钛等，而在这些金属材料中，以金属铜导热性能最佳，尤其是纳米铜具有更大的比表面积，可以明显增大铜粒子与相变材料之间的有效接触面积，从而强化相变材料的导热性能。

一、相变微胶囊复合储能材料的制备

（一）实验药品与试剂

这里相变微胶囊复合储能材料所使用的主要原材料包括石蜡 / 密胺树脂相变微胶囊、纳米铜、多层石墨烯、膨胀石墨。

（二）实验仪器与设备

这里石蜡 / 密胺树脂相变微胶囊和高导热材料复合相变储能材料的制备及性能测试所使用的主要仪器及设备包括数显磁力搅拌器、数显电子恒温水浴锅、干燥箱、电子天平、实验室超净水机、扫描电子显微镜（SEM）、导热系数测试仪、激光粒度分布仪（LPS）、数据采集器、差示扫描量热仪（DSC）。

（三）相变微胶囊复合材料的制备过程

膨胀石墨、多层石墨烯和纳米铜分别与石蜡 / 密胺树脂相变微胶囊通过干式混合法进行相变微胶囊复合材料的制备。在制备相变微胶囊复合材料之前，首先采用微波膨化法将可膨胀石墨在微波炉内经过微波（膨化功率为 800 W，膨化时间 1min）膨化成多孔蠕虫状的膨胀石墨。然后将质量分数分别为 0.1%、0.5%、1.0%、1.5%、2.5% 的膨胀石墨、石墨烯和纳米铜各自与石蜡 / 密胺树脂相变微胶囊进行混合。并采用磁力搅拌器在 400 $r \cdot min^{-1}$ 下持续搅拌 30 min，使得高导热材料在相变微胶囊中尽可能地均匀分布，从而制备出不同高导热材料质量分数下的 MicroEPCM/ 膨胀石墨、MicroEPCM/ 多层石墨烯和 Micro-EPCM/ 纳米铜复合相变储能材料。

二、相变微胶囊复合储能材料的性能表征

（一）粒径分布

采用 BT-9300H 型激光粒度分布仪对石蜡 / 密胺树脂相变微胶囊的粒径分布进行测

试，在粒径测试之前先将石蜡/密胺树脂相变微胶囊通过超声与磁力搅拌均匀分散至去离子水中，之后将混合液倒入激光粒度分布仪的测试容器中进行粒径分布的测试。

（二）微观形貌表征

采用Quanta 250型SEM观察石蜡/密胺树脂相变微胶囊复合储能材料的微观形貌。用导电双面胶分别将MicroEPCM/膨胀石墨、MicroEPCM/多层石墨烯和MicroEPCM/纳米铜复合相变储能材料黏附到样品盘上，并在复合储能材料的表面进行喷金，以便进行微观形貌的观察。

（三）导热系数测试

采用DRL-Ⅲ型导热系数测试仪对石蜡/密胺树脂相变微胶囊与复合相变储能材料的导热系数进行测试。在对样品进行测试之前首先通过标准样对导热系数测试仪进行校准，保证导热系数测试的准确性。测试样品为直径30 mm，厚约5 mm的圆片。样品测试的温度为20℃、25℃、30℃、35℃和40℃。每个样品重复测试三次取其平均值。该导热系数测试仪的精度优于 ±3%。

（四）相变特性测试

采用DSC-100型DSC对石蜡/密胺树脂相变微胶囊和复合相变储能材料的相变温度和相变潜热进行测试。测试温度范围为30 ~ 80℃，升温速率为10℃·min-1，样品重量为10 ~ 20 mg，且用氮气氛围保护。在DSC测试之前先将石蜡/密胺树脂相变微胶囊和复合相变储能材料在恒温干燥箱中以40℃干燥18 h，去除样品中的水分。该差示扫描量热仪的热流测试精度为 ±0.1 μW。

（五）储热/释热特性测试

储热/释热特性是相变储能材料在热能存储中一个非常重要的性能。因此，通过搭建储能测试实验平台对石蜡/密胺树脂相变微胶囊和复合相变储能材料的储热/释热特性进行测试。

该系统主要包括恒温水浴锅、低温恒温水槽、离心泵、数据采集器、K型热电偶、流量计、阀门、铜管和储热模块等部件组成。其中储热模块是该实验系统中重要的组成部分，该模块是由蛇形换热铜管（内径为3mm，厚度为2 mm，总长为120 mm）、储热壳体（材质为亚克力板，厚度为4mm，内部尺寸为70 mm × 30 mm × 20 mm）、相变储能材料、绝热棉（用于壳体的绝热，其厚度为5 mm）等构成。在储热模块中填充30 g石蜡/密胺树脂相变微胶囊或复合相变材料，并且采用K型热电偶对储热模块中的石蜡/密胺树脂相变微胶囊或复合材料的温度进行实时测量。离心泵为载热流体（水）提供动力，使载热流体在系统中不断循环，持续与储热模块进行热量交换。流量计和阀门用来控制循环载热流体流量的大小。恒温水浴锅和低温恒温水槽为该系统提供恒定温度的高温和低温载热流体，数据采集器用来采集储热模块中相变储能材料在不同时刻下的温度。

在石蜡/密胺树脂相变微胶囊和复合相变储能材料的储热过程中，将恒温水浴锅中的载热流体在离心泵的带动下进行循环，并且通过调整离心泵的功率和阀门开度来调节载热流体的流量，该实验中分别采用流量为 30 mL · min^{-1}、50 mL · min^{-1}、70 mL · min^{-1}、90 mL · min^{-1} 和 110 mL · min^{-1} 的载热流体来对储热模块进行加热，在加热过程中载热流体的温度始终保持在 55℃左右，当储热模块中储热材料的温度趋于平衡时储热实验结束。当储热实验结束后，开始石蜡 / 密胺树脂相变微胶囊和复合相变材料的释热实验，首先用离心泵将低温恒温槽中的载热流体输入到循环系统中，来进行石蜡 / 密胺树脂相变微胶囊和复合相变材料的释热实验。当进行释热实验时，实验过程与储热过程保持一致，也分别采用流量为 30 mL · min^{-1}、50 mL · min^{-1}、70 mL · min^{-1}、90 mL · min^{-1} 和 110 mL · min^{-1} 的载热流体来对储热模块进行冷却，此时载热流体的温度始终保持在 15℃左右，当储热模块中储能材料趋于稳定时，释热实验结束。在整个储热 / 释热实验过程中，通过热电偶、数据采集器和计算机对储热模块中的储能材料的温度进行实时采集。

三、相变微胶囊及其复合储能材料测试结果与分析

（一）相变微胶囊及其复合相变储能材料的微观形貌

相变微胶囊的形状呈规则的球状结构，且表面光滑紧凑。但微胶囊的粒径分布大小不一。

Micro-EPCM/ 多层石墨烯复合储能材料中石墨烯贴附在石蜡 / 密胺树脂相变微胶囊的表面，但并非每个石蜡 / 密胺树脂相变微胶囊上都黏附有多层石墨烯，多层石墨烯而是不连续地分布在石蜡 / 密胺树脂相变微胶囊体系中。在 MicroEPCM/ 纳米铜复合储能材料中，纳米铜黏附于相变微将囊的表面，且每个相变微胶囊上均黏附多个纳米铜粒子。在 MicroEPCM/ 纳米铜复合相变储能材料体系中，纳米铜粒子均匀分布在石蜡 / 密胺树脂相变微胶囊之间，可有助于提高单个相变微胶囊之间的热量传递速率。在 MicroEPCM/ 膨胀石墨复合相变储能材料中，膨胀石墨片层将许多相变微胶囊覆盖，这样可有效地增加单个微胶囊之间传热面积，从而提高 MicroEPCM/ 膨胀石墨复合相变储能材料储能体系的传热速率。

（二）相变微胶囊及其复合相变储能材料的相变特性

MicroEPCM/ 纳米铜、MicroEPCM/ 多层石墨烯和 MicroEPCM/ 膨胀石墨这三种复合相变储能材料的相变温度和相变峰值温度与石蜡 / 密胺树脂相变微胶囊相差不大，这说明在石蜡 / 密胺树脂相变微胶囊中添加纳米铜、多层石墨烯和膨胀石墨后对相变温度影响较小，但是对相变微胶囊的相变潜热影响较大，且随着高导热材料质量分数的增大复合相变储能材料的潜热逐渐减小。这是因为在 DSC 测试温度范围内高导热材料并没有相变潜热，随着高导热材料的质量分数增大，复合相变储能材料中相变微胶囊所占的比例随之减小，因此复合相变储能材料的相变潜热会随着高导热材料质量分数的增大而减小。

相变潜热是衡量相变储能材料储热能力大小的重要指标，相变潜热越大则储热能力越强。所以，通过添加高导热材料对相变储能材料进行强化传热时，需综合考虑导热系数和相变潜热这两种热物性参数的变化情况，应该使这两项指标同时满足相变储能材料在实际应用当中的需求。

第三章 金属氢化物镍电池材料

第一节 储氢合金负极与镍正极材料

一、金属氢化物镍电池简介

（一）金属氢化物镍电池工作原理

金属氢化物镍电池的正极活性物质采用氢氧化镍，负极活性物质为储氢合金，电解液为碱性水溶液（如氢氧化钾溶液）。

电池的充放电过程可看作是氢原子或者质子从一个电极移到另一个电极的往复过程。在充电过程中，通过电解水在电极表面上生成的氢不是以气态分子氢形式逸出，而是电解水生成的原子氢直接被储氢合金吸收，并向储氢合金内部扩散，进入并占据合金的晶格间隙，形成金属氢化物。在充电后期正极有氧气产生并析出，氧透过隔膜到达负极区，和负极进行复合反应生成水。

在过充电时，对于理想密封电池，正极上产生的O2很快地在负极上与氢反应生成水。Ni/MH电池的失效在很大程度上是由于负极对氧气复合能力的衰减，导致电池内压升高，迫使电池安全阀开启，产生漏气、漏液等现象。

在过放电时，当电压接近 –0.2V 时，在正极上产生氢，使得内压有少量增加，但这些氢很快与负极反应。

在Ni/MH电池设计时，通常采用正极限容、负极过量，即负极的容量必须超过正极。否则，过充电时，正极上会析出氧，从而使合金被氧化，造成负极片的不可逆损坏，导致电池容量及寿命骤减；过放电时，正极上会产生大量氢气，造成电池内压上升。所以，一般负正极的设计容量比为1.5左右。商品Ni/MH电池的形状有圆柱形、方形、口香糖式和口式等多种类型。

（二）储氢合金的基本特征

二元储氢合金基本上是在20世纪70年代前后相继被发现的。这些二元储氢合金可分为AB5型（稀土系合金）、AB2型（Laves相合金）、AB型（钛系合金）和A2B型（镁系合金）。其中A为氢化物稳定性元素（发热型金属），B为氢化物不稳定性金属（吸热型金属），A原子半径大于B原子半径。

氢在金属或合金中比液态氢的密度高，氢能在相对温和的条件下可逆吸放，并且伴随热的释放与吸收。试验检测和模拟计算证明氢主要以原子形式存在，部分带有负电荷。在合金晶格中存在6配位的八面体间隙和4配位的四面体间隙，在吸氢时，氢原子进入晶格占据八面体间隙或四面体间隙。氢原子在八面体或四面体中的分布，取决于金属或合金的种类和结构。氢的进入一般遵循填充不相容规则，即两个共面的四面体或八面体间隙不能同时被氢原子占据。同时，氢在间隙的占据状态也取决于间隙的几何因素和间隙周围金属原子的电子分布状态及电负性因素。

氢进入合金晶格的间隙位置后，一般原合金的晶型结构保持不变，但会造成合金晶格的膨胀。储氢后合金体积膨胀率与氢浓度成正比，其比例系数因合金种类和结构而有所差异。氢占据储氢合金的晶格间隙之后，储氢合金晶格中的A原子和B原子不再直接接触，而出现A H和B H界面。

该经验关系式表明了合金稳定性和氢化物稳定性之间的“可逆稳定性”原则，即合金越稳定，其氢化物越不稳定，可以利用该原则并采用部分置换元素的途径来选择设计合金的稳定性。

金属氢体系的相平衡，通常用金属氢化物的吸放氢平衡压力、组成和温度曲线，即PCT曲线来表示。PCT曲线的特征为，氢最初以间隙方式进入金属（或合金）晶格内部形成固溶体（通常称 α 相），氢在固溶体中的分布是随机分布的，固溶体的溶解度与其氢平衡压的平方根成正比。在一定温度和压力条件下，氢进一步溶入并达到饱和，导致金属氢化物（通常称 β 相）的形成，氢在 β 相中基本是均匀分布的。在某些储氢合金中还可以进一步形成第二种氢化物相（通常称 γ 相）。

可逆吸放氢过程中出现的平台压是储氢合金进行能量转换的关键。氢的可逆吸收/释放主要包括分子表面吸附/脱附、分子解离/化合、原子体相扩散等反应历程。氢在储氢合金中的固相扩散多属于间隙机制，即扩散原子在点阵的间隙位置跃迁而导致的扩散。氢在合金扩散的动态过程中还伴随着相变，并且出现相界面的移动。氢的可逆储放可以采用氢气和合金的直接反应（称气固反应）与水溶液电解质中电化学反应两种方式进行。

（三）储氢合金电极材料的主要特征

第一，储氢合金的可逆储氢容量较高，平台压力适中（0.01 ~ 0.05MPa），对氢的阳极氧化具有良好电催化性能。

第二，在氢的阳极氧化电位范围内，储氢合金具有较强的抗氧化性能。

第三，在强碱性电解质溶液中，储氢合金组分的化学状态相对稳定。

第四，在反复重放电循环过程中，储氢合金的抗粉化性能优良。

第五，储氢合金具有良好的电和热的传导性。

第六，合金的成本相对低廉。

二、储氢合金负极材料

（一）AB5 型混合稀土系统储氢电极合金

1. 合金的化学成分与电极性能

（1）合金 A 侧混合稀土组成的优化

在 AB5 型混合稀土系储氢电极合金之中，合金化学式 A 侧的混合稀土金属，主要由 La、Ce、Pr、Nd 四种稀土元素组成。与 $LaNi_5$ 系合金相比，相当于合金 A 侧的稀土元素 La 被 Ce、Pr、Nd 部分替代。由于四种稀土元素在物理化学性质和吸放氢性能方面的差异，混合稀土的组成（La、Ce、Pr、Nd 的含量及相对比例）必然对储氢电极合金的性能产生重要影响。从目前储氢合金所使用的混合稀土金属原材料来看，虽然可大体上分为富镧混合稀土（Ml）和富铈混合稀土（Mm）两种类型，但由于产地矿源和提炼方法不同，市售混合稀土金属中各种稀土元素的含量存在较大差异，也不利于稳定和提高储氢电极合金的性能。因此，在对 AB5 型混合稀土系合金 B 侧进行多元合金化研究的基础上，深入研究合金 A 侧稀土的组成，是进一步提升储氢电极合金综合性能的重要途径。

单一稀土元素对合金电极性能的影响主要体现在 $RE(NiCoMnTi)_5$ 合金中，当 RE 分别为 La、Ce、Pr、Nd 单一稀土时，合金的晶胞体积按 RE=Ce < Nd < Pr < La 的顺序增大（与稀土元素的离子半径 $Ce^{4+} < Nd^{3+} < Pr^{3+} < La^{3+}$ 的变化顺序一致），合金的平衡氢压随合金晶胞体积的增大而降低。比较四种合金的电化学性能，$Nd(NiCoMnTi)_5$ 的活化性能最好，放电容量最高（307 mA · h/g），但循环稳定性较差；$Pr(NiCoMnTi)_5$ 和 $La(NiCoMnTi)_5$ 的活化性能和放电容量（分别为 299 mA · h/g 和 289 mA · h/g）不及 $Nd(NiCoMnTi)_5$，但具有较好的循环稳定性；而 $Ce(NiCoMnTi)_5$ 的活化性能最差、放电容量最低（59mA · h/g），但具有良好的循环稳定性。上述结果反映出 La、Ce、Pr、Nd 四种单一稀土元素各自对 $RE(NiCoMnTi)_5$ 储氢合金性能的不同影响。

二元混合稀土组成对合金电极性能的影响主要取决于 La，它是混合稀土中最为重要的吸氢元素，所以着重研究了 La Ce、La Pr 及 La Nd 三种二元混合稀土组成对合金电极性能的影响。

La Ce 二元混合稀土：对 $La_{1-x}Ce_xNi_{3.55}Co_{0.75}Mn_{0.4}Al_{0.3}$（$x$=0 ~ 1.0）合金的研究表明，随着含 Ce 量的增加，合金的晶胞体积线性减小，平衡氢压升高，导致合金的放电容量降低，合金的循环稳定性则随含 Ce 量的增大而明显改善。当含 Ce 量 x=0.2 时，合金具有较好的综合性能。研究认为，含 Ce 合金表面生成的一层 CeO_2 保护膜使合金的抗腐蚀性能得到提高，这可能是Ce能够改善合金循环稳定性的重要原因。对 La_{1-x} Ce(NiCoMnTi)$_5$ 和 La_{1-x}Cex（NiCoAl）$_5$ 等合金的研究也表明，虽然 Ce 对 La 的部分替代使合金的活化性能及放电容量有所降低，但可使合金的循环稳定性得到显著改善。

尽管有关 La、Ce、Pr、Nd 四种稀土元素对合金电极性能的综合影响机制尚待进一步认识，但已有研究证实，优化调整混合稀土中的 La 和 Ce 两种主要稀土元素的比例是进一步提高储氢电极合金性能的重要途径。鉴于目前储氢合金生产使用的市售混合稀土均为提炼稀土纯金属的副产品，其成分受到产地矿源、生产工艺等条件的限制，难以直接满足储氢电极合金的需求，而采用重熔精炼的方法调整混合稀土的成分会增加合金的生产成本。因此根据不同电池产品对储氢合金性能的要求，采用不同类型的市售混合稀土（或市售混合稀土与部分纯稀土）进行交叉搭配，仍是目前优化调整混合稀土组成最为经济和有效的方法。随着储氢电极合金产业的迅速发展和稀土组成的影响规律进一步得到认识，尽快建立 Ni/MH 电池用混合稀土金属的技术标准和生产基地，对于进一步稳定和提高储氢电极合金的性能具有重要意义。

（2）合金 B 侧元素的优化

作为 AB5 型合金的典型代表 LaNi5 合金虽然具有较高的储氢容量和优良的吸放氢动力学特性，但合金吸放氢后晶胞体积膨胀较大。在反复吸放氢过程之中，合金严重粉化，比表面积随之增大，从而增加了合金的氧化腐蚀程度，使合金过早失去吸放氢能力，在电化学充放电过程中表现得尤为明显。针对这一问题，研究工作者试图通过调整合金中 A 侧和 B 侧组成元素的成分来改善合金的性能。有关 A 侧混合稀土组成的优化前已述及，下面将简述 B 侧组成元素的优化及其对合金电极性能的影响。

在目前商品化的 AB5 型混合稀土系合金中，B 侧的构成元素大多为 Ni、Co、Mn、Al。此外，比较常见的用以部分取代 Ni 的添加元素还有 Cu、Fe、Sn、Si、Ti 等。现将各主要合金元素的作用分述如下。

钴是改善 AB5 型储氢合金循环寿命最为有效的元素。钴能够降低合金的显微硬度、增强柔韧性、减小合金氢化后的体积膨胀和提高合金的抗粉化能力；同时，在充放电过程中，钴还能抑制合金表面 Mn、Al 等元素的溶出，减小合金的腐蚀速率，从而提高合金的循环寿命。但 Co 价格昂贵，为了减少合金中价格昂贵的 Co 的用量以降低合金成本，在不降低（或少降低）合金容量及寿命的前提下，发展低钴或无钴合金也已成为当今的研究热点，研究用以替代 Co 的元素有 Cu、Fe、Si 等。

锰对 Ni 的部分替代可以降低储氢合金的平衡氢压，减少吸放氢过程的滞后程度。对 Mm（$Ni_{3.95-x}MnxAl_{0.3}Co_{0.75}$）合金的研究表明，当 Mn 对 Ni 的取代量（$x$）由 0.2 增加到 0.4 时，合金的平衡氢压可由 0.24 MPa 降低到 0.083 MPa（45℃），并使合金的火花性能、放电容量及高倍率放电性能得到改善，但进一步增加 Mn 对 Ni 的取代量会降低合金的循环稳定性。在充放电过程中，含 Mn 合金较易吸氢粉化，合金表面的 Mn 易氧化为 Mn（OH）$_2$ 并溶解在碱液中，因而加快了合金的腐蚀，这是导致含 Mn 合金循环稳定性较差的主要原因。通过在合金中同时加入适量的 Co，可以提高合金的抗吸氢粉化能力，并抑制 Mn 的溶出，从而使含 Mn 合金的循环稳定性得到明显改善。商品合金中的含锰量（原子数）一般控制在 0.3 ~ 0.4。

Al 对 Ni 的部分替代可降低储氢合金的平衡氢压，但随着替代量的增加，合金的储氢容量有所降低。研究还表明，Al 在合金中占据 CaCu5 型结构的 3g 位置，能够减小合金氢化过程的体积膨胀和粉化速率。此外，在充放电过程中，合金表面的 Al 会形成一层比较致密的氧化膜，可以防止合金的进一步氧化腐蚀，故 Al 对 Ni 的部分替代可以提高合金的循环稳定性。但随着 Al 的替代量增大，会导致合金的放电容量减小，高倍率放电性能降低。为了兼顾合金的放电容量和循环稳定性，合金中 Al 对 Ni 的部分替代量（原子数）一般控制在 0.1 ~ 0.3。

在 AB5 型合金中，Si 对 Ni 的部分替代作用和 Al 相似。由于 Si 在合金中也占据 $CaCu_5$ 型结构的 3g 位置，能减小合金的吸氢体积膨胀及粉化速率，在合金表面形成的 Si 的致密氧化膜具有较好的抗腐蚀性能，Si 对 Ni 的部分替代可使合金的循环稳定性得到改善，但是含 Si 合金的放电容量不高，对氢阳极氧化的极化程度较大，使 Ni/MH 电池的输出功率有所降低。

在合金中加入适量的 Cu 能降低合金的显微硬度和吸氢体积膨胀，有利于提高合金的抗粉化能力。因此，Cu 是一种可用于替代 Co 的合金元素。对 Ml（$Ni_{3.5}Co_{0.7-x}Cu_{8x}Al_{0.8-x}$）合金（$x$=0 ~ 0.1）的研究发现，当合金 Co 含量的 50 被 Cu 所替代时，合金的电化学性能并未受到明显的不利影响。但当进一步增大 Cu 对 Co 的替代量时，会导致合金的循环稳定性降低。此外，含 Cu 合金的火花周期较长，在循环过程中合金表面生成了较厚的 Cu 的氧化层会导致合金的高倍率放电性能降低，这点还有待于进一步研究。

对 $LaNi_5$ 系和 $MnNi_5$ 系合金的研究表明，Fe 对 Ni 的部分替代能够降低合金的平衡氢压，但使合金的储氢容量有所降低。同时，在降低合金吸氢体积膨胀和粉化速率方面，Fe 具有与 Co 相似的特性。由于 Fe 的资源丰富、价格低廉，因此，发展低成本的无 Co 的 Mm（$Ni_{3.6}Fe_{0.7}Al_{0.3}Mn_{0.4}$）合金成为当前研究的热点。研究表明，该合金的放电容量可达 280 mA · h/g，并具有较好的室温循环稳定性。但当环境温度升高到 40℃时，合金有表面钝化的倾向，导致其高倍率放电性能降低；而对 Ml（$Ni_{3.8}Al_{0.4}Mn_{0.3}Co_{0.3}Fe_{0.2}$）低 Co 合金的研究表明，即使在 40℃的工作温度下，合金仍具有较高的放电容量（320 mA · h/g）和良好的高倍率放电性能（1C 放电容量为 295 mA · h/g）。经 250 次充放电循环后，合金的容量保持率仍然可达 88 左右，循环稳定性还能进一步得到提高。

从合金的综合性能方面看，不同合金元素对合金电化学性能的影响比较复杂。对此还需要进一步优化合金 B 侧元素的研究，让合金的综合性能及性价能比不断得到提高。

2. 合金的表面改善处理与电极性能

（1）表面包覆处理

化学镀：采用化学镀的方法在储氢合金粉体表面包覆一层 Cu NiCo 等金属或合金的作用主要是：①作为表面保护层，防止表面氧化及钝化，提高电极循环寿命；②作为储氢合金之间及其基体之间的集流体，同时改善电极导电性，提高活性物质利用率；③有助于氢原子向体相扩散，提高了金属氢化物电极的充电效率，降低电池内压。

在合金粉表面包覆不同化学镀层（Cu，Co P，Cr P，Ni P，Ni Co P 及 Ni W P）的研究表明，各种化学镀层均可在不同程度上改善合金电极的放电性能及循环稳定性。采用化学镀层铜或化学键镍的合金粉制备 Ni/MH 电池时，可降低电池内压，提高电池的循环寿命。因此，在我国早期的 Ni/MH 电池生产中，合金粉的化学镀镍（或镀铜）处理方法曾一度得到广泛采用。但是由于化学键的弛豫过程提高了合金的成本，并存在废弃镀液的排放处理问题等，因此在目前的生产过程中已很少采用。

电镀：电镀镀层与化学镀层具有相同的作用，但由于合金粉的电镀设备较为复杂，因而对电镀的研究相对较少。对 Mm（$Ni_{3.6}Mn_{0.4}Al_{0.3}Co_{0.7}$）0.92 合金表面电镀 Co、Pd 的研究表明，电镀 Pd 对放电容量没有明显提高，但可改善电极的活化性能。电镀 Co 可使合金电极的放电容量有较大提高，并在放电曲线上出现第二个放电平台。

机械合金化方法：通过机械合金化的方法可以在储氢合金表面形成一层金属包覆层（如 Ni、Co、Cu 等），使合金电极的放电容量和循环稳定性得到提高。例如，合金粉经包覆 20%（质量分数）的 Co 后 MH 电极在第 500 次循环的放电容量仅比最高容量下降 10%，而未经包覆处理的合金容量却下降了 50% 以上。

（2）表面修饰

在储氢合金表面涂上一层疏水性有机物，可以使负极表面形成微空间，有利于提高充电后期及快速充电时氢、氧复合为水的反应速度，从而降低电池内压，提高循环寿命。对储氢合金表面进行特殊憎水处理，对氢、氧复合也有良好的催化作用，并能降低电极极化，从而提高了电极高倍率放电能力和大电流的充放电效率。如在储氢合金表面涂上一层聚四氟乙烯（PTEE）或包覆上含有 Pd 颗粒的 PTEE 薄膜可有效降低电池内压。

在储氢合金表面涂覆贵金属也能有效提高电极性能。如将少量 Pd 粉末在储氢合金表面可有效防止储氢合金的氧化，而涂上颗粒尺寸小于 2μm 的 Ag 层能有效降低电池内压。在电极表面修饰一层亲水性高聚物，可增加 H_2 析出的扩散阻力，减缓氢的扩散，使自放电下降 17.2%。然而在合金表面修饰一层适量的聚苯胺膜，使 MH 电极的自放电率由原来的 35% 下降到 25%。

MH 电极自放电第一步是氢原子在电极表面复合成氢分子而脱附，采用 S、CN- 等氢复合的毒化剂修饰 MH 电极表面，以降低氢的复合速度，使其自放电率下降 10%。这种催化毒化扩散剂的存在还有助于提高 MH 电极表面吸附氢原子向体相扩散的驱动力，促使氢向体相扩散，阻止氢原子复合成氢气析出，提高电极充电效率。

在合金表面修饰一层连续亲水性有机物膜，并在亲水性有机物膜上修饰不连续的孤立岛状的憎水性有机物，能够显著提高合金的抗氧化能力及电池循环寿命。

用非金属材料修饰合金表面也能有效提高电极性能。包覆氟化碳的电极循环寿命有显著提高，但电极放电容量下降约20%。而用活性炭包覆的合金能提高活性物质的利用率，从而提高电极容量及循环寿命。

（3）热碱处理

研究表明，经浓（热）KOH溶液处理后，随着合金表面层中Mn、Al等元素的溶解，将在合金表面形成一层具有较高催化活性的富镍层（类似Ranney Ni）。它不仅提高了合金粉之间的导电性能，而且显著改善了电极的活化性能和高倍率放电性能。此外，在Mn、Al等元素的溶解点，$La(OH)_3D$容易以须晶的形式生长，可以防止合金表面层进一步腐蚀，提高合金的耐久性。除了用单一的热碱溶液对合金粉进行浸渍处理外，目前研究的碱处理方法还有以下几种：将超声波技术应用于碱含量过程（可延长储氢合金的循环寿命）；先对合金粉进行碱处理（60 ~ 90℃），制成负极后，再在更高的温度下进行碱处理（95 ~ 120℃）等。

虽然热碱处理有助于改善合金的电化学性能，但必须严格控制处理的工艺条件。否则，合金的过度腐蚀会损失一部分有效容量，同时长时间碱处理所造成的表明腐蚀凹痕和空洞会加速合金的腐蚀，反而降低循环寿命。

3. 合金的组织结构与电极性能

（1）常规铸造合金的组织结构与电极性能

在储氢合金的批量生产过程中，目前均普遍采用真空感应熔炼和常规铸造的方法获得合金锭块。根据合金锭的质量和锭模结构不同，常规铸造合金的凝固冷却速度约为10 ~ 100 K/s。研究表明，在常规铸造的不同冷却速度条件下，无Mn和含Mn的两类AB5型合金显示出不同的组织结构与循环稳定性，对两类合金进行退火处理的效果也完全不同。和等轴晶结构的合金相比，由于柱状晶结构的合金晶格应变较小，组织结构及化学成分比较均匀，在充放电循环过程中可抑制合金的吸氢粉化及腐蚀速率，循环稳定性明显优于等轴晶结构的合金。当改进铸造锭模的结构使合金的凝固冷却速度提高到约100K/s进行急冷凝固时，合金的凝固组织全部转变为柱状晶，晶粒尺寸可由徐冷凝固时约50 ~ 100μm减小为约20 ~ 30μm，从而使急冷凝固合金（E）显示出更为优良的循环稳定性。

另一方面，对含Mn的$Mm(Ni_{3.5}Co_{0.8}Mn_{0.4}Al_{0.3})$合金而言，由于在合金凝固过程中Mn元素具有较强的成核作用，含Mn合金的徐冷凝固和急冷凝固组织均为等轴晶。与柱状晶结构的无Mn合金相比，含Mn合金具有较大的晶格应变，吸氢粉化速率较大，加上合金中的Mn较易在晶界偏析并在碱液中部分溶出，含Mn合金电极的循环稳定性不如无Mn合金。但将徐冷凝固和急冷凝固的含Mn合金相比较，由于急冷凝固合金中等轴晶的晶粒尺寸细化（20 ~ 30μm），并且减少了合金成分的凝固偏析，急冷凝固可使含Mn合金的循环稳定性得到明显提高。此外，对含Mn合金在1000℃进行的退火处理研究还表明，由于退火过程使含Mn合金凝固时产生的较大晶格应力得到释放，并使Mn的偏析程度进一步减小，退火处理不仅可使合金循环稳定性进一步得到改善，还使合金的荷电保持能力也得到显著提高。综上所述，在 AB5 型混合稀土系储氢合金的常规铸造过程中，提高合金的凝固冷却速度（急冷凝固）是提高合金循环稳定性的有效途径。而对放电容量较高的含 Mn 合金来讲，适当的退火处理可使合金的电极性能进一步得到改善。

由于提高合金的凝固冷却速度能显著改善合金电极的循环稳定性，采用比常规铸造冷却速度更高的快速凝固技术制备储氢合金的研究受到广泛关注，研究开发中的储氢合金快速凝固制备方法主要有气体雾化法和单辊快淬法。气体雾化法是通过高压 Ar 气流（2 ~ 8 MPa）将合金熔化雾化分散为细小液滴的一种快速凝固的方法。合金的凝固冷却速度为 103 ~ 104 K/s，可获得平均粒径为 30 ~ 40μm 的球形合金粉末。单辊快淬法是将合金熔体倾倒（或喷射）在高速旋转（1500 ~ 3000r/min）的水冷铜辊上进行快淬凝固的方法，合金的凝固冷却速度为 105 ~ 106 K/s，可获得平均厚度为 30 ~ 50μm 的合金薄片。

（2）气体雾化合金和单辊快淬合金

①气体雾化合金的组织结构与电极性能

在凝固冷却速度为 103 ~ 104 K/s 的气体雾化条件下，合金的凝固组织为细小的等轴晶及树枝晶结构，晶粒尺寸细化为 10μm 左右。因为气体雾化合金的晶粒细化并基本上消除了合金中稀土及 Mn 等元素的成分偏析，气体雾化合金的循环稳定性比常规铸造合金有显著提高。如对 Mm（$Ni_{3.5}Co_{0.75}Mn_{0.4}Al_{0.3}$）合金而言，经 300 次充放电循环后，常规铸造合金的容量保持率为 70% 左右，而气体雾化合金的容量保持率可提高到约 90%。

研究表明，采用气体雾化方法还能使 Co 及无 Co 合金的循环稳定性得到显著改善。

研究还表明，虽然气体雾化的球形合金粉具有充填密度大的优点，但球形合金也存在反应的比表面积较小和晶格应变较大的问题，导致气体雾化合金的初期活化比较困难，同时会降低合金的高倍率放电性能。因此，必须对球形合金粉进行热碱浸渍等表面改性处理或真空退火处理，才能更好地满足 Ni/MH 电池的实用要求。

②单辊快淬合金的组织结构与电极性能

在凝固冷却速度高达 105 ~ 106 K/s 的单辊快淬条件下，合金的凝固组织为细小的柱状晶结构，晶粒尺寸进一步细化为 1 ~ 2μm。由于单辊快淬方法可使合金生成超细晶粒的柱状晶结构并有效抑制了稀土和 Mn 等元素的凝固偏析，快淬合金（包括低 Co 合金）的循环稳定性均比常规铸造合金有显著提高。研究表明，常规铸造 Ml（$Ni_{4.0}Co_{0.4}Mn_{0.3}Al_{0.3}$）合金的循环寿命（容量保持率为 80% 时的循环次数）只有 380 次循环，而同一成分的快淬合金可以经受 600 次循环。

对单辊快淬法和常规铸造 Mm[（$Ni_{3.8}Al_{0.2}Mn_{0.6}$）$_{(x-0.4)/4.6}Co_{0.4}$]（x=5.0 ~ 5.8）低 Co 非化学计量比合金的对比研究表明，上述合金电极的放电容量主要取决于合金的非化学计量比（x 值），但循环稳定性与 x 值和合金微观结构的均匀性密切相关。由于快淬合金消除了 Mn 和 Ni 的凝固偏析并且使合金保持单相 $CaCu_5$ 型结构，因而循环稳定性较常规铸造合金有显著提高。制作 AA 型电池（1000mA·h）对比测试表明，在使用

x=5.2 的快淬合金（放电比容量 310 mA・h/g）时电池的循环稳定性最好。经在 1.5 倍率充放电 500 次循环后，电池的容量保持率仍可达 79.5%。由此可以认为，通过采用非化学计量比和快速凝固的方法，可使低 Co 合金的性能满足 Ni/MH 电池的使用要求。

对 Ml（NiCoMnTi）$_5$ 合金的单辊快淬法研究还表明，随着单辊快淬时合金凝固冷却速度的增大，合金电极的循环稳定性进一步提高，但合金的活化循环次数明显增多，起始放电容量有所降低。快淬合金的高倍率放电性能也不如常规铸造合金，并随快淬合金凝固冷却速度的增大而降低。因此，在对不同成分的合金进行单辊快淬时，必须选择合适的凝固冷却速度才能使快淬合金获得较好的综合性能。此外，对快淬合金进行适当的低温（400℃）退火处理，可消除合金中的位错等缺陷，使快淬合金的循环稳定性进一步得到改善。

除快速凝固技术的研究外，采用定向凝固技术使储氢合金生成细小的柱状晶结构也是提高合金电极性能的一种有效途径。对 Ml（NiCoMnTi）5 合金进行的定向凝固研究表明，当定向凝固合金的生长速率由 48μm/s 逐步增大到 220μm/s 时，合金的柱晶形态由胞状柱晶转变成柱状枝晶。定向凝固对合金电极的活化性能没有影响，但可显著提高合金电极的放电容量、高倍率放电性能及循环稳定性。在所研究的定向凝固生成速率范围内，生成速率为 48μm/s 时所得的具备胞状晶结构的合金综合性能较好。

（二）AB_2 型 Laves 相储氢电极合金

1.AB_2 型 Laves 相储氢电极合金的基本特征

（1）合金成分的多组分特征

由于 ZrM_2 或 TiM_2（M 代表 Mn、V、Cr）等二元合金吸氢生成的氢化物都过于稳定（25℃时的平衡氢压 $pH_2 < 10^{-4}$ MPa），不能满足氢化物电极的工作要求（10^{-2} MPa < pH_2 < 10^{-1} MPa），此外，Ni 是储氢电极合金中不可缺少的电催化元素。因此，在研究开发 AB_2 型 Laves 相储氢电极合金的过程中，必须用 Ni 和其他元素部分替代 ZrM_2 或 TiM_2 合金 B 侧的 M 元素或用 Ti 等元素部分替代 ZrM_2 合金 A 侧的 Zr，调整合金氢化物的平衡氢压及其他性质，才能使合金具备良好的电极性能。研究表明，除了合金元素替代之外，改变合金 A、B 两侧的化学计量比（原子比）对于改善合金电极性能也有重要的作用。因此，研究开发中的 AB_2 型多元合金含有标准化学计量比（AB_2）和超化学计量比（AB_{2+a}）两种类型。此外，为便于区分，通常将合金 A 侧只含有 Zr 的 AB_2 型合金称为 Zr 系合金，将合金 A 侧同时含有 Zr 和 Ti 的合金称为 Zr Ti 系合金。

为使 AB_2 型合金具有较好的电极活性，合金中的 Ni 含量应保持在 40（原子分数）左右。由于在 ZrM_2（或 TiM_2）中添加 Ni 后使合金的晶胞体积减小，在增大合金氢化物平衡氢压的同时，也使合金的储氢量有所降低。因此，在进一步进行合金化时，为确保合金具有较高的储氢量，应优先选择能使合金晶胞体积增大的元素（如 Mn、V、Cr）对合金 B 侧进行部分替代。已证实，含有 Mn 和 V 的含 Cr 合金具有较好的循环稳定性，但合金较难活化，放电容量也有所降低。此外，采用 Ti 对 ZrM_2 合金 A 侧的 Zr 进行适量替代时，可以降低合金氢化物的稳定性，使合金保持较高的放电容量。由于在多元合金中各种元素的作用机制比较复杂，至今尚缺乏实用的合金设计理论，对 AB_2 型合金成分的研究仍主要通过实验方法进行优化筛选。

（2）合金的多相结构特征

在 AB2 型多元储氢合金中，通常都含有 C14 型和 C15 型两种 Laves 相。此外，一般还可能存在 Zr_7Ni_{10}、Zr_9Ni_{11} 以及固溶体等非 Laves 相。与 AB5 型合金的单相 $CaCu_5$ 型结构相比，多相结构是 AB_2 型合金的重要特征。由于合金的相结构对电化学性能具有重要影响，研究并优化合金的相结构也是提高 AB2 型合金电极性能的重要途径。

在 AB_2 型合金中，C14 与 C15 型 Laves 相都是合金的主要吸氢相。合金中两种 Laves 相的含量及比例因合金成分不同而异，合金 A 侧含 Ti 量较高的合金通常以 C14 型 Laves 相为主相，而含 Zr 量较高的合金则以 C15 型 Laves 相为主相。此外，合金 B 侧元素对两种 Laves 相的含量也有一定影响。在不同的合金体系中，C15 型和 C14 型两种 Laves 相对合金的电极性能往往表现出不同的作用和影响。因此，必须针对具体的合金体系确定两种 Laves 相的合适比例，使合金具有较好的综合性能。

在 Zr 系 AB_2 型储氢合金中，Zr_7Ni_{10}、Zr_9Ni_{11} 及 ZrNi 等非 Laves 相的含量与合金制备条件有关。已发现上述 Zr Ni 型非 Laves 相可在一定程度上改善合金的活化及高倍率放电性能，但是这些金属间化合物本身的电化学容量很低（如 Zr_7Ni_{10} 的放电容量仅为 40mA・h/g），合金的放电容量将随非 Laves 相含量的增加而降低。

2.AB_2 型 Laves 相储氢电极合金的发展方向

（1）合金的表面状态与表面改性处理研究

与目前已经实用化的 AB_5 型合金相比，AB_2 型合金在初期活化及高倍率性能方面尚存在较大的差距。AB_2 型合金表面的含 Ni 量偏低并为 Zr、Ti 的致密氧化膜所覆盖，是影响合金电极活化、导电性、交换电流密度以及氢的扩展过程的主要原因，必须进一步深入研究合金表面（包括合金与电解质界面）的组成与结构及其对合金电极性能的影响规律，在此基础上寻求更简便有效的合金表面改性处理方法，力求使 AB2 型合金及高倍率放电性能达到（或超过）当前 AB_5 型合金水平。

（2）合金成分与结构的综合优化研究

针对 AB_2 型合金的多相结构特点，应进一步研究合金中 C14 和 C15 型 Laves 相以及各种非 Laves 相的成相规律以及其与合金成分的关系，并查明各种合金相的结构及丰度对合金电极性能的影响规律，使合金成分和相结构得到综合优化，并在合金制备过程中得到有效控制，稳定和进一步提高合金电极性能。

（3）合金的制备技术研究

对 Zr 系和含 Ti 量较低的 Ti Zr 系 AB_2 型合金而言，因合金成分偏析而导致 Zr Ni 型非 Laves 相的生成，是限制合金放电容量及循环稳定性进一步提高的重要原因。因此，进一步研究开发 AB_2 型合金的快速凝固及热处理等合金制备技术，在合金凝固过程中抑制 Zr Ni 型非 Laves 相的生成，或通过扩散退火处理消除已析出的 Zr Ni 相，可使合金具有单一的 Laves 相结构，从而进一步提高合金的放电容量及循环稳定性。

（三）其他新型高容量储氢合金电极材料

1.Mg Ni 系非晶合金电极材料

以 Mg_2Ni 为代表的 Mg Ni 合金具有储氢量大（理论容量近 1000mA · h/g）、资源丰富及价格低廉等突出优点，其电化学应用的可能性问题一直受到广泛关注。鉴于常规冶金方法制备的非晶态 Mg_2Ni 吸氢生成的氢化物过于稳定（需在 250℃左右才能放氢），并存在反应动力学性能较差的问题，不可以满足 Ni/MH 电池负极材料的工作要求，人们已对晶态和非晶态 Mg Ni 系合金的制备方法及电化学吸放氢性能进行了大量的研究探索。中国采用置换扩散法及固相扩散法合成了晶态 Mg Ni 系合金，可使合金的动力学及热力学性能得到显著改善，并且具有一定的室温充放电能力。但上述合金的放电容量一般只有 100 mA · h/g 左右，且循环寿命很短，不能满足 Ni/MH 电池负极材料的应用要求。

中国采用机械合金化法制备的非晶态 Mg-Ni 系合金具有比表面积大和电化学活性高的特点可使 Mg Ni 合金在室温下的充放电过程顺利实现。非晶态 Mg50Ni50 系合金电极在第一次充放电循环即能完全活化，放电容量可达 500mA · h/g 左右。但非晶态 Mg Ni 系二元合金电极存在容量衰退迅速的问题，在循环稳定性方面不能满足 Ni/MH 电池的工作要求。进一步对非晶态 $Mg_{50}Ni_{50-x}M_x$（M 代表 Co、Al、Si 等，x=5 ~ 10）三元合金研究表明，当采用 Co、Al 和 Si 等元素部分取代 $Mg_{50}Ni_{50}$ 中的 Ni 时，三元合金的起始放电容量较 $Mg_{50}Ni_{50}$ 合金有所降低（约为 210 ~ 320mA · h/g），但可使合金的抗腐蚀性能得到提高，因而可在较大程度上改善非晶合金的循环稳定性。从实用化的要求看，合金电极的循环稳定性仍有待进一步提高。

有学者对非晶态 Mg2Ni1-xYx 三元合金电极的研究发现，采用元素 Y 部分替代 Mg_2Ni 中的 Ni 可在一定程度上改善合金电极的吸放氢性能。但该合金电极的最大放电容量只有 170mA · h/g，与合金的理论容量相去甚远。

对非晶态 Mg_2Ni-Ni（质量比为 2 ∶ 1）合金的研究表明，由于机械合金化使合金形成均一的非晶结构，合金的比表面积及缺陷增多，以及 Ni 的催化作用，该合金的放电容量可进一步提高到 870mA · h/g，但合金的循环稳定性很差，经过 10 次充放电循环放电容量迅速降低为 480mA · h/g。此外对晶态和非晶态 Mg-Ni 系合金的表面改性处理研究表明，经表面氟化处理后，合金在比较温和的条件下具有良好的吸放氢性能。用氟处理的合金的放电容量比用 HCl 处理的合金高 10，并可使电极寿命延长 20% 左右。但总的来看，非晶态 Mg-Ni 系合金的室温充放电过程可以实现。目前，非晶态 Mg-Ni 系合金的放电容量已达到 500 ~ 800 mA · h/g，显示出诱人的应用开发前景。另一方面，非晶态 Mg-Ni 系合金目前仍存在循环稳定性差的问题，必须进一步研究改进，才能满足 Ni/MH 电池实用化的要求。研究表现，由于 Mg-Ni 系合金比较活泼，在碱性水溶液中容易氧化腐蚀，合金表面生成的非致密的 $Mg(OH)_2$ 不能阻止体相中活性物质进一步腐蚀，是导致 Mg-Ni 系合金电极循环容量衰减迅速的主要原因。因此，通过对合金的制备方法、多元合金元素替代及合金的表面改性处理等方面的研究，进一步提高合金的抗腐蚀性能，现已成为非晶态 Mg-Ni 系合金实用化的重要研究方向。由于非晶态

Mg–Ni 系合金具有容量高及价格低廉等突出优点，一旦循环稳定性取得突破，必将对未来的 Ni/MH 电池产业化产生重大影响。

2.V 基固溶体型合金电极材料

V 及 V 基固溶体合金（V–Ti 及 V–Ti–Cr 等）吸氢时可生成 VH 及 VH_2 两种类型的氢化物。其中，VH_2 的储氢量高达 3.8%（质量分数），理论容量达 1018mA · h/g，为 $LaNi_5H_6$ 的 3 倍左右。在接近室温条件下，尽管 VH 的平衡氢气压太低（$pH_2=10^{-9}$ MPa）而使 VH V 放氢反应难以利用，实际上可利用的 VH_2–VH 反应的放氢量只有 1.9（质量分数）左右，但 V 基固溶体合金的上述可逆储氢量明显高于现有的非 AB_5 型或 AB_2 型合金。与 AB_5 型和 AB_2 型等合金利用金属间化合物吸氢的情况不同，由于 V 基储氢合金的吸氢相是 V 基固溶体，故称之为 V 基固溶体型合金。V 基固溶体型合金具有可逆储氢量大、氢在氢化物中的扩散速度比较快等优点，已在氢的存储、净化、压缩以及氢的同位素分离等领域较早得到应用。但由于 V 基固溶体本身在电极碱性溶液中没有电极活性，不具备可充放电的能力，一直未能在电化学体系中得到应用。

3. 钛系 AB 型储氢合金电极材料

钛与镍可形成三种金属间化合物：Ti_2Ni 相、TiNi 相和 $TiNi_3$ 相。其中只有前两种才具有在间隙位置吸收大量氢的特征，吸氢后可以分别形成 $Ti_2NiH_{2.5}$ 和 TiNiH。吸氢后 Ti_2Ni 和 TiNi 氢化物的晶型未发生改变，但其晶胞体积分别膨胀 10 和 17。在碱液和室温条件下，TiNi 储氢电极材料可完全可逆地充放电，且 TiNi 合金抗粉化、抗氧化和电催化性能良好，但其理论化学储氢容量偏低，仅为 250 mA · h/g。Ti_2Ni 由于可以形成多种氢化物相（$Ti_2NiH_{0.5}$、Ti_2NiH、Ti_2NiH_2、$Ti_2NiH_{2.5}$ 相），其电化学储氢难以完全可逆进行，仅有 40% 的氢可以参与电化学反应过程，且其抗粉化和抗氧化性能相对较差。将 TiNi 和 Ti_2Ni 的混合粉末烧结制备的电极，其充放电容量提高到 300mA · h/g，充放电效率接近 100%。这主要是因为在 TiNi–$T_{i2}Ni$ 混合烧结电极中氢可以按移动式机制进行充放电，即 TiNiH 相首先进行放电，由于在两相中浓度梯度的形成，$Ti_2NiH_{2.5}$ 相的氢通过固相扩散逐步转移到 TiNi 相，并且实现可逆放电。这种氢移动式机制为构建新型储氢复合材料提供了新的思路。

三、镍正极材料

（一）氢氧化镍电极的充放电机制

$Ni(OH)_2$ 在制备和充放电过程中，存在部分没有被完全还原的 Ni^{3+}，以及部分按化学计量过量的 O^{2-}，即在 $Ni(OH)_2$ 晶格中一定数量的 OH^- 被 O^{2-} 所代替，并且相同数量的 Ni^{2+} 被 Ni^{3+} 所代替。$Ni(OH)_2$ 晶格中的 Ni3+ 相对于 Ni^{2+} 少一个电子，称为电子缺陷。晶格中的 O^{2-} 相当于 OH^- 少一个质子，称作质子缺陷。在电极的充放电过程中，电极和溶液界面发生的氧化还原反应是通过半导体晶格中的电子缺陷和质子缺陷的转移来实现的，其导电性取决于电子缺陷的运动和浓度。

当镍电极发生阳极极化及充电时，Ni（OH）$_2$ 晶格中的 O^{2-} 和溶液中的质子在两相界面构成双电层。溶液中的质子和 Ni（OH）$_2$ 晶格中的负离子 O^{2-} 定向排列，起着决定电极电位的作用。Ni（OH）$_2$ 通过电子和空穴导电，即电子通过氧化物相（$Ni^{2+} \rightarrow Ni^{3+}$）向导电骨架和外电路转移，电极表面晶格中的 OH^- 失去质子成为 O^{2-}，质子则越过双电层的电场进入溶液，与溶液中的 OH^- 合成水，于是在固相中增加了一个质子缺陷（O^{2-}）和一个电子缺陷（Ni^{3+}）。由于阳极极化，双电层表面靠氢氧化镍的一侧，形成了新的电子缺陷和质子缺陷，使得表面层中的质子浓度降低，而氢氧化物内部质子浓度却相对较高，从而形成了浓度梯度。在此浓度梯度的作用下，质子从氢氧化镍内部向表面扩散。随着阳极极化的增加，电极电位将会持续升高，电极表面的 Ni3+ 会持续增加，而质子浓度则会不断下降。在极限情况下，电极表面的质子浓度为零，氢氧化物表面的 NiOOH 几乎全部转化为 NiO_2，而此时电极电位足以使溶液中的 OH^- 发生氧化反应，即发生析氧反应。镍电极在充电过程中有两个重要的特性：一是在电极表面形成的 NiO_2 分子只是掺杂在 NiOOH 的晶格中，并没有形成单独的结构；二是当镍电极析出氧气时，电极内部仍有 Ni（OH）$_2$ 存在，并没有完全被氧化。

镍电极的阴极极化过程（即放电过程）与阳极极化过程恰好相反，从外电路来的电子与固相中的 Ni^{3+} 相结合生成 Ni^{2+}，质子从溶液越过界面双电层进入镍电极的表面层，和表面层中的 O^{2-} 结合，即在固相中减少了一个质子缺陷（O^{2-}）和一个电子缺陷（Ni^{3+}），而在溶液中增加了一个 OH^-。在此过程中，质子在固相中的扩散仍是整个过程的控制步骤。由于较慢的质子扩散小于阴极反应速度，因此为了保持阴极反应速度，电极电势需不断下降；而且随着阴极极化的进行，固相表面层中 O^{2-} 的浓度不断减小，Ni（OH）$_2$ 的量不断增加。由于质子从电极表面向电极内部扩散速度的限制，因此当电极电势降至终止电压时，镍电极内部尚有未放完电的 NiOOH。另外，Ni（OH）$_2$ 是低导电性的 p 型半导体，因此在镍电极表面层中生成的 Ni（OH）$_2$ 对电极内部 NiOOH 的放电反应也造成了一种阻碍，从而影响了放电效率。这是镍电极在放电过程当中的重要特性。

由以上镍电极的电化学充放电机理可知，在充放电的过程中质子在固相中扩散是控制步骤，因此要提高镍电极的电化学性能以及活性物质的利用率，就必须设法提高固相质子的扩散速度。

（二）氢氧化镍在充放电过程中的晶型转换

在氢氧化镍电极的充放电过程中，并不是简单的放电产物 Ni（OH）$_2$ 和充电产物 NiOOH 之间的电子的得失。Ni（OH）$_2$ 有 α 型和 β 型两种晶型结构，NiOOH 具有 γ 型和 β 型两种晶型结构。因此在氢氧化镍电极的充放电过程中，各晶型活性物质间的转化很复杂。

（三）球形 Ni（OH）$_2$ 正极材料的基本性质与制备方法

1. 基本性质

Ni（OH）$_2$ 是涂覆式 Ni/MH 电池正极使用的活性物质。电极充电时 Ni（OH）$_2$ 转变成 NiOOH，Ni^{2+} 被氧化成 Ni^{3+}；放电时 NiOOH 逆变成 Ni（OH）$_2$，Ni3+ 还原成 Ni^{2+}。由于电化学反应不充分或过充、过放，Ni（OH）$_2$ 的实际电容量常与理论值有一定的差异。在充放电过程中，也经常出现非化学计量现象。

比高密度球形 Ni（OH）$_2$ 因能提高电极单位体积的填充量（＞20%）和放电容量，且有良好的充填流动性，是 Ni/MH 电池生产中广泛应用的正极材料。虽然目前还没有统一的高密度定义范围，但是一般认为松装密度大于 1.5 g/mL、振实密度大于 2.0 g/mL 的球形为高密度球形 Ni（OH）$_2$。

Ni（OH）$_2$ 存在 α 、β 两种晶型，NiOOH 存在 β 、γ 两种晶型。目前生产 Ni/MH 电池使用的 Ni（OH）$_2$ 均为 β 晶型。研究表明，结晶完好的 βNi（OH）$_2$ 由层状结构的六方单元晶胞所组成，每个晶胞中含有一个镍原子、两个氧原子和两个氢原子。两个镍原子之间的距离 a_0=0.312nm，两个 NiO_2 层间的距离 c_0=0.4605nm。NiO_2 层中 Ni^{2+} 与占据的八面体间隙可能成为空穴，也可能被其他金属离子如 Co^{2+} 和 Zn^{2+} 等填充而形成 Ni^{2+} 晶格缺陷。NiO_2 层间的八面体间隙可能填充有 H_2O、CO_3、SO^{24-}、K^+ 和 Na^+ 等。

在充放电过程中，各晶型的 Ni（OH）$_2$ 和 NiOOH 存在一定的对应转变关系。βNi（OH）$_2$ 在正常充放电条件下转变为 β NOOH，相变过程中产生质子 H^+ 的转移，NiO_2 层间距从 0.4605nm 膨胀至 0.484nm，镍镍间距 a_0 从 0.3126nm 收缩至 0.281nm。

由于 a_0 收缩，导致 βNi（OH）$_2$ 转变为 β NiOOH 后，体积缩小 15%。但在过充电条件下，βNiOOH 将转变为 γNiOOH。此时 Ni 的价态从 2.90 升至 3.67，c_0 膨胀至 0.69nm，a_0 膨胀至 0.282nm。由于 a_0 和 c_0 增加，导致 β NiOOH 转变为 γ NiOOH 后，体积膨胀 44%。生成 γ NiOOH 时的体积膨胀会造成电极开裂、掉粉，影响电池容量循环寿命。由于 γ NiOOH 在电极放电过程中不能逆变为 β Ni（OH）$_2$，使电极中活性物质的实际存量减少，导致电极容量下降甚至失效。γ NiOOH 放电后将转变成 α Ni（OH）$_2$，此时 c_0 膨胀至 0.76nm ~ 0.85nm，a_0 膨胀至 0.302nm。γ NiOOH 转变为 α-Ni（OH）$_2$ 后，体积膨胀了 39。由于 α-Ni（OH）$_2$ 极其不稳定，在碱液中很快就转变为 β-Ni（OH）$_2$。Ni（OH）$_2$ 和 NiOOH 各晶型的密度、氧化态和晶胞参数等均有差异。

较小晶粒的氢氧化镍其电化学活性、活性物质利用率和循环性能较好，因为对于较小的晶粒来说，其质子固相扩散较有利，可以减小充放电时晶体中的质子浓差极化，而且与电解质的接触面积增加，因此可以提高活性物质的利用率。但若晶粒太小，比表面积太大，则密度会降低，从而影响氢氧化镍的振实密度。因此要求样品的粒度适中且粒径分布合理，使较小的晶粒能填充到大颗粒的间隙中，较好的情况是氢氧化镍的粒度在 3 ~ 25 m 呈正态分布，中位值在 8 ~ 11 m。

2. 制备方法

（1）化学沉淀晶体生长法

此方法是在严格控制反应物质浓度、pH 值、反应时间、搅拌速度等条件下，使镍盐溶液和碱溶液直接反应生成微晶晶核，晶核在特定的工艺条件下生长成球形颗粒。目前国际上普遍以硫酸镍、氢氧化钠、氨水和少量添加剂为原料进行生产。化学反应是在

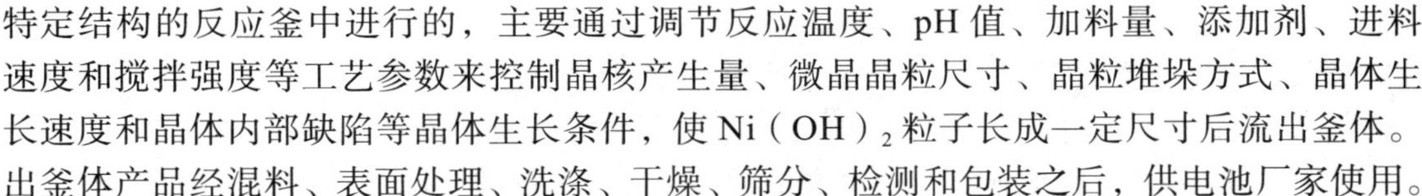

特定结构的反应釜中进行的，主要通过调节反应温度、pH 值、加料量、添加剂、进料速度和搅拌强度等工艺参数来控制晶核产生量、微晶晶粒尺寸、晶粒堆垛方式、晶体生长速度和晶体内部缺陷等晶体生长条件，使 $Ni(OH)_2$ 粒子长成一定尺寸后流出釜体。出釜体产品经混料、表面处理、洗涤、干燥、筛分、检测和包装之后，供电池厂家使用。

（2）镍粉高压催化氧化法

采用镍粉为基本原料，在催化剂的作用下利用 O_2 和水将金属镍粉氧化成氢氧化镍，一般采用的催化剂是硝酸、硫酸等。该方法制得的氢氧化镍纯度较高，Ni 的转化率较高，可达到 99.99%，而且工业污染小。缺点主要是合成的样品球形较差，未反应的 Ni 粉混在产品氢氧化镍中后会给分离造成困难，而且此方法对设备要求高，能耗较大。

（3）金属镍电解沉淀法

将金属镍作为阳极，在外加电流的作用下，镍被氧化成 Ni^{2+}，阴极发生还原吸氢反应，产生的 OH^- 与 Ni^{2+} 反应生成氢氧化镍沉淀。电解法根据电解液是否含水，又分为水溶液法和非水溶液法。水溶液法是利用恒流阴极极化和恒电位阳极电沉淀法而得到 $Ni(OH)_2$，并吸附水嵌入 $Ni(OH)_2$ 晶格中。非水溶液法是以惰性电极（石墨、铂、银）为阴极，醇作电解液，铵盐和季铵盐作为支持电解质，因此又称为醇盐电解法，在电解液和整个电解过程中不能有水存在，在外加电流作用下，并在醇沸点温度下加热电解。此方法合成的氢氧化镍粒子形态好，只是整个过程中设备需要密封，严格控制无水条件，因此成本较高。电解法可以实现零排放，他具有的显著的环境效益备受关注。

第二节　金属氢化物镍电池电池的设计、制造与材料再生利用

一、Ni/MH 电池的设计与制造

（一）Ni/MH 电池的设计基础

1.Ni/MH 电池的设计要求

电池设计就是根据仪器设备的要求，为其提供具有最佳使用性能的工作电源或动力电源。因此，电池设计首先必须满足用电器的使用要求，并进行优化，使其具有最佳的综合性能，以此来确定电池的电极、电解液、隔膜、外壳和其他零部件的参数，并将它们合理搭配，制成具有一定规格和指标的电池或电池组。

电池设计是为满足对象（用户或仪器设备）的要求而进行的。因此，在进行电池设计前，首先必须详尽地了解对象对电池性能指标及使用条件的要求，通常包括以下几个

方面：

第一，电池的工作电压；

第二，电池的工作电流，即正常放电电流和峰值电流；

第三，电池的工作时间，包括连续放电时间，使用期限或循环寿命；

第四，电池的工作环境，包括电池工作时所处状态以及环境温度；

第五，电池的最大允许体积。

同时还应综合考虑：①材料来源；②电池性能；③电池特性的决定因素；④电池工艺；⑤经济指标；⑧环境问题等方面的因素。

2. 评价 Ni/MH 电池性能的主要参数指标

电池性能一般通过以下几个方面来评价。

（1）容量

电池容量是指在一定放电条件下，可以从电池获得的电量，即电流对时间的积分，一般用 Ah 或 mAh 来表示，它直接影响到电池的最大工作电流和工作时间。

（2）放电特性和内阻

电池的放电特性是指电池在一定的放电制度下，其工作电压的平稳性，电压平台的高低以及大电流放电性能等，它表征电池带负载的能力。电池内阻包括欧姆内阻和电化学极化内阻，大电流放电时，内阻对放电特性的影响尤为明显。

（3）工作温度范围

用电器的工作环境和使用条件要求电池在特定的温度范围内具有良好的性能。

（4）贮存性能

电池贮存一段时间后，会由于某些因素的影响使性能发生变化，导致电池自放电；电解液泄漏，电池短路等。

（5）循环寿命

循环寿命是指二次电池按照一定的制度进行充放电始值的 70% 时的循环次数。

（6）内压和耐过充性能

对于 /MH 等密封型二次电池，大电流充电过程中电池内部压力能否达到平衡，平衡压力的高低，电池耐大电流过充性能等都是衡量电池性能优劣的重要指标。如果电池内部压力达不到平衡或平衡压力过高，就会使电池限压装置（如防爆球）开启而引起电池泄气或漏液，从而很快导致电池失效。若限压装置失效，则有可能会引起电池壳体开裂或爆炸。

3. 影响 Ni/MH 电池特性的主要因素

（1）电极活性物质

电极活性物质决定了电极的理论容量和电极平衡电位，进而决定着电池容量和电池电动势。

电极的理论容量是指活性物质全部参加电池的成流反应，根据 Faraday 定律计算出的电量。

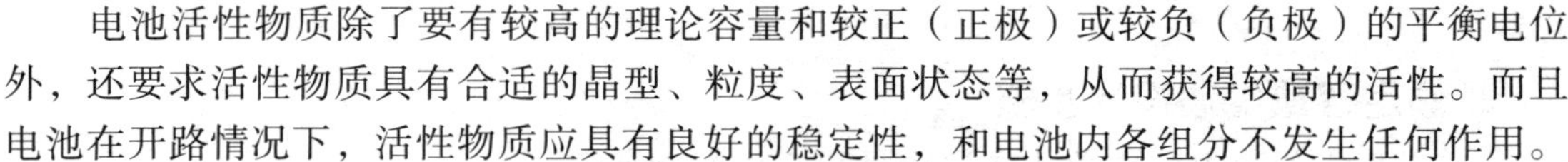

电池活性物质除了要有较高的理论容量和较正（正极）或较负（负极）的平衡电位外，还要求活性物质具有合适的晶型、粒度、表面状态等，从而获得较高的活性。而且电池在开路情况下，活性物质应具有良好的稳定性，和电池内各组分不发生任何作用。

（2）电解液

电解液是电池的主要组成之一，电解液的性质（冰点、沸点、熔点等）直接决定了电池的工作温度范围。改善电解液的性质可以扩大电池工作温度范围，改善电池的高低温性能。

电解液的比电导直接影响电池的内阻，一般应选择比电导较高者。但还应该注意电池的使用条件，如在低温下工作，还要考虑电解液的冰点情况。

对于非水有机溶剂电解液，一般是电解液的介电常数越大越好，而黏度则越小越好。

电解液需要长期保存于电池中，所以要求它具有良好的稳定性，电池开路时，电解质不发生任何反应。

（3）隔膜

化学电源对隔膜的基本要求是有足够的化学稳定性和电化学稳定性，有一定的耐碱性、耐腐蚀性，具有足够的隔离性和电子绝缘性，能保证正负极的机械隔离和阻止活性物质的迁移，具有足够的吸液保湿能力和离子导电性，保证正负极间良好的离子导电作用。此外，还要有较好的透气性能，足够的机械性能和防震能力。

隔膜的以上性质对于电池的内阻、放电特性、贮存性能及自放电、循环性能、内压和耐过充性能等都有着重要的影响，合理选择使用隔膜的种类和厚度，对电池性能尤为重要，Ni/MH 电池中常用的有聚丙烯毡隔膜、聚酰胺隔膜等。

（4）电极制备工艺

电极的制造方法有粉末压成法、涂膏法、烧结法和沉积法等。

不同的制造方法各有其特点，压成法设备简单，操作方便，较为经济，一般电池系列均可采用；涂膏法也较普遍，涂膏法制得的电池寿命较长，自放电较小；烧结式电极寿命较长，大电流放电性能好；电沉积式电极孔率高，比表面积大，活性高，适用于大功率、快速激活电池。

在电极制备过程中，往往需在活性物质中加入了一些导电剂、分散剂、保液剂和添加剂等来提高活性物质的利用率，改善电极导电性，从而提高电极的实际容量和电池的放电性能、循环性能等。电极制备工艺往往是电池制造技术中的关键和核心。

（5）电池结构与装配

合理的电池结构有利于发挥电池的最佳性能。两极物质的配比、电池组装的松紧程度、电池上部气室的大小都对电池的内阻、内压和活性物质的利用率有一定程度的影响。

电池在组装过程中的焊接方式、焊接质量对电池的放电性能也有较大程度的影响。

（二）Ni/MH 电池的设计步骤

根据电池用户要求，电池设计的思路有两种：一类是为用电设备和仪器提供额定容量的电源；另一种则只是给定电源的外形尺寸，研制开发性能优良的新规格电池或异形电池。

1. 额定容量电池设计步骤

（1）确定组合电池中单体电池数目和工作电流密度

第一，根据用户要求确定电池组的工作总电压，工作电流等指标，选定电池系列，参照这个系列的伏安曲线（经验数据或通过实验所得）确定单体电池的工作电压与工作电流密度。

第二，确定电池组中单体电池数。

$$单体电池数目=\frac{电池组工作总电压}{单体电池电压} \tag{3-1}$$

（2）计算电池容量

①根据要求的工作电流和工作时间计算额定容量

$$额定容量=工作电流\times 工作时间 \tag{3-2}$$

②确定设计容量

$$设计容量=额定容量\times 设计系数 \tag{3-3}$$

其中设计系数是为保证电池的可靠性和使用寿命而设定的，一般取 1.1 ～ 1.2。

（3）电极极片设计

确定电极总面积、电极数目、单片电极物质用量、单片电极厚度。

第一，依据工作电流和选定的工作电流密度，计算电极总面积（以控制电极为准）。

$$电极总面积=\frac{工作电流}{工作电流密度} \tag{3-4}$$

第二，根据电池外形最大尺寸，选择合适的电极尺寸，计算电极数目。

$$电极数目=\frac{电极总面积}{极片面积} \tag{3-5}$$

第三，根据单体电池正负极活性物质用量和电极数目计算单片电极活性物质用量。

$$单片正(负)极物质用量=\frac{单体电池中正(负)极物质用量}{单体正(负)极片数目} \tag{3-6}$$

第四，是确定单片电极厚度。

$$正(负)极片的平均厚度=\frac{每片正(负)极物质用量}{密度\times 极片面积\times(1-孔率)}+集流网厚度$$

（3–7）

第五，电池隔膜材料的选择及厚度、层数的确定。

根据电池系列及设计要求选定合适的电池隔膜材料以及厚度层数。

第六，确定电解液的浓度及用量。

根据选定的电池系列的特性，结合具体电池设计的要求和使用条件（如工作电流、工作温度、循环性能等）或根据经验数据来确定电解液的浓度和用量。电解液的用量以保证电池无泄漏的情况下较多为宜。

第七，确定电池的松紧度及单体电池尺寸。松紧度可以通过以下公式来计算。

$$松紧度=\frac{极片总厚度+隔膜总厚度}{电池内径}\times 100\%$$

（3–8）

对于圆柱形电池，亦通过横截面积来计算

$$松紧度=\frac{极片总长度\times 极片厚度+隔膜总长度\times 隔膜厚度}{电池横截面积}\times 100\%$$

$$电池横截面积=\frac{\pi}{4}\times d^2$$

（3–9）

式中，d 为电池内径。

电池的松紧度依据选定系列的电池特性及设计电池的电极厚度来确定，一般方形电池经验数据为 85% 左右。圆柱型电池可达 95% 左右，这是因为一般圆柱型电池比方形电池的耐内压性能要好，方形电池在内压过高情况比圆柱型电池更加容易鼓肚。选定松紧度后，依照以上公式可得电池内径，再根据电极高度、电解液量及气室容积等情况可以确定电池壳体的高度。

2. 新规格或异形电池的设计步骤

设计工作一般是在设计者对该系列电池有了某种程度的了解基础上进行的，用已成型的一种规格的电池为参照进行电池参数的设计和调整，因而其设计步骤较第一种设计要简单，方便得多。

下面以圆柱形密封电池为例介绍这种设计方法。

（1）选定参照基准

一般选择该系列电池中设计较为合理，尺寸、规格比较接近的电池作为参考对象。

（2）确定电极极片高度

电极极片高度主要根据壳体高度、气室高度来确定：

$$极片高度=电池壳体高度-K_1\times 基准电池剩余高度$$

$$基准电池剩余高度=基准电池高度-基准电池极片高度$$

（3–10）

其中，电池剩余高度指的除极片以外的电池高度，主要与气室高度有关，K_1为设计系数，一般为 0.8 ~ 1.2，设计电池尺寸较基准电池大或者高时取值$K_1 \geqslant 1$，否则$K_1 \leqslant 1$。

（3）计算电池活性物质用量

电池活性物质的用量可根据电池有效容积计算

$$电池有效容积=\frac{\pi}{4}\times d^2\times 电池极片高度$$

$$正(负)极活性物质用量=\frac{电池有效容积}{基准电池有效容积}\times\frac{基准电池正(负)极}{活性物质用量}$$

（3–11）

（4）极片厚度和长度的确定

①正极片厚度

极片厚度主要根据电池直径来确定，一般大电池极片较厚。

$$电池正极片厚度=K_2\times 基准极片厚度$$

（3–12）

②正极片的长度

正极片的长度可根据正极活性物用量以及正极活性物质在极片中的体积密度（压实密度）来计算。正极片体积密度一般为 2.7 ~ 3.0g/cm^3，负极片体积密度一般为 5.5 ~ 5.8g/cm^3，具体根据电池容量及装配松紧度确定。

③负极片的长度和厚度

因为密封型二次电池由正极限制容量通过以下经验公式计算：

$$负极片长度=正极片的长度+K_3\times\frac{\pi d}{3}$$

（3–13）

式中，K_3取值为 0.95 ~ 1.05，调整K_3使负极末端刚好盖住正极为宜。

负极片的厚度则由其活性物质用量和电极的高度、长度可以确定。与正极片类似。

（5）电池容量的计算

$$电池容量=K_4\times\frac{设计电池正极活性物质用量}{基准电池正极活性物质用量}\times 基准电池容量$$

（3–14）

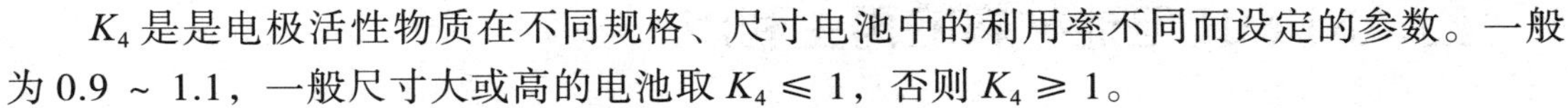

K_4 是是电极活性物质在不同规格、尺寸电池中的利用率不同而设定的参数。一般为 0.9 ~ 1.1，一般尺寸大或高的电池取 $K_4 \leqslant 1$，否则 $K_4 \geqslant 1$。

（6）隔膜的选择和尺寸的确定

根据设计要求选用合适的隔膜材料与厚度极高度宽 2 ~ 4mm，隔膜长度可依下式计算：

$$隔膜长度 =(正极片长度+负极片长度)\times K_5 \tag{3-15}$$

K_5 取值为 0.95 ~ 1.05 之间。

（7）电解液用量的确定

电解液用量可由以下公式计算：

$$电解液用量=\frac{设计电池容量}{基准电池容量}\times 基准电池电解液用量 \tag{3-16}$$

以上为一般电池设计的基本步骤。电池设计完毕后，还要经过试制样品，进行各项性能测试，如果电池性能测试结果完全达到设计要求，那么该设计达到了设计定型的要求，可投入生产。

（三）Ni/MH 电池的制造

1.Ni/MH 电池的制造工艺

Ni/MH 电池的制造一般包括四个主要部分：正极片的制造、负极片的制造、电池的装配、电池的化成分选。

2.Ni/MH 电池的装配

由于极板制造工艺不同，电池装配工艺可分为开口化成和直封工艺两种形式。所谓开口化成工艺就是在电池封口之前对电池进行数次充放电以激活极板内部物质，使电池达到各项性能指标。开口化成工序周期较长，给连续自动化装配造成了困难，因此，不适合大规模自动化生产；而直封工艺在极板制造过程中已对极板进行了物质激活处理，在电池装配过程中，克服开口工艺化成周期长的缺点，使相邻两道装配工序间隔时间小，适于电池现代化生产模式。

电池的隔膜一般为无纺布，常用聚丙烯和聚酰胺两种材料。电池外壳为镀镍钢筒，同时兼作负极的作用，电极的盖帽为正极引出端，并装有安全排气装置。电解质采用 KOH 溶液。

二、Ni/MH 电池材料的再生利用

（二）Ni/MH 电池材料的再生利用技术

1. 火法冶金处理流程

废旧 Ni/MH 电池先经机械破碎解体，再经过洗涤（去除 KOH 电解液）、干燥并分选出电池隔膜等有机废弃物后，将其余的电池材料在电炉中进行还原熔炼，即获得含 Ni50% ~ 55%（质量分数），含 Fe30% ~ 35%（质量分数）并含有部分其他合金的 Ni-Fe 合金。考虑到回收所得到的 Ni-Fe 合金主要用于合金铸铁生产中的合金元素添加剂、Ni 基合金或合金钢生产的原材料，因此，根据不同应用目标对 Ni-Fe 合金成分的要求，还可进一步将上述 Ni-Fe 合金通过氧气转炉进行精炼，使合金中的 Re、Mn、Al 或 Ti、Zr、Cr、V 等元素选择氧化后转入炉渣；或根据用户要求，在精炼后期再额外添加某些合金元素，最后获得合乎用户要求的 Ni-Fe 合金产品。火法冶金流程具有处理过程比较简单、对处理的储氢合金类型没有限制以及可部分利用现有处理废旧 Ni/Cd 电池的生产设备等优点，但是会使所得的 Ni-Fe 合金经济价值降低。

2. 湿法冶金处理流程

湿法冶金的处理过程主要包括物理分选、酸浸出、沉淀分离及的电解沉淀等工序。

在物理分选阶段，先将废旧 Ni/MN 电池切割解体、洗涤并分离出电池壳体，随后将电池芯磨碎、筛分，并进行磁选和重力分选，使其中的含 Fe 物质及有机废弃物与电池活性物质分离。然后将物理分选所得的电池活性物质用盐酸（或硫酸等）进行浸出处理，使活性物质中的各种有价金属溶解进入浸出液中。随后在浸出液中添加 NaOH 以外的其他元素分别以氢氧化物或磷酸盐等形式沉淀析出和溶液分离。然后采用电解质沉淀的方法从上述溶液中获得 Ni 和 Co 的金属产品。

由于湿法冶金处理方法原则上可分离回收废旧 Ni/MN 电池材料中的各种有价金属，其发展应用前景比火法冶金方法更具吸引力。

3. 大型动力电池材料的冶金处理流程

根据大型电池正负极板等构件比较容易分离的结构特点，废旧 Ni/MN 电池经解体、洗涤后，先通过人工将电池壳体、正极、负极、隔膜等有机物以及其他金属构件分离，然后再分别对不同类型的材料进行再生处理。

对于电池的正极活性物质，通过采用盐酸浸出、中和沉淀及电解沉淀的湿法冶金方法进行处理，其中的 Ni、Co 等有价金属得到回收。对于电池的负极活性物质，则先经过机械粉体及磁选去除含 Fe 夹杂物后，可通过重熔精炼的方法使储氢合金得到再生，重新用于电池负极生产。可以得知，由于上述流程将电池的正、负极活性物质分开进行处理，冶金过程中由于有价金属的分离回收工作明显简化，有利于提高废旧电池材料中有价金属的回收率并降低再生处理过程的成本。

综上所述，随着 Ni/MN 电池产业的迅猛发展，尽快地研究开发废旧 Ni/MN 电池材料的再生利用技术具有重要的社会效益及经济效益。为建立经济而实用的电池材料再生处理技术，须进一步研究改进现有的元素分离回收技术并降低处理过程的成本。此外，从便于回收利用电池材料的角度考虑，改进现有电池的结构也有十分重要意义。

第四章 锂离子电池材料

第一节 锂离子电池工作原理与负极材料

一、概述

锂是自然界最轻的金属元素，具有较低的电极电位（–3.045Vvs.SHE）和高的理论比容量3860mA·h/g。因此，以锂为负极组成的电池具备电池电压高和能量密度大等特点。

二、锂离子电池的工作原理

（一）工作原理

在充电过程中，锂离子从正极材料中脱出，通过电解质扩散到负极，并嵌入负极晶格中，同时得到由外电路从正极流入的电子，放电过程则与之相反。正负极材料一般均为嵌入化合物，在这些化合物的晶体结构中存在可供锂离子占据的空位。空位组成 1 维、2 维或者 3 维的离子输运通道。

（二）特点

锂离子电池具有下列优点。

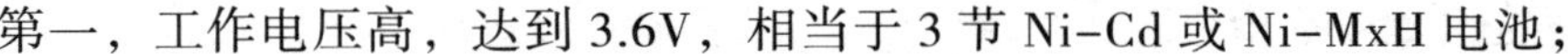

第一，工作电压高，达到 3.6V，相当于 3 节 Ni-Cd 或 Ni-MxH 电池；

第二，能量密度高，目前锂离子电池质量比能量达到了 180 W·h/kg，是镍镉电池（Ni-Cd）的四倍，镍氢电池（Ni-MxH）的两倍；

第三，能量转换效率高，锂离子电池能量转换率达到 96%，而 Ni-MxH 为 55% ~ 65%，Ni-Cd 为 55% ~ 75%；

第四，自放电率小，锂离子电池自放电率小于 2%/ 月；

第五，循环寿命长；

第六，具有高倍率充放电性；

第七，无任何记忆效应，可以随时充放电；

第八，不含重金属及有毒物质，无环境污染，是真正的绿色电源。

（三）结构组成

锂离子电池的结构同镍氢电池等一样，通常包括以下部件：正极、负极、电解质、隔膜、正极引线、负极引线、中心端子、绝缘材料、安全阀、PTC（正温度控制端子）、电池壳。

（四）与电池相关的基本概念

1. 一次电池（pri mAry battery）

只能进行一次放电的电池，不能进行充电而再利用。

2. 二次电池（secondary battery）

反复进行还能够充电、放电而多次使用的电池，也叫蓄电池或充电电池。

3. 标称电压（nominal voltage）

电池 0.2C 放电时全过程的平均电压。

4. 标称容量（nominal capacity）

电池 0.2C 放电时的放电容量。

5. 放电容量（discharge capacity）

电池放电时释放出来的电荷量，通常用时间与电流的乘积表示，例如 A·h、mA·h（1A·h=3600C）。

6. 放电速率（discharge rate）

放电速率表示放电快慢的一种量度。所用的容量 1h 放电完毕，称为 1C 放电；5h 放电完毕，则称为 C/5 放电。

7. 放电深度（depth of discharge）

表示放电程度的一种量度，为放电容量与总放电容量的百分比，略写成 DOD。

8. 残存容量（residual capacity）

电池残留的可以再继续释放出来的容量。

9. 循环寿命（cycle life）

在一定条件下，将充电电池进行反复充放电，当容量等电池性能达到规定的要求以下时所能发生的充放电次数。

10. 容量密度（capacity density）

单位质量或单位体积所能释放出的电量，通常用 mA · h/L 或 mA · h/kg 表示。

三、锂离子电池负极材料

目前商业化的锂离子电池中使用的负极材料主要是石墨化的碳材料和少量的非石墨化的硬碳材料，其他的碳材料仍处于基础研究阶段，并未形成应用规模。作为锂离子电池负极材料要求具有以下性能。

第一，锂离子在负极基体中的插入氧化还原电位尽可能低，接近金属锂的电位，从而使电池的输出电压高；

第二，在基体中大量的锂能够发生可逆插入和脱插以得到高容量密度，即可逆的值尽可能大；

第三，在整个插入 / 脱插过程中，锂的插入和脱插应可逆且主体结构没有或很少发生变化，这样可确保良好的循环性能；

第四，氧化还原电位随的变化应该尽可能少，这样电池的电压不会发生显著变化，可保持平稳的充电和放电；

第五，插入化合物应有较好的电子电导率和离子电导率，这样可减少极化并能进行大电流充放电；

第六，主体材料具有良好的表面结构，能够与液体电解质形成良好的 SEI（solid electrolyte interface）膜；

第七，插入化合物在整个电压范围内具备良好的化学稳定性，在形成 SEI 膜后不与电解质等发生反应；

第八，锂离子在主体材料中有较大的扩散系数，便于快速充放电；

第九，从实用角度而言，主体材料应该便宜，对环境无污染。

锂离子电池负极材料经历了从金属锂到锂合金、碳材料、氧化物再回到纳米合金的演变过程。

（一）金属锂负极材料

锂离子电池负极材料经历了曲折的过程。初期，负极材料是金属锂，它是比容量最高的负极材料。由于金属锂异常活泼，所以能和很多无机物和有机物反应。在锂电池中，锂电极与非水有机电解质容易反应，在表面形成一层钝化膜（固态电解质界面膜，SEI），使金属锂在电解质中稳定存在，这是锂电池得以商品化的基础。对于二次锂电池，在充电过程中，锂将重新回到负极，新沉积的锂的表面由于没有钝化膜保护，非常活泼，部分锂将与电解质反应并被反应产物包覆，与负极失去电接触，形成弥散态的锂。与此同时，充电时负极表面形成枝晶，造成电池软短路，使电池局部温度升高，熔化隔膜，软短路变成硬短路，电池被毁，甚至爆炸起火。

（二）锂合金与合金类氧化物负极材料

为了解决二次锂电池采用金属锂作为负极时容易粉化并形成枝晶的问题，采用锂合金作为二次锂电池的负极以及后来在锂离子电池中采用能和锂发生合金化反应的材料一直得到广泛关注。

对于合金类负极材料而言，最大的问题是深度嵌锂和脱锂引起的较大的体积膨胀与收缩。这使得电极材料在反复的充放电过程中逐渐粉化并脱落，电池循环性变差。

为了解决合金材料的粉化问题，有学者提出提出将锂合金分散在导电聚合物中形成复合材料；还有学者提出将小颗粒合金嵌入稳定的网络支撑体中。这些措施从一定程度上抑制了合金材料的粉化，但仍然没有达到使用化的要求。

自从摇椅式电池设计思想以及碳负极材料引入二次锂电池后，二次锂电池逐渐朝锂离子电池方向发展，这一转变标志着锂源负极的结束，负极材料不再需要含锂。

由于合金类氧化物负极材料存在较大的不可逆容量损失，所以没有在实际锂离子电池中得到应用，但是通过上述研究，人们逐渐认识到降低合金尺寸，提供缓冲介质，可能是解决合金体积变化的有效途径。

借鉴合金类氧化物的研究结果，人们设计了合金材料来解决合金的粉化问题。一类是研究双活性元素金属间化合物。这类金属间化合物中，每一个元素都可以与 Li 发生合金化反应，但是发生在不同的电位，在嵌锂过程中，一个活性相形成后分散在另一个活性相中。还有一类是活性合金元素和非活性金属组成的金属间化合物。充放电过程中，活性相将分散在非活性相中，非活性相起到缓冲介质的作用，同时也可以增强导电性。但由于非活性物质的存在，比容量显著降低。这两类材料的循环性，相对于单一成分合金元素，都有不同程度的改善，但是充放电效率并不高。

但是，对纳米合金的进一步研究发现，由于纳米材料具有较大的表面积，表面能较大，因而在电化学循环过程中存在严重的电化学团聚问题。纳米合金也存在着较大的首次容量损失、循环过程中容量逐渐衰减的问题，这主要由 5 个方面原因引起：表面氧化物、电解液的分解、锂被宿主材料捕获、杂质相的存在、活性颗粒在电化学循环过程中的团聚。

为了解决纳米合金的团聚问题，科研人员曾采用将纳米合金沉积在碳材料表面的方法，这显著改善了材料的循环性，但是材料每次的充放电效率仍然达不到 99% 以上。这是由于合金颗粒和电解液直接接触，每次充放电都会引起颗粒的膨胀收缩，导致表面的钝化膜无法稳定存在，在循环过程当中不断破坏再生长，因此库仑效率不高。

在研究基础上，人们逐渐认识到，对于合金类材料而言，为了提高充放电效率和循环性，必须采用特殊的结构设计。例如，用电化学性质稳定的碳材料把较小尺寸的合金元素包裹在内形成核壳结构，有望解决体积变化带来的许多问题，这方面的研究还在进行之中，从复合材料制备的角度看，Si 基材料最有可能获得突破。

（三）石墨与石墨层间化合物

石墨化碳负极材料随原料不同而有很多种类，典型的为石墨化中间相碳微珠、天然石墨和石墨化碳纤维。

石墨为片层结构，层与层之间通过范德瓦尔斯力结合，层内原子之间是共价键结合，石墨类的碳材料嵌锂时可形成不同“阶”的石墨层间化合物。阶的定义为相邻两个嵌入原子层之间所间隔的石墨层的个数。在嵌锂达到 LiC6 后，石墨层间距会从 3.34×10^{-10} m 增加到 3.7×10^{-10} m。

石墨层间化合物的研究开始于 20 世纪 50 年代，有学者首先合成了石墨的插层化合物（graphite intercalation compounds，GIC），后来通过化学方法将锂插入石墨片层结构的层间，形成了一系列的插层化合物。20 世纪 70 年代，有学者发现锂可以通过电化学方法在非水有机电解质溶液中嵌入石墨，在 20 世纪 70 年代到 80 年代之间的初步研究发现，可逆嵌锂的发生与碳的选择和电解质的组成有关。后来有研究表明，电化学嵌锂到石墨中也可以逐渐形成一系列不同阶的插层化合物。对于石墨类负极材料而言，其充放电机理就是形成石墨层间化合物，最多可以达到 LiC6，因此这类材料的理论容量为 372mA · h/g。

石墨的层与层以较弱的范德瓦尔斯力结合，在含有有机溶剂的电解质中，部分溶剂化的锂离子嵌入时会同时带入溶剂分子，造成溶剂共嵌入，使石墨片层结构逐渐被剥离，在 PC 作为溶剂的电解液体系中则特别明显。有学者研究发现乙烯碳酸酯（EC）的电解液与石墨的兼容性更好，表面可以形成稳定的钝化膜。这个发现促使石墨材料逐渐得到应用。

（四）石墨化中间相碳微珠

在电池的实际应用中，较低的比表面积、较高的堆积密度有利于制备电池时在有限的空间内放入尽可能多的活性物质，且降低由于较高的比表面积带来的负反应。因此球形材料具有显著的优势。

从中间相沥青制备的球形碳材料被称为石墨化中间相碳微珠（mesophase carbon microbead，MCMB）。MCMB 的石墨化程度、表面粗糙度、材料的织构、孔隙率、堆积密度与合成工艺密切相关。这些物理性质对电化学性质又有着明显的影响。目前在锂离子电池中广泛使用的 MCMB 热处理温度在 2800 ~ 3200℃，粒径在 8 ~ 20μm，表面光滑，堆积密度为 1.2 ~ 1.4g/cm^3。材料的可逆容量可以达到 300 ~ 320mA · h/g，第一周充放电效率为 90% ~ 93%。

（五）热解碳负极材料

将各种碳的气相、液相、固相前驱体热处理得到的碳材料称为热解碳。在碳负极材料的研究过程中，人们对许多热解碳进行了研究。根据材料石墨化的难易程度，分为软碳和硬碳。软碳指热处理温度达到石墨化温度后，处理的材料具有较高的石墨化程度。硬碳指热处理温度达到石墨化温度时，材料仍然为无序结构。一般而言，软碳的前驱体中含有苯环结构，例如苯、甲苯、多并苯、沥青、煤焦油等。硬碳的前驱体多种多样，包括多种聚合物、树脂类、糖类以及天然植物，如竹子、棉线、树叶等。

无定形碳材料中没有长程有序的晶格结构，原子的排列只有短程序，介于石墨和金刚石结构之间，sp^2 和 sp^3 杂化的碳原子共存，同时有大量的缺陷结构。但是软碳和硬碳在结构上存在着细微的差别。低温处理的软碳由于热处理温度低，存在着石墨微晶区域和大量的无序区。硬碳材料中基本不存在 3 ~ 4 层以上的平行石墨片结构，主要为单层石墨片结构无序排列而成，材料之中因此存在大量直径小于 1mm 的微孔。

（六）过渡金属氧化物负极材料

20 世纪 90 年代有学者发现基于钒氧化物的材料在较低电位下能够嵌入 7 个 Li，容量能达到 800 ~ 900mA · h/g。该学者研究了无定形 RVO4（R=In、Cr、Fe、Al、Y）的电化学性能，并提出 Li 可能与 O 形成 Li–O 键。在此基础上又系统地研究了过渡金属氧化物 CoO、Co_3O_4、NiO、FeO、Cu_2O 以及 CuO 的电化学性能，发现这类材料的可逆容量可以达到 400 ~ 1000mA · h/g，并且循环性较好。通过 TEM（SAED）及 XANES 手段研究发现，可逆储锂机制为 Li+MO M+Li_2O。这一研究开辟了寻找高容量负极材料的新途径。一般而言，体相 Li_2O 既不是电子导体，也不是离子导体，不能在室温下参与电化学反应。研究发现，锂插入到过渡金属氧化物后，形成了纳米尺度的复合物，过渡金属 M 和 Li_2O 的尺寸在 5nm 以下。这样微小的尺度从动力学考虑是非常有利的，这是 Li_2O 室温电化学活性增强的主要原因。

后来发现，这一反应体系也适用于过渡金属氟化物、硫化物、氮化物等，这是个普遍现象，在这些体系中形成了类似的纳米复合物微结构。对于电子电导较高的材料，如 RuO_2，第一周充放电效率可以达到 98%，可逆容量为 1100mA · h/g。

作为负极材料，希望嵌锂脱锂电位接近 0 V vs Li/Li+。但上述报道的材料平均工作电压都超过了 1.8V。热力学计算可以得到二元金属化合物的热力学反应电位，从中筛选出电位较低的材料 Cr_2O_3。通过形成核壳结构，显著提高了该材料的循环性。这部分研究还在进行之中。

（七）$Li_4Ti_5O1_2$ 负极材料

$Li_4Ti_5O1_2$ 具有尖晶石结构，可以表达为 $Li[Li_{1/3}Ti_{5/3}]O_4$。该材料的可逆容量为 140 ~ 160mA · h/g（理论容量为 167 mA · h/g），充放电曲线为一电位平台，电压为 1.55 V。其在充放电过程中体积变化只有 1，有学者将其优异的循环性归因于零应力。这一材料逐渐引起关注是由于其高倍率的充放电特性。由于其嵌锂电位较高，避免了通常负极材料上的 SEI 膜生长和锂枝晶生长，在高倍率放电时，电池具有较高的安全性，较好的循环性，因此有望在车用动力电池中得到应用。这样一个电化学体系，应该能具有优异的循环寿命、较低的价格，有希望在储能电池、超高功率电池中得到应用。

（八）Si 基负极材料

目前的负极材料碳，自锂离子电池商业化以来，实际比容量已经接近 372mAh/g 的理论值，很难再有提升的空间，寻找替代碳的高比容量负极材料已成为一个重要的发展方向。硅和锂能形成$Li1_2Si_7$、$Li_{13}Si_4$、Li_7Si_3、$Li1_5Si_4$、$Li_{22}Si_5$等合金，具有高容量（$Li_{22}Si_5$，最高4200mA·h/g），低脱嵌锂电压（低于0.5V vs Li/Li+）与电解液反应活性低等优点；而且硅在地球上储量丰富，成本较低，因此是一种非常有发展前途的锂离子电池负极材料。然而在充放电过程中，硅的脱嵌锂反应将伴随大的体积变化（～300%），造成材料结构的破坏和机械粉化，导致电极材料间及电极材料与集流体的分离，进而失去电接触，致使容量迅速衰减，循环性能恶化。在获得高容量的同时，如何提高Si基负极材料的循环性能，是Si基材料的研究重点。

（九）石墨烯基负极材料

石墨烯的比表面积大，电性能良好，作为锂离子电池电极材料的潜力巨大。调控石墨烯在集流体上的排列，以形成良好的电子和离子传输通道，可进一步提高石墨烯电极材料的性能。石墨烯的活性位点过多，在形成固相电解质相界面（SEI）膜的过程中会消耗大量的能量，导致首次不可逆容量过高；通过利用金属氧化物和其他材料与石墨烯复合，是研究的重要方向。石墨烯可阻止复合材料中纳米粒子的团聚，缓解充放电过程中的体积效应，延长材料的循环寿命；纳米粒子通过与Li+发生化学反应，可增加材料的嵌脱锂能力；粒子在石墨烯表面的附着，可以减少材料形成SEI膜过程中与电解质反应的能量损失，对实际生产具有重要意义。

（十）硫化物负极材料

含硫无机电极材料包括简单二元金属硫化物、硫氧化物、Chevrel相化合物、尖晶石型硫化密度等方面具有独特的优势，因此成为近年来电极材料研究的热点之一。二元金属硫化物电极材料种类繁多，它们通常具有较大的理论比容量和能量密度，并且导电性好，价廉易得，化学性质稳定，安全无污染。除钛、钼外，铜、铁、锡等金属硫化物也是锂二次电池发展初期研究较多的电极材料。由于仅含两种元素，二元金属硫化物的合成较为简单，所用方法除机械研磨法、高温固相法外，也常见电化学沉积和液相合成等方法。作为锂电池电极材料，这类材料在放电时，或者生成嵌锂化合物，或者与氧化物生成类似的金属单质和Li_2S，有的还可进一步生成Li合金。

第二节　锂离子电池正极材料

从晶体结构考虑，目前锂离子电池的正极材料主要有三种：具有层状结构的$LiMO_2$（M=Co、Ni、NiCo、NiCoMn），尖晶石结构的$LiMn_2O_4$，橄榄石结构的$LiMPO_4$（M=Fe、Mn、Co）。

一、正极材料的选择要求

锂离子电池正极材料一般以嵌入化合物作为理想的正极材料，锂嵌入化合物应具有以下性能。

第一，金属离子 Mn^{+} 在嵌入化合物 LixMyXz 中应该有较高的氧化还原电位，从而使电池的输出电压较高；

第二，在嵌入化合物 LixMyXz 中大量的锂能够发生可逆嵌入和脱嵌以得到高容量，即可逆的值尽可能大；

第三，在整个插入 / 脱插过程中，锂的插入和脱插应可逆且主体结构没有或很少发生变化，这样可确保良好的循环性能；

第四，氧化还原电位随的变化应该尽可能少，这样电池的电压不会发生显著变化，可保持平稳的充电和放电；

第五，嵌入化合物应有较好的电子电导率和离子电导率，这样可以减少极化并能进行大电流充放电；

第六，嵌入化合物在整个电压范围内具有良好的化学稳定性，在形成 SEI 膜后不与电解质等发生反应；

第七，锂离子在电极材料中有较大的扩散系数，便于快速充放电；

第八，从实用角度而言，主体材料应该便宜，对环境无污染。

能作为锂离子电池的正极活性材料，相对于 Li/Li+ 的电位。

二、$LiCoO_2$ 正极材料

层状结构的典型代表为 $LiCoO_2$，其晶体结构是 α-$NaFeO_2$ 型，属于六方晶系，*R*3*m* 空间群，氧原子呈现 ABCABC 立方密堆积排列，在氧原子的层间锂离子和钴离子交替占据其层间的八面体位置，其晶格常数为 a=2.82、c=14.06。

$LiCoO_2$ 为半导体，室温下的电导率为 10–3 S/cm，电子电导占主导作用。锂在 $LiCoO_2$ 中的室温扩散系数为 10^{-12} ～ 10^{-11} $cm^2 \cdot s$，锂完全脱出对应的理论比容量为 274mA · h/g。

在实际应用中，锂离子脱出量达到一定程度后，由于脱出态的 $Li_{1-x}CoO_2$（x < 0.55）具有较高的氧化性，导致电解液的分解和集流体的腐蚀，以及电极材料结构的不可逆相变，为保持材料良好的循环性能，实际电池中将 $LiCoO_2$ 的组分控制在 Li0.5 CoO_2 的范围内，可逆容量在 130 ～ 150mA · h/g。

该材料最常用的合成方法为固相反应法。在应用过程当中，主要存在充电条件下的安全性低、循环性差等问题。目前掺杂和表面修饰是解决这些问题的两个主要途径。

在表面修饰方面，已研究过的包覆层材料包括 SnO_2、Al_2O_3、TiO_2、ZrO_2、$LiAlO_2$、$AlPO_4$ 等。

三、$LiNiO_2$ 正极材料

$LiNiO_2$ 具有和 $LiCoO_2$ 相同的层状结构，但局部 NiO_6 八面体是扭曲的，存在两个长的 Ni–O（2.09×10^{-10} m）和四个短的 Ni–O（1.91×10^{-10} m）。$LiNiO_2$ 晶格参数 a=2.878×10^{-10} m、c=14.19×10^{-10} m。

纯相的 $LiNiO_2$ 不容易制备，且在充电时 Ni 容易进入 Li 层，阻碍了锂离子的扩散，并且随着锂缺陷的增加，电极的电阻升高，使材料的可逆比容量降低，循环性变差。在过充电时容易发生分解，释放出氧气和大量的热，存在安全性问题，为改善 $LiNiO_2$ 的结构稳定性和安全性能，有学者采用 Co、Fe、Al、Mg、Ti、Mn、Ga、B 等材料部分取代 Ni，合成了一系列的 $LiNi_{1-x}M_xO_2$ 掺杂化合物作为锂离子电池正极材料。高原等为提高 LiNiO2 的热稳定性和结构稳定性，通过同时掺杂 Mg 和 Ti 合成了 LiMg0.125 Ni0.75Ti0.125O2。在 3.0 ~ 4.5V 时，其可逆容量接近 160 mA·h/g，循环 100 周容量衰减大约 15%。掺杂 Co 的材料 $LiNi_{1-x}Co_xO_2$ 目前已经有小批量的生产和使用。

四、$LiMnO_2$ 正极材料

层状 α–$NaFeO_2$ 结构的 $LiMnO_2$ 属于 *C*2/*m* 空空间群，结构类似于 $LiCoO_2$ 和 $LiCoO_2$，但由于 Mn^{3+} 的 Jahn Teller 效应导致结构的扭曲。层状 $LiMnO_2$ 在循环过程中容易向稳定的尖晶石结构转变，引起循环性能恶化，层状结构的 LiMnO2 不可以直接合成，主要由 $NaMnO_2$ 经过离子交换反应制备。

五、$LiMn_2O_4$ 正极材料

LiMn2O4 为尖晶石结构，属于 *Fd*3*m* 空间群，氧原子呈立方密堆积排列，位于晶胞 32*e* 的位置，锰占据一半八面体空隙 16*d* 位置，而锂占据 1/8 四面体 8*α* 位置。空的四面体和八面体通过共面与共边相互连接，形成锂离子扩散的三维通道。锂离子在尖晶石中的化学扩散系数在 10^{-14} ~ 10^{-12} m^2/s。$LiMn_2O_4$ 的理论容量为 148mA·h/g，实际容量约为 120mA·h/g。

锂离子从尖晶石 $LiMn_2O_4$ 中的脱出分两步进行，锂离子脱出一半发生相变，锂离子在四面体 8*α* 位置有序排列形成 $Li_{0.5}Mn_2O_4$ 相，对应于低电压平台。进一步脱出，在 $0 < x < 0.1$ 时，逐渐形成 γ MnO_2 和 $Li_{0.5}Mn_2O_4$ 两相共存，对应于充放电曲线的高电压平台。对于 $LiMn_2O_4$ 而言，锂离子完全脱出时，晶胞体积变化仅有 6%，因此该材料具有较好的结构稳定性。

$LiMn_2O_4$ 的充电过程中主要有 2 个电压平台：4 V 和 3V。前者对应于锂从四面体（8*α*）位置发生脱嵌，后者对应于锂嵌入空的八面体（16*c*）中。

Jahn Teller 效应：锂在 4V 附近的嵌入和脱嵌保持尖晶石结构的立方对称性。而在 3 V 的嵌入和脱嵌则存在着立方体 $LiMn_2O_4$ 和四面体 $Li_2Mn_2O_4$ 之间的相转变，锰从 3.5 价还原为 3.0 价，该转变由于 Mn 氧化态的变化导致 Jahn Teller 效应。

$LiMn_2O_4$存在着高温循环与储存性能差的缺点。其原因主要是在深放电和高倍率充放电状态下，3.0V电压区间易形成$Li_2Mn_2O_4$。在高电位下，电解液的氧化分解会产生一些酸性的产物，该产物会浸蚀尖晶石$LiMn_2O_4$，从而引起Mn溶解。电解液中残余的水分也会引起$LiPF_6$分解，分解产生的HF同样会引起锰的溶解，而锰的溶解又会破坏材料的晶体结构，造成缺陷尖晶石的产生，进而进一步恶化材料的电化学性能。因此，锰的溶解是$LiMn_2O_4$容量损失的主要原因。

为解决这些问题，掺杂和表面修饰方法被广泛采用。Li、Mg、Al、Ti、Ga、Cr、Ni、Co等元素部分取代Mn，可以有效地提高$LiMn_2O_4$的结构稳定性，改善材料的循环性能。其中较为有效的掺杂元素是Li、Al和Cr。Li过量可以提高Mn的平均化合价，减少材料的Jahn Teller形变，合成锂过量的非化学计量比的Li_{1+x} $Mn_{2-x}O_4$可以有效地提高材料的循环特性；Al掺杂可以起到同样的效果；Cr^{3+}的半径与Mn^{3+}相近，能以稳定的d3结构存在于八面体配位中，提高材料的结构稳定性。0.6的Mn被Cr^{3+}取代后，材料经过100周循环，容量仍为110 mA·h/g。表面包覆Co_3O_4、Al_2O_3、ZrO_2、ZnO、C、Ag、聚合物等方法被广泛采用。目前应用较多的为Al_2O_3包覆，材料的高温循环性和安全性大大提高。

对于LiMn2O4基正极材料而言，Mn在自然界中资源丰富，成本低，材料的合成工艺简单，热稳定性高，耐过冲性好，放电电压平台高，动力学性能优异，对环境友好，当前已在大容量动力型锂离子电池中得到应用。

六、橄榄石结构LiMPO4正极材料

橄榄石结构的$LiMPO_4$属于正交晶系，$D^{16}2h$-*Pmnb*空间群，每个单胞含有四个单位的$LiMPO_4$。研究最多的为LiFePO4。

$LiFePO_4$的晶格参数为：$a=6.008\times10^{-10}$ m，$b=10.324\times10^{-10}$ m，$c=4.694\times10^{-10}$ m。锂离子从$LiFePO_4$中完全脱出时，体积缩小6.81，与其他锂离子电池正极材料相比，它的本征电导率低（$10^{-12}\sim10^{-9}$ S·cm^{-1}），Li^+在$LiFePO_4$中的化学扩散系数也较低，恒流间歇滴定技术（GITT）和交流阻抗技术测定的值在$1.8\times10^{-16}\sim2.2\times10^{-14}cm^2/s$。较低的电子电导率和离子扩散系数是限制该类材料实际应用的主要因素。

为了解决这一问题，采用多种改进方法，如采用碳或金属粉末表面包覆的方法来提高材料的电接触性质，采用掺杂的方法提高本征电子电导，如Chung等通过异价元素（Mg、Zr、Ti、Nb、W等）代替$LiFePO_4$中的Li^+进行体相掺杂，掺杂后的材料的电子电导率提高了8个数量级，从未掺杂前的$10^{-10}\sim10^{-9}$ S/cm提高到超过10^{-2}S/cm。Valence公司利用碳热还原法合成的掺杂Mg的$LiFe_{0.9}Mg_{0.1}PO_4$材料理论比容量为156mA·h/g，具有很好的结构稳定性。分子动力学研究表明$LiFePO_4$是一维离子导体，Cr在锂位掺杂阻塞了Li^+通道，虽然电子电导率提高了，但离子电导率却降低了，因而影响了倍率性能。有学者研究发现，钠在锂位或铁位的掺杂，结合表面包覆的材料倍率性能较好，主要原因是既提高了颗粒的电接触和本征电子电导，又没有降低离子的输运

性能。

$LiFePO_4$ 成本低，资源丰富，结构稳定，热稳定性高，有望使用在动力电池和储能电池中。除了 $LiFePO_4$，$LiMnPO_4$ 也引起了广泛的关注。$LiMnPO_4$ 晶格参数为：$a=6.108\times10^{-10}$ m，$b=10.455\times10^{-10}$ m，$c=4.750\times10^{-10}$ m，其脱嵌锂电压在 4.1V 左右，电化学活性不高。有研究发现，通过合成原料中添加炭黑的工艺制备出具有细小颗粒的掺杂 Fe 的 $LiFe_{1-x}MnxPO_4$ 具有较好的脱嵌锂离子性能，当 x=0.5 时，容量达到最大值。锂离子脱出包括两个步骤：3.5V 电压平台脱锂，Fe^{2+} 被氧化成 Fe^{3+}，接着 4.1V 平台脱锂，Mn^{2+} 被氧化成 Mn^{3+}。在充放电过程中 $LiFe_{1-x}MnxPO_4$ 的局部结构变化是完全可逆的。这表明即使在 Mn 含量很高时，锂离子从材料结构之中的脱出也没有内在的本质障碍。

七、$LiNi_{1-x}Co_xO_2$ 正极材料

$LiNi_{1-x}Co_xO2$ 具有与 $LiNiO_2$ 相同的晶体结构，Co 代替部分 Ni 进入八面体 3*a* 位置，抑制了与 Ni3+ 有关的 Jahn–Teller 扭曲，提高了材料的循环性能和热稳定性。

八、$LiNi_{1/2}Mn_{1/2}O_2$ 正极材料

$LiNi_{1/2}Mn_{1/2}O_2$ 具有与 $LiNiO_2$ 相同的六方结构。在 $LiNi_{1/2}Mn_{1/2}O_2$ 的晶体结构中，镍和锰分别为 +2 价和 +4 价。当材料被充电时，随着锂离子的脱出，晶体结构中的 Ni^{2+} 被氧化为 Ni^{4+}，而 Mn^{4+} 保持不变。例如，6LimASNMR 测试表明，在 $LiNi_{1/2}Mn_{1/2}O_2$ 中，锂离子不仅存在于锂层，且也分布在 Ni^{2+}/Mn^{4+} 层中，主要被 6 Mn^{4+} 包围，与 Li_2MnO_3 中相同。但充电到 $Li_{0.4}Ni_{1/2}Mn_{1/2}O_2$ 时，所有过渡金属层中的锂离子都脱出，剩余的 Li^+ 分布在锂层靠近 Ni 的位置。

有学者利用 $LiOH\cdot H_2O$ 与 Ni、Mn 的氢氧化物在 1000 ℃下空气中合成了 $LiNi_{1/2}Mn_{1/2}O_2$ 正极材料。在 2.75 ~ 4.3V 的充放电电压范围内，可逆比容量可达到 150 mA・h/g，具有较好的循环性能。还有学者利用类似的方法合成出了一系列具有层状结构的正极材料 $Li[Ni_xLi_{(1/3\sim2x/3)}Mn_{(2/3\sim x/3)}]O_2$ 和 $Li[Ni_xCo_{1-2x}Mn_x]O_2$（$0\leqslant x\leqslant1/2$）。

九、$LiNi_xCo_{1-2x}Mn_xO_2$ 正极材料

具有层状结构的 $LiNi_xCo_{1-2x}Mn_xO_2$ 得到了广泛的研究，其中 *x*=0.1、0.2、0.33、0.4 研究得最多。有学者认为，该化合物中 Ni 为 +2 价，Co 为 +3 价，Mn 为 +4 价。Mn^{4+} 的存在起到稳定结构的作用，Co 的存在有利于提高电子电导，充放电过程中 Ni 从 +2 价变到 +4 价。该材料的可逆容量可达到 150 ~ 190mA・h/g，且具有较好的循环性和高的安全性，当前已在新一代高能量密度小型锂离子电池中得到应用。

十、高容量高电压正极材料

提高电池的能量密度，主要通过两个途径：提高电极材料的容量和工作电压。锂离子电池中使用的正极材料可逆容量一般在 110 ~ 180mA·h/g，工作电压小于 4.1 V，容量高于这一范围、具有较高工作电压的正极材料一直是研究的热点。

工作电压高于 4V 的电极材料一直受到广泛的关注。研究发现，在 $LiMn_2O_4$ 中通过掺杂，可以使材料在高于 4.2V 时出现充电平台，并且具有一定的容量。$LiCoPO_4$ 和 $LiNiVO_4$ 也显示了较高的充电电压，高电压材料需要稳定的电解质体系，现有非水电解质体系稳定的电化学窗口一般小于 4.5V，不可以满足要求。

第三节　电解质、隔膜材料与锂离子电池应用

一、电解质材料

电解质在电池正负极间起着离子导电、电子绝缘的作用。二次锂电池中，电解质的性质对电池的循环寿命、工作温度范围、充放电效率、电池的安全性及功率密度等性能有重要的影响。二次锂电池电解质材料应具备以下性能。

第一，锂离子电导率高，一般应达到 10-3 ~ 10-2 S/cm。

第二，电化学稳定性高，在较宽的电位范围内保持稳定。

第三，与电极的兼容性好，在负极上能有效地形成稳定的 SEI 膜，在正极上在高电位条件下有足够的抗氧化分解能力。

第四，与电极接触良好，对于液体电解质而言，应能充分浸润电极。

第五，低温性能良好，在较低的温度范围（-20 ~ 20℃）可以保持较高的电导率和较低的黏度，以便在充放电过程中保持良好的电极表面浸润性。

第六，宽的液态范围。

第七，热稳定性好，在较宽的温度范围内不发生热分解。

第八，蒸气压低，在使用温度范围内不发生挥发现象。

第九，化学稳定性好，在电池长期循环和储备过程中，自身不发生化学反应，也不与正极、负极集流体、黏结剂、导电剂、隔膜、包装材料、密封剂等材料发生化学反应。

第十，无毒，无污染，使用安全，最好能生物降解。

第十一，制备容易，成本低。

由于锂离子电池负极的电位与锂接近，较为活泼，在水溶液体系中不稳定，必须使用非水性有机溶剂作为锂离子的载体。该类有机溶剂和锂盐组成非水液体电解质，也称为有机液体电解质，是液体锂离子电池中不可缺少的成分，也是凝胶聚合物电解质的重要组分。当前锂离子电池电解质材料主要为液体电解质和胶体聚合物电解质，研究开发

的还包括聚合物电解质、室温熔盐电解质、无机固体电解质等。

（一）非水有机液体电解质

有机液体电解质主要由两部分组成，即电解质锂盐和非水有机溶剂。此外，为了改善电解液的某方面性能，有时会加入到各种功能添加剂。

1. 电解质锂盐

理想的电解质锂盐应能在非水溶剂中完全溶解，不缔合，溶剂化的阳离子应具有较高的迁移率，阴离子应不会在正极充电时发生氧化还原分解反应，阴阳离子不应和电极、隔膜、包装材料反应，盐应是无毒的，且热稳定性较高。高氯酸锂、六氟砷酸锂、四氟硼酸锂、三氟甲基磺酸锂、六氟磷酸锂、二（三氟甲基磺酰）亚胺锂 LiN（CF3SO_2）$_2$（LiTFSi）、双（草酸合）硼酸酯锂（LiBOB）等锂盐得到广泛研究。但最终得到实际应用的是$LiPF_6$，虽然它的单一指标不是最好的，但在满足所有指标的平衡方面是最好的。含 $LiPF_6$ 的电解液已基本满足锂离子电池对电解液的要求，但是制备过程复杂，热稳定性差，遇水易分解，价格昂贵。

目前，有希望替代 $LiPF_6$ 的锂盐为 LiBOB，其分解温度为 320℃，电化学稳定性高，分解电压大于 4.5V，能在大多数常用有机溶剂中有较大的溶解度。与传统锂盐相比，以 LiBOB 作为锂盐的电解液，锂离子电池可以在高温下工作且容量不衰减，而且即使在单纯溶剂碳酸丙烯酯（PC）中，电池仍然能够充放电，具有较好的循环性能。BOB–能够参与石墨类负极材料表面 SEI 膜的形成，且能形成有效的 SEI 膜，阻止溶剂和溶剂化锂离子共同嵌入石墨层间。

2. 非水有机溶剂

溶剂的许多性能参数与电解液的性能优劣密切相关，如溶剂的黏度、介电常数、熔点、沸点、闪点对电池的使用温度范围、电解质锂盐的溶解度、电极电化学性能和电池安全性能等都有重要的影响。此外，在锂离子电池中，负极表面的 SEI 膜成分主要来自溶剂的还原分解。性能稳定的 SEI 膜对电池的充放电效率、循环性、内阻以及自放电等都有显著的影响。溶剂在正极表面氧化分解，对电池的安全性也有显著的影响。

目前主要用于锂离子电池的非水有机溶剂有碳酸酯类、醚类和羧酸酯类等。

碳酸酯类：主要包含环状碳酸酯和链状碳酸酯两类。碳酸酯类溶剂具有较好的化学、电化学稳定性，较宽的电化学窗口，因此在锂离子电池中得到广泛的应用。碳酸丙烯酯（PC）是研究历史最长的溶剂，它与二甲基乙烷（DME）等组成的混合溶剂仍然在一次锂电池中使用。由于它的熔点（–49.2℃）低、沸点（241.7℃）和闪点（132℃）高，因此含有它的电解液显示出好的低温性能。但如前所述，锂离子电池中石墨类碳材料对 PC 的兼容性较差，不能在石墨类电极表面形成有效的 SEI 膜，放电过程中 PC 和溶剂化锂离子共同嵌入石墨层间，导致石墨片层的剥离，破坏了石墨电极结构，使电池无法循环。因此，在当前锂离子电池体系中，通常不采用 PC 作为电解液组分。目前，大多采用碳酸乙烯酯（EC）作为有机电解液的主要成分，它和石墨类负极材料有着良好的兼容性，主要分解产物 $ROCO_2Li$ 能在石墨表面形成有效、致密和稳定的 SEI 膜，大大提高了电池的循环寿命。但由于 EC 的熔点（36℃）高而不可以单独使用，一般将其与低黏度的链状碳酸酯如碳酸二甲酯（DMC）、碳酸二乙酯（DEC）、碳酸甲乙酯（EMC）、碳酸甲丙酯（MPC）等混合使用。此类溶剂具有较低的黏度、介电常数、沸点和闪点，但不能在石墨类电极或锂电极表面形成有效的 SEI 膜，因此它们一般不能单独作为溶剂用于锂离子电池中。由于 EC 熔点高，电池低温性能差，在 -20℃以下就不能正常工作。EMC 具有较低的熔点（-55℃），作为共溶剂可改善电池的低温性能。因此，目前在锂离子电池中采用的体系，是考虑综合性能后的一个平衡配方。

醚类：醚类有机溶剂包括环状醚和链状醚两类。环状醚有四氢呋喃（THF）、2-甲基四氢呋喃（2-MeTHF）、1，3-二氧环戊烷（DOL）和 4-甲基 1，3-二氧环戊烷（4-MeDOL）等。THF、DOL 可与 PC 等组成混合溶剂用在一次锂电池中。2-MeTHF 沸点（79℃）低、闪点（-11℃）低，易于被氧化生成过氧化物，且具有吸湿性，但它能在锂电极上形成稳定的 SEI 膜，如在 LiPF6 EC DMC 中加入 2-MeTHF 能够有效抑制枝晶生成，提高锂电极的循环效率。链状醚主要有二甲氧基甲烷（DMM）；1，2-二甲氧基乙烷（DME）；1，2-二甲氧基丙烷（DMP）和二甘醇二甲醚（DG）等。随着碳链的增长，溶剂的耐氧化性能增强，但同时溶剂的黏度也增加，对提高有机电解液的电导率不利。常用的链状醚是 DME，它具有较强的对锂离子螯合能力，$LiPF_6$ 能与 DME 生成稳定的 $LiPF_6$ DME 复合物，使锂盐在其中有较高的溶解度并且具有较小的溶剂化离子半径，从而具有较高的电导率。但 DME 易被氧化和还原分解，与锂接触很难形成稳定的 SEI 膜。DG 是醚类溶剂中氧化稳定性较好的溶剂，具有较大的分子量，其黏度相对较小，对锂离子具有较强的配合配位能力，能够使锂盐有效解离。它与碳负极具有较好的相容性，而且至少有 200℃的热稳定性，但这个电解液体系的低温性能较差。出于对安全性的考虑，醚类尚未使用在锂离子电池上。

羧酸酯类：羧酸酯同样也包括环状羧酸酯和链状羧酸酯两类。环状羧酸酯中主要的有机溶剂是 γ 丁内酯（γ-BL）。γ-BL 的介电常数小于 PC，其溶液电导率也小于 PC，曾用于一次锂电池中。它遇水分解是其一大缺点，且毒性较大。链状羧酸酯主要有甲酸甲酯（MF）、乙酸甲酯（mA）、乙酸乙酯（EA）、丙酸甲酯（MP）和丙酸乙酯（EP）等。链状羧酸酯一般具有较低的熔点，在有机电解液中加入适量的链状羧酸酯，锂离子电池的低温性能会得到改善。其中以 EC-DMC-mA 为电解液的电池，在 -20℃能放出室温容量的 94%，但是循环性较差。而 EC-DEC-EP 和 EC-EMC-EP 为电解液的电池，在 -20℃能放出室温容量的 63% 和 89%，室温与 50℃的初始容量与循环性都很好。

3. 功能添加剂

在锂离子电池中使用的有机电解液中添加少量物质，可以显著改善电池的某些性能，这些物质称之为功能添加剂。针对不同目的的功能添加剂得到了广泛的研究。

改善电极 SEI 膜性能的添加剂：锂离子电池在首次充 / 放电过程中不可避免地都要

在电极与电解液界面上发生反应，在电极表面形成一层钝化膜与保护膜。这层膜主要由烷基酯锂、烷氧锂和碳酸锂等成分组成，具有多组分、多层结构的特点。这层膜在电极和电解液间具有固体电解质的性质，只允许锂离子自由穿过，实现嵌入和脱出，同时对电子绝缘。因此，称之为“固体电解质中间相”（Solid Electrolyte Interphase，SEI）。稳定的SEI膜能够阻止溶剂分子的共嵌入，避免电极和电解液的直接接触，从而抑制了溶剂的进一步分解，提高了锂离子电池的充放电效率和循环寿命。因而在电极/电解液界面形成稳定的SEI膜是实现电极/电解液相容性的关键因素。

在PC电解液中添加一些SO_2、CO_2、NO_x等小分子，可促使Li_2S、$LiSO_3$、$LiSO_4$和$LiCO_3$为主要成分的SEI膜的形成，它们的化学性质稳定，不溶于有机溶剂，具有良好的导锂离子的性能，以及抑制溶剂分子的共嵌入和还原分解对电极破坏的功能。在PC基电解液中添加亚硫酸乙烯酯（ES）和亚硫酸丙烯酯（PS），能显著改善石墨电极的SEI膜性能，并和整体材料有着很好的兼容性。在锂离子电池有机电解液中加入微量的苯甲醚或其卤代衍生物，能够改善电池的循环性能，减少电池的不可逆容量损失。还有一类含有vinylene基团的化合物如碳酸亚乙烯酯(VC)、乙酸乙烯酯(VA)、丙烯氰(AAN)等，由于具有优良的成膜性能，也被研究者广泛研究，且在实际电池中得到应用。

过充电保护添加剂：过充电时正极处于高氧化态，溶剂容易氧化分解，产生大量气体，电极材料可能发生不可逆结构相变；负极有可能析出锂，与溶剂发生化学反应，因此电池存在安全隐患。目前锂离子电池的过充电保护一方面采用外加过充电保护电路防止电池过充，另一方面，对正极材料表面修饰，提高其耐过充性，或者选择电化学性质稳定的正极材料。除此之外，许多研究人员提出，在电解液中通过添加剂来实现电池的过充电保护。这种方法的原理是通过在电解液中添加合适的氧化还原对，在正常充电电位范围内，这个氧化还原对不参加任何化学或电化学反应，二档充电电压超过正常充放电截止电压时，添加剂开始在正极发生氧化反应，氧化产物扩散到负极，发生还原反应。反应所生成的氧化还原产物均为可溶物质，并不与电极材料、电解质中的其他成分发生化学反应，因此在过充条件下可不断循环反应。

LiI、二茂铁及其衍生物、亚铁离子的2，2-吡啶和1，10-邻菲咯啉的配合物曾被考虑作为过充电保护试剂，但这些添加剂发生氧化还原反应的电位均在4V以下。有研究发现，邻位和对位的二甲氧基取代苯的氧化还原电位在4.2V以上，有望作为防止过充电的添加剂。

改善电池安全性能的添加剂：改善电解液的稳定性是改善锂离子电池安全性的一个重要方法。在电池中添加一些高沸点、高闪点和不易燃的溶剂，可改善电池的安全性。氟代有机溶剂具有较高的闪点及不易燃烧的特点，将这种有机溶剂添加到有机电解液中将有助于改善电池在受热、过充电等状态下的安全性能。有些氟代链状醚如$C_4F_9OCH_3$曾被推荐用于锂离子电池中，能够改善电池的安全性能。但氟代链状醚往往具有较低的节点常数，因此电解质锂盐在其中的溶解性很差，同时很难与其他介电常数高的有机溶剂EC、PC等混溶。有研究发现氟代环状碳酸酯类化合物如一氟代甲基碳酸乙烯酯、二氟代甲基碳酸乙烯酯、三氟代甲基碳酸乙烯酯具有较好的化学稳定性、较高的闪点和介电常数，能够很好地溶解电解质锂盐和其他有机溶剂混溶，电池中采用了这类添加剂可表现出较好的充放电性能和循环性能。在有机电解液中添加一定量的阻燃剂，如有机磷系列、硅硼系列及硼酸酯系列，[NP（OCH_3）$_2$]$_3$，3- 苯基磷酸酯（TPP），3- 丁基磷酸酯（TBP），氟代磷酸酯、磷酸烷基酯等，可有效地提高电池的安全性。

控制电解液中酸和水含量的添加剂：电解液中痕量的 HF 酸和水对 SEI 膜的形成具有重要的影响作用。但水和酸的含量过高，会导致 $LiPF_6$ 的分解，破坏 SEI 膜，还可能导致正极材料的溶解。有学者将锂或钙的碳酸盐、Al_2O_3、MgO、BaO 等作为添加剂加入电解液中，它们将与电解液中微量的 HF 发生反应，阻止其对电极的破坏和对 $LiPF_6$ 的分解的催化作用，提高电解液的稳定性。碳化二乙胺类化合物可以通过分子中的氢原子与水形成较弱的氢键，进而能阻止水与 $LiPF_6$ 反应产生 HF。

（二）聚合物电解质

1. 全固态聚合物电解质

到目前为止，研究最多的体系是 PEO 基的聚合物电解质。在该体系中，常温下存在纯 PEO 相、非晶相和富盐相三个相区，其中离子传导主要发生在非晶相高弹区。一般认为，碱金属离子先同高分子链上的极性醚氧官能团配合，在电场的作用下，随着高弹区中分子链段的热运动，碱金属离子与极性基团发生解离，再与链段上别的基团发生配合；通过这种不断地配合解配合过程，而实现离子的定向迁移，其电导率符合 VTF 方程，与链段蠕动导致的自由体积密切相关。通过对 PEO 的研究，人们认识到，要形成高电导的聚合物电解质，对于主体聚合物的基本要求是必须具有给电子能力很强的原子或基团，其极性基团应含有 O、S、N、P 等能提供孤对电子与阳离子形成配位键以抵消盐的晶格能。其次，配位中心间的距离要适当，能够与每个阳离子形成多重键，达到良好的溶解度。此外，聚合物分子链段要足够柔顺，聚合物上功能键的旋转阻力要尽可能低，以利用阳离子移动。常见的聚合物基体有 PEO、聚环氧丙烷（PPO）、聚甲基丙烯酸甲酯（PM mA）、聚丙烯腈（PAN）、聚偏氟乙烯（PVDF）等。

由于离子传输主要发生在无定形相，晶相对导电贡献小，所以含有部分结晶相的 PEO/ 盐配合物室温下的电导率很低，只有 10-8 S/cm; 只有当温度升高到结晶相融化时，电导率才会大幅度提高，因而远远无法满足实际的需要。因此导电聚合物的发展便集中在开发具有低玻璃化转变温度（Tg）的、室温为无定形态的基质的聚合物电解质上。常用的改性方法有化学的（如共聚和交联）也有物理的（如共混和增塑）手段等。

尽管纳米复合聚合物电解质的室温电导率已达到 10-3 S/cm，但是目前锂离子电池的电极为多孔粉末电极，对于全固态电解质而言：①电极和电解质的界面接触很难达到液体电解质的完全浸润的效果；②低于室温的电导率急剧下降。这两个困难，限制了其在现有的锂离子电池体系中的应用，将来可能有望在高温场合得到应用。

2. 胶体聚合物电解质

此类电解质，是在前述全固态聚合物电解质的基础上，添加了有机溶剂等增塑剂，在微观上，液相分布在聚合物基体的网络中，聚合物主要表现出其力学性能，对整个电解质膜起支撑作用，而离子输运主要发生在其中包含的液体电解质部分。因此，其电化学性质与液体电解质相当。广泛研究的聚合物包括 PAN、PEO、PM mA、PVDF。胶体电解质兼有固体电解质和液体电解质的优点，因此，可采用软包装来封装电池，提高了电池的能量密度，并且使电池的设计更具柔性。

（三）离子液体电解质

离子液体是完全由离子组成的、在常温下呈液态的低温熔盐，由于离子液体大多具有较宽的使用温度范围、好的化学和电化学稳定性以及良好的离子导电性等优点，近年来作为新型液体电解质受到了密切的关注，尤其是在电池、电容器、电沉积等方面的基础和应用研究已见较多报道。离子液体的独特性质通常由其特定的结构和离子间的作用力来决定，离子液体一般由不对称的有机阳离子和无机或有机阴离子组成，目前研究比较多的离子液体按阳离子可以分为季铵盐类、咪唑类和吡啶类等；阴离子主要为四氟硼酸根（BF_4^-）、六氟磷酸根（PF_6^-）、三氟甲基磺酸根（$CF_3SO_3^-$）、三氟甲基磺酸亚胺（CF_3SO_2）$_2N^-$ 等，不同阴阳离子的组合对离子液体电解质的物理和电化学性质影响很大，例如，当阴离子均为（CF3SO_2）$_2N^-$ 时，阳离子为 TBA（四丁基铵）和 EMI（1- 乙基 -3- 甲基咪唑）的离子液体的熔点分别为 70 和 -3℃；阳离子为 TMPA（三甲基丙基胺）和 EMI（1- 乙基 -3- 甲基咪唑）的阴极极限电位分别约为 -3.3 和 -2.5V。而另一方面，阳离子中有机基团的多少和长短也能显著改变离子液体的黏度、熔点等性质，例如 1- 乙基 -3- 甲基咪唑三氟甲基磺酰亚胺的黏度为 34mPa・S，熔点为 -15℃，而当阳离子为 1，2- 二甲基 -3- 丙基咪唑时，其黏度和熔点分别上升到 60mPa・S 和 15℃，离子液体物理和电化学性质的明显差异将会对相关电化学器件的性能产生极大影响。

二、隔膜材料

在锂离子电池的结构中，隔膜是关键的内层组件之一。隔膜的性能决定了电池的界面结构、内阻等，直接影响到电池的容量、循环以及安全性能等特性。性能优异的隔膜对提高电池的综合性能具有重要的作用。隔膜技术难点在于造孔的工程技术以及基体材料制备。其中造孔的工程技术包括隔膜造孔工艺、生产设备以及产品稳定性。基体材料制备包括聚丙烯、聚乙烯材料和添加剂的制备和改性技术。造孔工程技术的难点主要体现在空隙率不够、厚度不均、强度差等方面。当前市场化的锂电隔膜为聚烯烃微孔膜（PE，聚乙烯膜；PP，聚丙烯膜），该类隔膜性能良好、价格低，是 3C 领域的最佳选择。但是，作为交通工具动力的锂离子电池及储能电池等的出现，对锂电隔膜的性能提出苛刻要求，传统隔膜的耐热性、吸液性等问题已经不可忽视。因此，改性隔膜及新型隔膜的开发成为近年来的研究热点。

三、锂离子电池主要应用和发展趋势

作为高性能二次电池，锂离子电池已经在消费电子领域得到了广泛应用，其在市场中所占份额也逐年递增。目前，锂离子电池主要应用在无线信息通信办公产品：如移动电话、笔记本电脑；数字娱乐产品：如数码相机和数码摄像机、个人数字助理（PDA）、便携式音乐和多媒体播放器（MD、CD、DVD、MP3、MP4）和电子图书等。

一方面，上述领域仍然在飞速发展，功能增强的电子器件对二次电池性能有了更高的要求。

另一方面，锂离子电池的应用领域也在迅速扩大。不同的应用领域对电池性能的要求并不一样。锂离子电池的应用指标主要包括能量密度、功率密度、循环性、安全性、温度特性和价格等。当前的单一电池体系还无法同时将所有指标做到最高。因此，针对不同需求，研究对性能指标侧重点不同的锂离子电池，是未来的发展趋势。具体而言，锂离子电池正朝着五个方向发展。

（一）高能量密度电源

主要应用在无线信息通信办公产品和数字娱乐产品上。对于该类电池而言，提高电池的能量密度是关键。目前锂离子电池的能量密度为 150 ~ 200 W · h/kg，期望的电池能量密度高于 200 W · h/kg。此类电池，100 充放电深度下期望电池的循环性在 300 ~ 1000 次（指容量保持率在 70），功率密度在 200 ~ 1000 W/kg 即可。由于电池功率密度较低，对安全性、工作温度范围和价格的要求不是很苛刻。对一些军事用途，循环性的要求还可以进一步降低。

（二）高功率动力电源

主要应用在交通运输工具、无绳电动工具、其他大功率器件上。对于该类电池而言，电池的功率密度特性更重要。目前锂离子电池的功率密度可以达到 800 ~ 1500 W/kg，今后发展的目标为 2000 ~ 10000 W/kg。这样的功率要求，现在只有超级电容器可以达到，但是其能量密度小于 10 W · h/kg。然而目前开发的锂离子电池在高功率状态使用时，能量密度可以保持在 40 ~ 60 W · h/kg，具有明显的优势。随着混合动力车和电动汽车的普及，对于高功率电池的需求十分迫切。如果上述发展目标能够实现，将可以在各类应用中取代目前的铅酸电池、Ni Cd 电池、超级电容器等，以提高能量的利用效率，减小对环境的压力。此类电池应用时的自然环境多种多样，开发电池时必须满足对安全性、温度特性、价格、自放电率方面较高的要求。

（三）长寿命储能电池

主要应用如后备电源（UPS），电站电网调峰用电源，和太阳能电池、燃料电池、风力发电配套的分散式独立电源体系中的储能电池等。这方面的应用希望电池的使用寿命达到 10 ~ 20 年，免维护，性能稳定，价格低廉。由于对电池的体积和重量没有严格的要求，因此对单体电池功率密度和能量密度的追求没有前两类高。但对电池的循环寿命、温度特性和自放电率有较高的要求。目前，应用在这些方面的锂离子电池还处于实验室研发阶段。

（四）微小型锂离子电池

随着纳、微电子器件的发展，未来对微型二次电池会有一定的需求，如利用在无线传感器、微型无人飞机、植入式医疗装置、智能芯片、微型机器人、集成芯片上。此类电池，根据应用的不同对电池性能指标的要求可能不一样。但由于维护困难，对稳定性、寿命有很高的要求。利用当前的微加工技术，实现锂离子电池的微型化，将不会太遥远。

（五）高能量密度、高功率密度锂离子电池

实际上，人们对既能保持高的能量密度，又可以拥有高的功率密度以及好的循环性的二次电池十分渴望。这样的电池，可以用在以二次电池为唯一能源的电动汽车、电动自行车或摩托车、无人飞机、数字化士兵系统电源、高度集成的多媒体信息处理系统电源等上，对于锂离子电池而言，这要求电极材料既能容纳大量的锂离子，又能允许锂离子高速嵌入脱出，并且能保持结构稳定性，这些应用对材料开发提出了很高的要求。

第五章 燃料电池材料

第一节 质子交换膜型燃料电池

一、概述

简单地说，燃料电池是一种把存在于燃料与氧化剂中的化学能直接转化为电能的发电装置。燃料和空气分别送进燃料电池内，电就被奇妙地生产出来了。它从外表上看有正负极和电解质等，像个蓄电池，但是实质上它不能“储电”而是一个“发电厂”。

燃料电池（FC）是一种在等温下直接将储存在燃料和氧化剂中的化学能高效（50% ~ 70%）而与环境友好地转化为电能的发电装置。它的发电原理与化学电源一样，是由电极提供电子转移的场所。阳极进行燃料（如氢）的氧化过程；阴极进行氧化剂（如氧等）的还原过程。导电离子在将阴、阳极分开的电解质内迁移，电子通过外电路做功并构成电的回路。但是FC的工作方式又与常规的化学电源不同，更类似于汽油、柴油发电机。它的燃料和氧化剂不是储存在电池内，而是储存在电池外的储罐中。当电池发电时，要连续不断地向电池内送入燃料和氧化剂，排出反应产物，同时也要排除一定的废热，以维持电池工作温度恒定。FC本身只能决定输出功率的大小，储存的能量则由储罐内的燃料与氧化剂的量决定。

（一）燃料电池工作原理

1. 燃料电池热力学

不同类型的燃料电池电极反应各有不同，但是都是由阴极、阳极、电解质这几个基本单元组成的且都遵循电化学原理。燃料气（氢气等）在阳极催化剂作用下发生氧化反应，生成阳离子给出自由电子。氧化物在阴极催化剂作用下发生还原反应，得到电子并产生阴离子。阳极的阳离子或阴极的阴离子通过能传导质子并电子绝缘的电解质传递到另一个电极上，生产反应产物，然而自由电子由外电路导出为用电器提供电能。

2. 燃料电池动力学

前面讨论的内容是单纯从热力学角度出发计算得到的平衡状态下电池电压。

然而电池在实际工作中，电极上会发生一系列物理与化学反应过程，其中的每一个过程都会对电池反应产生阻力。为了克服这些阻力，电池自身会消耗一些能量，导致电池的电极电位会偏离平衡电位，这种现象称为极化，此时电池电压与电流密度之间的关系图称为极化曲线。燃料电池极化损失主要来源三方面：活化极化，欧姆极化和浓差极化。

（1）活化极化

为了克服电化学反应活化能势垒所产生的电压损失主要原因包括触媒上的吸附与脱附过程、载流子传导过程等。电池在实际工作中，只要电池中有电流流过，就会产生活化极化。

（2）欧姆极化

欧姆极化主要来源于氧离子在电解质中迁徙、电子在电极中移动以及电池各组元之间的接触状态所引起的电压损失，它符合欧姆定律。

（3）浓差极化

浓差极化指与传质有关的电压损失。当电池处于大电流工作状态时，对燃料气体和氧化剂的消耗程度很高。当电流密度达到一定值时，燃料气体和氧化剂的供应无法满足电极反应的需求，则发生浓差极化。

（二）燃料电池的分类

燃料电池的分类有很多种方法，有按电池工作温度的高低分类，有按燃料的种类分类，也有按电池的工作方式类分类。通常人们以电解质的不同将燃料电池分成五大类：碱性燃料电池（AFC）、磷酸型燃料电池（PAFC）、熔融碳酸盐燃料电池（MCFC）、质子交换膜燃料电池（PEM-FC）和固体氧化物燃料电池（SOFC）。

第一，碱性燃料电池以氢氧化钠或氢氧化钾的水溶液作为电解质，氢气作为燃料气，纯氧作为氧化剂，工作温度在 50 ~ 200℃左右。碱性燃料电池一般使用碳载铂作为催化剂，发电效率在 60% ~ 70%。虽然碱性燃料电池是目前研究最早、技术最成熟的燃料电池之一，但是它只能使用纯氢作为燃料，因为重整气中的 CO 和 CO_2 都可以使电解质中毒。此外，碱性电解质的腐蚀性强，导致电池寿命短。以上特点限制了碱性燃料电池的发展，开发至今仅成功地运用于航天或军事领域。

第二，磷酸型燃料电池以磷酸为电解质，氢气作为燃料气，可用空气作为氧化剂，发电效率在 40% ~ 45%。由于磷酸在低温时离子电导较低，所以磷酸型燃料电池的工作温度在 100 ~ 200℃左右。与碱性燃料电池不同，磷酸型燃料电池允许燃料气和氧化剂中 CO_2 的存在，可使用由天然气等矿物燃料经重整或者裂解的富氢气体作为燃料，但其中 CO 的含量不能超过 1%，否则会使催化剂中毒。磷酸型燃料电池现阶段的技术已经成熟，千瓦级的发电装置已进入商业化推广阶段。

第三，熔融碳酸盐燃料电池以熔融的碳酸钾或碳酸锂为电解质，工作温度在碳酸盐熔点以上（650℃左右）。由于电池是在高温下工作，因此不必使用贵金属催化剂。熔融碳酸盐燃料电池具有内部重整能力，可使用 CO 和 CH_4 作为燃料，发电效率在 50% ~ 65%。然而熔融碳酸盐具有腐蚀性，且易挥发，导致电池寿命较短。目前熔融碳酸盐燃料电池已接近商业化，试验电站的功率达到兆瓦级。

第四，质子交换膜燃料电池以具有质子传导功能的固态高分子膜为电解质，以氢气和氧气分别作为燃料和氧化剂，发电效率在 45% ~ 60%。与碱性燃料电池一样，质子交换膜燃料电池也需要使用铂等贵金属作为催化剂，并且对 CO 毒化非常敏感。质子交换膜燃料电池的工作温度在 80℃左右，可以在接近常温下启动，激活时间短。电池内唯一的液体为水，腐蚀的问题较小。质子交换膜燃料电池是目前备受关注的燃料电池之一，被认为是电动车和便携式电源的最佳候选，制约其商业化的主要问题是质子交换膜以及催化剂等材料价格昂贵。

第五，固体氧化物燃料电池是以金属氧化物为电解质的全固态结构电池，工作温度在 800 ~ 1000℃。通常以氧化钇稳定的氧化锆（YSZ）为电解质，Ni-YSZ 金属陶瓷为阳极，掺杂 Sr 的 LaMnO3 为阴极。由于电池为全固态结构，其外形具灵活性，可以制成管式和平板式等形状，并且避免了电解质流失和腐蚀等问题。高温运行使得燃料可以在电池内部进行重整，理论上可以使用所有能够发生电化学氧化反应的气体作为燃料。此外，固体氧化物燃料电池的高温余热可以回收或者与热机组成热电联供发电系统，发电效率可达 80%。然而较高的工作温度对电池的制造成本及长期运行的稳定性带来了很大挑战，因此降低工作温度是未来固体氧化物燃料电池的主要研究方向。

二、质子交换膜型燃料电池（PEMFC）

（一）PEMFC 简介

1. 原理

PEMFC 以全氟磺酸型固体聚合物为电解质，以 Pt/C 或 Pt-Ru/C 为电催化剂，以氢或净化重整气为燃料，以空气或纯氧为氧化剂，并以带有气体流动通道的石墨或表面改性金属板为双极板。

PEMFC 中的电极反应类同于其他酸性电解质燃料电池。阳极催化层中的氢气在催化剂作用下发生电极反应。

产生的电子经外电路到达阴极，氢离子经电解质膜到达阴极。氧气下氢离子及电子在阴极发生反应生成水。生成的水不稀释电解质，而是通过电极随反应尾气排出。

构成PEMFC电池的关键材料和部件为电催化剂、电极（阴极与阳极）、质子交换膜、双极板材料及其流场设计。

2. 特点与用途

PEMFC除具有燃料电池一般特点（如能量转化效率高、环境友好等）外，还具有可在室温下快速启动、无电解液流失、水易排出、寿命长、比功率与能量高等突出特点。因此它特别适合作可移动动力源，是电动汽车和AIP推进潜艇的理想候选电源之一，是军民通用的可移动动力源，也是利用氯碱厂副产品氢气发电的最佳候选电源。在未来以氢作为主要燃料载体的氢能时代，PEMFC是最佳的家庭动力源。

（二）电催化剂

1. 电催化

电催化是使电极与电解质界面上的电荷转移反应得以加速的催化作用，可视为复相催化的一个分支。它的主要特点是电催化反应速度不仅由电催化剂的活性决定，还与双电层内电场及电解质溶液的本性有关。

由于双电层内的电场强度很高，对于参加电化学反应的分子或离子具有明显的活化作用，反应所需的活化能大大降低。所以，大部分电催化反应均在比通常化学反应低得多的温度下进行。例如，在铂黑电催化剂上可使丙烷于150 ~ 200℃完全氧化为二氧化碳和水。

由于电化学反应必须在适宜的电解质溶液中进行，在电极与电解质的界面上必然会吸附大量的溶剂分子和电解质，因而使电极过程与溶剂及电解质本性的关系极为密切。这一点不但导致电极过程比复相催化反应更为复杂，而且在电极过程动力学的研究中，复相催化研究行之有效的研究工具的使用也受到了限制。近年来发展了一些研究电极过程较为有效的方法，例如电位扫描技术、旋转圆盘电极技术和测试在电化学反应过程中电极表面状态的光学方法等。

电催化剂与复相催化剂一样，要求对特定的电极反应有良好的催化活性、高选择性、还要求能耐受电解质的腐蚀，并有良好的导电性能。因此，在一段时间内，较为满意的电催化剂仅限于贵金属，如铂、钯及其合金。

在开发与深入研究燃料电池的过程中，曾相继发现并重点研究了雷尼镍、硼化镍、碳化钨、钠钨青铜、尖晶石型与钙钛矿型半导体氧化物、各种晶间化合物、过渡金属与卟啉、酞化菁的配合物等电催化剂。电催化剂的种类已大大增加，成本也逐步下降。

2. 电催化剂的制备

至今，PEMFC所用电催化剂均以Pt为主催化剂组分。为了提高Pt的利用率，Pt均以纳米级高分散地担载到导电、抗腐蚀的碳担体上。所选碳担体以炭黑或乙炔黑为主，有时它们还要经高温处理，以增加石墨特性。最常用的单体为 VulcanXC-72R 碳，其平均粒径约 30nm，比表面积约为 250m2/g。

采用化学方法制备 Pt/C 电催化剂的原料通常用铂氯酸。制备路线分为两大类：一是先将铂氯酸转化为铂的配合物，再由配合物制备高分散 Pt/C 电催化剂；二是直接从铂氯酸出发，用特定方法制备 Pt 高分散的 Pt/C 电催化剂。为提高电催化剂的活性与稳定性，有时还加入一定量的过渡金属，制成合金型（多为共熔体或晶间化合物）电催化剂。为了提高在低温工作的 PEMFC 阳极电催化剂抗 CO 中毒的性能，多采用 Pt-Ru/C 贵金属合金电催化剂。

（三）气体扩散电极及制备工艺

1. 多孔气体扩散电极

燃料电池一般以氢为燃料，以氧为氧化剂。由于气体在电解质溶液中的溶解度很低，因此在反应点的反应剂浓度很低。为了提高燃料电池实际工作电流密度，减少极化，需增加反应的真实表面积，此外还应尽可能减少液相传质的边界厚度。多孔气体扩散电极就是在这种要求下研制成功的。它的出现使燃料电池由原理研究发展到实用阶段。多孔气体扩散电极的比表面积不但比平板电极提高了 3 ~ 5 个数量级，而且液相传质层的厚度也从平板电极的 10-2cm 压缩到 10-5 ~ 10-6cm，进而大大提高了电极的极限电流密度，减少了浓差极化。如何在多孔气体扩散电极

内部保持警惕反应区（通称此区为三相界面）稳定，是十分重要的。在 Bacon 型电池中，是以电极的双孔结构保持三相界面的稳定；而在黏结型多孔气体扩散电极内，是用聚四氟乙烯这类憎水剂（使电极有一定憎水性）形成三相界面并保持稳定。聚四氟乙烯含量一般从百分之几到百分之几十，加入量不能太多，否则影响电极的导电能力。

2. 电极制备工艺

PEMFC 电极是一种多孔气体扩散电极，通常由扩散层和催化层组成。扩散层的作用是支撑催化层、收集电流，并为电化学反应提供电子通道、气体通道和排水通道；催化层则是发生电化学反应的场所，是电极的核心部分。

电极扩散层一般由碳纸或碳布制作，厚度为 0.20 ~ 0.30nm。其制备方法为：首先将碳纸或碳布多次浸入聚四氟乙烯乳液（PTFE）中进行憎水处理，用称量法确定浸入的 PTFE 量；再将浸好 PTFE 的碳纸置于温度为 330 ~ 340℃烘箱内进行热处理，除掉浸渍在碳纸中 PTFE 所含有的表面活性剂，同时使 PTFE 热熔结，并均匀分散在碳纸的纤维上，从而达到优良的憎水效果。焙烧后碳纸中 PTFE 含量约为 50%。由于碳纸或碳布表面凹凸不平，对制备催化层有影响，因此需对其进行平整处理。具体工艺过程为：以水或水与乙醇作为溶剂，将乙炔黑或炭黑与 PTFE 配成质量为 1 ∶ 1 的溶液，用超声波振荡，混合均匀，再使其沉降；倒出上部清液，将沉降物刮到经憎水处理的碳纸或碳布上，对其表面平整。若用碳布作扩散层，也可以不预先进行憎水处理，直接在其上进行平整处理。

（1）经典的疏水电极催化层制备工艺

催化层由 Pt/C 电催化剂、PTFE 及质子导体聚合物（如 Nafion）组成。其制备工艺为：将上述三种混合物按一定比例分散在 50 乙醇和 50 的蒸馏水中，搅拌，用超声波混合均匀后涂布在扩散层或质子交换膜上，烘干并热压处理，得到膜电极三合一组件。催化层厚度一般在几十微米左右。催化层中 PTFE 含量一般在 10% ~ 50%（质量分数）。国外的研究结果认为：① Nafion 与 PTFE、电催化剂共混制备的电极性能不如催化层制备后再喷涂 Nafion 好，喷涂 Nafion 的量控制在 0.5 ~ 1.0 mg/cm^2；②催化层需经热处理，否则性能不稳定。氧电极催化层最佳组成为 54（质量分数）Pt/C、23（质量分数）PTFE、23（质量分数）Nafion。电极 Pt 担量为 0.1 mg/cm^2。催化层孔半径在 10 ~ 35nm，平均孔径为 15nm，没有检出小于 2.5nm 的孔。

（2）薄层亲水电极催化层制备工艺

在薄层亲水电极催化层中，气体的传递不同于经典疏水电极催化层中由 PTFE 憎水网络形成的气体通道中的传递，而是利用氧气在水或 Nafion 类树脂中溶解扩散传递。因此这类电极催化层厚度一般控制在 5μm 左右。对此厚度的催化层，氧气无明显的传质限制。该类亲水电极催化层的优点是：①有利于电极催化层与膜的紧密结合，防止由于电极催化层与膜溶胀性不同而导致的电极与膜分层；②使 Pt/C 电催化剂与 Nafion 型质子导体保持良好的接触；③有利于进一步降低电极的 Pt 担量。制备工艺如下：

第一，将 5%（质量分数）的 Nafion 溶液与 Pt/C 电催化剂（例如 Pt 含量为 19.8%）混合均匀，PtC 与 Nafion 的质量比为 3 ： 1。

第二，加入水与甘油，控制质量比为 Pt/C ： H2O ：甘油 =1 ： 5 ： 20。

第三，超声波混合，使其成为墨水状态。

第四，将上述墨水状混合物分几次涂到已清洗过的 PTFE 膜上，并在 135℃下烘干。

第五，将带有催化层的 PTFE 膜与经过预处理的质子交换膜热压处理，将催化层转移到质子交换膜上。

为改进膜电极三合一组件（MEA）的整体性，可采用下述两种方法：①在制备电极时，加入少量 10 的聚乙烯醇或者二甲亚砜；②提高热压温度。为此，需将 Nafion 树脂和 Nafion 膜用 NaCl 溶液煮沸，使其转化为钠离子型，此时热压温度可提高到 150 ~ 160℃，还可将 Nafion 溶液中的树脂转化为季铵盐型（如用四丁基氢氧化铵处理），再与经过钠型化的 Nafion 膜压合，热压温度可提高到 195℃。

我国对亲水电极制法进行了改进加入了造孔剂 PTFE 等憎水剂省掉甘油使制备方法简单、快速。制备的电极铂担量已降到 0.08mg/cm^2，催化剂利用率可以达到 30，催化层厚度大约为 5μm。用此种电极与 Nafion112 膜组装的电池，性能可以达到 750mA/cm^2、0.7V。

（四）质子交换膜

1. 全氟磺酸型质子交换膜

制备全氟磺酸型质子交换膜，首先用聚四氟乙烯作原料合成全氟磺酰氟烯醚单体。

该单体再与聚四氟乙烯聚合制备全氟磺酰氟树脂，最后用该树脂制膜。

2. 膜电极三合一组件的制备

对于采用液体电解质的燃料电池，例如石棉花型碱性电池、磷酸型电池，在电池组装力作用下，多孔电极与饱浸电解液的隔膜不但能形成良好的电接触，而且电解液靠毛细力能浸入多孔气体扩散电极，在憎水黏合剂（如 PTFE）作用下，电极内能形成稳定的三相界面。

对 PEMFC 电池，由于膜为高分子聚合物，仅靠电池组装力，不但电极与质子交换膜间接触不好，而且质子导体不能进入多孔气体电极内部。为实现电极的立体化，必须向多孔气体扩散电极内部加入质子导体，如全氟磺酸树脂。为改善电极与膜的接触，一般采用热压方法，即在全氟磺酸树脂玻璃化温度下对膜、电极三合一施以一定的压力，将已加入全氟磺酸树脂的氢电极（阳极）、隔膜（全氟磺酸型质子交换膜）和已加入全氟磺酸树脂的氧电极（阴极）压合在一起，形成膜电极三合一组件，或称 MEA 组件。MEA 具体制备工艺如下。

第一，进行膜的预处理。预处理目的是清除质子交换膜上的有机与无机杂质。首先将质子交换膜在 3% ~ 5% 过氧化氢水溶液中于 80℃进行处理，除掉有机杂质，取出后用去离子水洗净，再在 80℃稀硫酸溶液中处理，除了无机金属离子，取出再用去离子水洗净后，置于去离子水中备用。

第二，将制备好的多孔气体扩散型氢氧电极浸入或喷上全氟磺酸树脂溶液，一般控制全氟磺酸树脂的担载量为 0.6 ~ 1.2mg/cm2，在 60 ~ 80℃下烘干。

第三，在质子交换膜两面放好氢、氧多孔气体扩散电极，置于两块不锈钢平板中间，放入热压机中。

第四，在 130 ~ 150℃、压力 6 ~ 9 MPa 下热压 60 ~ 90s，取出，冷却降温。

为改进电极与膜的结合，也可事先将质子交换膜与全氟磺酸树脂转换为钠离子型，此时可将热压温度提高到 150 ~ 160℃。若将全氟磺酸树脂事先转换为热塑性的季铵盐型（如采用四丁基氢氧化铵与树脂交换），则热压温度可提高到 195℃，热压后的 MEA 置于稀硫酸中，将树脂与质子交换膜再转换为氢型。

（五）双极板材料与流场

在燃料电池组内，双极板功能为：①分隔氧化剂与还原剂，要求双极必须具有阻气功能，不能用多孔透气材料；②具有集流作用，因此必须是良好的导电体；③已开发的几种燃料电池，电解质为酸（H+）或碱（OH-），故双极板材料在工作电位下，并有氧化介质（如氧气）或还原介质（如氢气）存在时，必须具有抗腐蚀能力；④在双极板两侧加工或置有使反应气体均匀分布的流道，即所谓的流场，来确保反应气在整个电极各处能均匀分布；⑤应有良好的导热体，来确保电池组的温度均匀分布和实施排热的方案。

至今 PEMFC 电池广泛采用的双极板材料为无孔石墨板，同时表面改性的金属板和复合型双极板正在被开发。

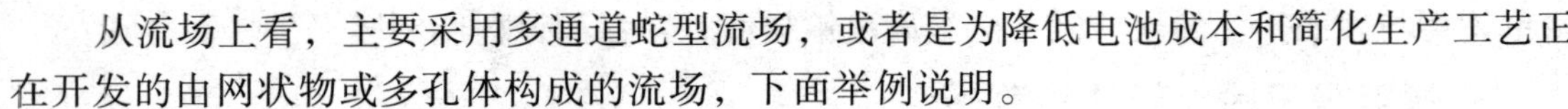

从流场上看，主要采用多通道蛇型流场，或者是为降低电池成本和简化生产工艺正在开发的由网状物或多孔体构成的流场，下面举例说明。

1.3nm 石墨板、蛇型流场双极板

无孔石墨板一般由炭粉或石墨粉和可石墨化的树脂制备。石墨化温度一般超过2500℃，石墨化需按严格升温程序进行而且时间很长，所以这一制造过程导致无孔石墨板价格很高。

2. 金属双极板

PEMFC 双极板一侧为湿的氧化剂，如氧；另一侧为湿的还原剂，如氢。由于质子交换膜极微量降解，生成水的 pH 值显示为微弱酸性。在这种环境下，用金属（如不锈钢）作双极板材料，会导致氧电极侧氧化膜增厚，增加接触电阻，降低电池性能；在氢电极侧有时会发生轻微腐蚀，降低电极电催化剂活性。采用金属作 PEMFC 双极板材料的关键技术之一是表面改性。通过这种改性，不仅可以防止轻微腐蚀，而且还可以使接触电阻保持恒定，不随时间增大。各研究单位均对这种表面改性技术高度保密，甚至在专利中也不介绍（镀 Au、Ag 等电镀法除外）。

用金属作双极板不仅易于批量生产，而且可采用薄板（如 0.1 ~ 0.3nm），能大幅度提高电池组的比能量与比功率，这已成为各国发展的重点。

（六）电池组技术

1. 电池组的密封技术

PEMFC 的电池密封技术原则上分为两类。一类如加拿大 Ballard 公司专利所述，这类密封称为单密封。它的 MEA 组件与双极板一样大，在 MEA 上开有反应气与冷却液流动的孔道，并在 MEA 的扩散层上，反应气与冷却液孔道四周和周边冲出（或激光切割）沟槽，以放置橡皮等密封件。将橡皮等密封件放入已热压好的 MEA 组件的上述沟槽内，即制得带密封组件的 MEA 组件。

密封的原则是周边的橡皮密封组件应能防止反应气和冷却液外漏，反应气与冷却液开孔周边的橡皮密封件在能防止反应气与冷却液通过公用孔道互串。

这种单密封结构的优点是质子交换膜在电池中起到较好的分隔氢气、氧气的作用，密封相对易于实现；缺点是膜的有效利用率低，千瓦级电池仅能达到 60 左右。电池工作面积越大，密封边的比例越小，就越能提高膜的利用率。

第二类密封是我国申报的专利，称作双密封。采用这种密封方法时，MEA 组件比双极板小，比双极板流场部分稍大，将 MEA 组件四周用平板橡皮密封。对这种密封结构，不仅要设计好外漏与共用管道的密封，而且要设计好 MEA 周边的密封，否则反应气可通过这一通道互串。

2. 电池组内增湿技术

质子交换膜的电导与含水量密切相关，若每个磺酸根结合的水分子少于 4%，质子交换膜几乎不传导质子。

若进入电池的反应气没有增湿，尤其用厚的 Nafion 膜（如 Nafion117 膜）时，若在氧电极侧生成的水向氢电极侧的反扩散不足时，氢电极和氧电极入口处容易变干，电池内阻则会大幅度上升，电池甚至不能工作。因此，进入电池组的反应气必须增湿。为简化电池系统，当前均采用内增湿，即在电池组内加入增湿段，在此段内完成反应气的增湿。

内增湿是靠膜的阻气特性与水在膜内的浓差扩散实现的。增湿池实际上是一个假电池，在膜一侧通入热水，另一侧通入被增湿的气体，如氢气或氧气。其结构与电池结构一样，但电极上无催化剂，不发生电化学反应。

一般而言，增湿段占电池组的 1/10 ~ 1/5，依据所采用增湿膜的增湿能力而定。最简单的办法是增湿膜也采用与 MEA 中一样的全氟磺酸型质子交换膜。

3. 电池组排热技术

对 PEMFC 的电池组，一般选定的平均单池工作电压为 0.60 ~ 0.75V。此条件下电池组能量转化效率为 50% ~ 60%。若要保持电池工作温度稳定，必须排出 40% ~ 50% 的废热。为确保电池各部分工作温度均匀，尤其在大电流密度下防止电池局部过热，采用最多的排热技术是在电池组内设置带排热腔的双极板，即排热板，用循环水或水与乙二醇混合物的流动来实现电池组排热。

排热板另一面为电池双极板流场，加工完成后需将两块板用导电胶黏合或焊接，以构成带排热腔的双极板。还可采用密封组件，靠组装力的压合将两块双极板密封而构成排热板。不过一定要设计好密封组件的压深，以确保每平方厘米的排热板电阻小于 1mΩ。电池组内所有双极板最好均采用带有排热腔的双极板，以保证电池组内温度均匀。但是为简化电池组结构，当采用金属双极板的电池组选定的电池工作电流密度不太高时，如 300 ~ 500 mA/cm^2，可依据实验结果，每两对单池甚至有时每三对单池设置一个排热腔。依据电池组废热和拟定的电池组冷却液进出口温度，决定冷却剂的流量。一般而言，为提高电池组内温度分布的均匀性，进出电池组的冷却液温差应小于 10℃，最好小于 5℃。

我国的专利中提出了一种利用蒸发排热采用排出电池组内废热的方法。电池组结构与前述的冷却剂循环排热类似。主要差别是将带排热腔的双极板冷却剂蛇形流道改为一个流体储腔，依据设定的电池工作温度选定蒸发冷却液。若设定电池工作温度在 78℃左右，则可选乙醇作为蒸发剂，靠重力返回电池组内。用这个方法排出电池内废热，不但省去了冷却液循环泵，而且减少了电池系统内耗，控制部分也大为简化。这种排热方法特别适用于中小功率的 PEMFC 电池组。

4. 电池组与性能

我国已研制成功输出功率为 1 ~ 1.5kW 的质子交换燃料电池组。该电池组的主要特点是：工作温度无需严格控制，可以在室温至 90℃间正常工作；室温启动性能良好，电池无需预热升温；电池双极板采用薄金属板。

第二节 熔融碳酸盐与固体氧化物燃料电池

一、熔融碳酸盐燃料电池（MCFC）

（一）MCFC 简介

MCFC 工作温度约 650℃，余热利用价值高；电催化剂以镍为主，不用贵金属，并可用脱硫煤气、天然气为燃料；电池隔膜与电极板均采取带铸方法制备，工艺成熟，易大批量生产。若应用基础研究能成功地解决电池关键材料的腐蚀等技术难题，使电池使用寿命从现在的 1 万小时延长到 4 万小时，MCFC 将很快商品化，作为分散型或中心电站进入发电设备市场。

（二）MCFC 电极材料

1. 电池隔膜

（1）$LiAlO_2$ 粉料的制备

$LiAlO_2$ 有 α、β、γ 三种晶型，分别属于六方、单斜和四方晶系。它们的密度分别为 3.4g/cm^3、2.610g/cm^3、2.615g/cm^3，外形分别为球状、针状和片状。

已知电解质 62%Li_2CO_3+38%K_2CO_3（物质的量分数，490℃）在 $LiAlO_2$ 中完全浸润，$LiAlO_2$ 隔膜要耐 0.1MPa 的压差，隔膜孔径最大不得超过 3.96μm。由于在电池工作温度为 650℃时，Li-AlO_2 粉体不发生烧结，隔膜使用的 $LiAlO_2$ 粉体的粒度应该尽量小须严格控制在一定的范围内。

$LiAlO_2$ 由 Al_2O_3 和 Li_2CO_3 混合（物质的量之比为 1 ： 1），去离子水为介质，长时间充分球磨后经 600 ~ 700℃高温焙、烘、烧、投制得。

当温度为 450℃时，虽然反应混合物中大部分是 Al_2O_3 和 Li_2CO_3，但反应已经开始。当温度为 600℃时，反应混合物中大部分是 α 型 $LiAlO_2$，另外有少量 Al_2O_3 和 Li_2CO_3，还有少量 γ 型 $LiAlO_2$ 产生。当温度升至 700℃时，反应混合物中 Al_2O_3 和 Li_2CO_3 消失，只剩下大部分 α 型 $LiAlO_2$ 和少量 γ 型 $LiAlO_2$ 产物。

将 Li_2CO_3 和 AlOOH 或 LiOH H_2O 和 AlOOH 分别按物质的量的比为 1 ： 2 和 1 ： 1 混合再加入大于 50%（质量分数）的氯化物 [n（KCl）： n（NaCl）=1 ： 1]，适当加入球磨介质，长时间充分球磨。球磨物料干燥之后，在 550℃和 650℃反应 1h（反应温度为 450 ~ 750℃）。用去离子水浸泡、煮沸和洗涤反应过的物料，直到滤液中检查不到氯离子为止。把滤饼烘干粉碎，在 550℃焙烧 1h，自然冷却。将上述制备的 γ $LiAlO_2$ 细料在 900℃焙烧，可制备粒度小于 0.18μm、比表面积为 4.3m^2/g 的细料。

（2）$LiAlO_2$ 隔膜的制备

带铸法制膜过程是：在 γ-$LiAlO_2$ 粗料中掺入 5% ~ 15% 的 γ-$LiAlO_2$ 细料，同时加入一定比例的黏结剂、增塑剂和分散剂；用正丁醇和乙醇的混合物作溶剂，经长时间球磨制备适于带铸的浆料，然后将浆料用带铸机铸膜，在铸膜过程中要控制溶剂挥发速度，使膜快速干燥；把制得的膜数张叠合，热压成厚度为 0.5 ~ 0.6mm、堆密度为 1.75 ~ 1.85g/cm^3 的电池用隔膜。

我国开发了流铸法制膜技术。用该技术制膜时，浆料配方与带铸法类似，但加入溶剂量大，配成浆料具有很大的流动性。将制备好的浆料脱气至无气泡，均匀铺摊于一定面积的水平玻璃板上，在饱和溶剂蒸气中控制膜中溶剂挥发速度，让膜快速干燥。将数张这种膜叠合热压成厚度为 0.5 ~ 1.0nm 的电池用膜。热压压力为 9.0 ~ 15.0 MPa，温度为 100 ~ 150℃，膜的堆密度为 1.75 ~ 1.85g/cm^3。

2.MCFC 的电极

（1）电催化剂

MCFC 最早采用的阳极催化剂为 Ag 和 Pt 为了降低电池成本而使用导电性与电催化性能良好的 Ni；为防止在 MCFC 工作温度与电池组装力作用下镍发生蠕变，又采用 Ni-Cr、Ni-Al 合金阳极电催化剂。

MCFC 阴极电催化剂普遍采用 NiO。它是多孔 Ni 在电池升温过程中氧化而成，而且部分锂化。但 NiO 电极在 MCFC 工作中缓慢溶解，被经电池隔膜渗透过来的氢还原而沉积于隔膜中，严重时导致电池短路。为此正在开发如 $LiCoO_2$、$LiMnO_2$、CuO、CeO_2 等新的阴极电催化剂。

（2）电极制备

电极用带铸法制备，制备工艺与 $LiAlO_2$ 隔膜制备工艺相同。将一定粒度分布的电催化剂粉料（如羰基镍粉）、用高温反应制备的 $LiCoO_2$ 粉料或用高温还原法制备的 Ni-Cr（Cr 含量为 8）合金粉料与一定比例的黏结剂、增塑剂和分散剂混合，并用正丁醇和乙醇的混合物作溶剂酿成浆料，用带铸法制膜，在电池程序升温过程中去除有机物，最终制成多孔气体扩散电极。

用上述方法制备的 0.4mm 的 Ni 电极，平均孔径为 5μm，孔隙率为 70%。制备的 0.4 ~ 0.5mm Ni Cr（Cr 含量为 8）的阳极，平均孔径约 5μm，孔隙率为 70%。制备的 $LiCoO_2$ 阴极厚 0.40 ~ 0.60mm，孔隙率为 50% ~ 70%，平均孔径为 10μm。

（3）隔膜与电极的孔匹配

MCFC 属高温电池，多孔气体扩散电极中无憎水剂，电解质（熔盐）在隔膜、电极间分配靠毛细力实现平衡。首先要确保电解质隔膜中充满电解液，所以它的平均孔半径应最小；为减少阴极极化，促进阴极内氧的传质，防止阴极被电解液“淹死”，阴极的孔半径应最大；阳极的孔半径居中。

在 MCFC 运行过程中，电解质熔盐会有一定流失。在固定填充电解质的条件下，当熔盐流失太多时，电解质已经不能充满隔膜中的大孔，会发生燃料和氧化剂的互串，严重时导致电池失效。因此必须注意减少电池运行中的熔盐流失或研究向电池内补充电解质的方法。

3. 双极板

双极板的作用是：分隔氧化剂（如空气）和还原剂（如重整气），并提供气体流动通道，同时起集流导电作用。双极板通常由不锈钢或者各种镍基合金钢制成，至今使用最多的为 310# 或 316# 不锈钢。

（三）电池结构与性能

1. 电池结构

MCFC 的电池组是按压滤机方式进行组装的。在隔膜两侧分置阴极和阳极，再置双极板，周而复始进行。氧化气体（如空气）和燃料（如煤气）进入称为气体分布管的各对电池孔道。MCFC 的电池组气体分布管有两种方式：一种为内气体分布管；另一种为外气体分布管。对外分布管，在电池组装好后，在电池组与进气管间要加入由 $LiAlO_2$ 和 ZrO_2 制成的密封垫。由于电池组运作时发生形变，这种结构会导致漏气，同时电解质在这层密封垫内还能发生迁移，改变各对电池电解质的组成，因此近年国外逐渐偏向采用内气体分布管，但内气体分布管结构会导致极板有效使用面积减小。

氧化与还原气体在电池内相互流动的方式有并流、对流和错流三种。大部分 MCFC 采用错流方式。

2. 电池性能

我国采用带铸法制备的 $LiAlO_2$ 隔膜，组装的电极面积为 $28cm^2$、$110cm^2$ 的 MCFC 单电池，在通氧气条件下，按预定程序升温，除去隔膜、电极中的有机物，当电池温度达到 500℃左右时，预置于电池内的碳酸盐（$62\%Li_2CO_3+38\%K_2CO_3$）熔化。由于毛细力的作用，碳酸盐浸入隔膜、电极孔内并达到平衡，此时 $LiAlO_2$ 隔膜已成为离子导体并具有阻气功能。当电池温度升到 650℃左右时，用氮气试串。若无串气，阴极气室通入 O_2、CO_2 混合气（比例为 40 ：60），阳极室通入 H_2、CO_2 混合气（比例为 80 ：20），当开路电压升到 1.10V 左右时，即可以进行各种电性能测试。

（四）MCFC 需解决的关键技术

1. 阴极熔解

MCFC 阴极为锂化的 NiO。随着电极长期工作运行，阴极在熔盐电解质中将发生熔解，熔解产生的 Ni^{2+} 扩散进入电池隔膜中，被隔膜阳极一侧渗透的 H_2 还原成金属 Ni，而沉积在隔膜中，严重时会导致电池短路。

2. 阳极蠕变

MCFC 阳极最早采用烧结 Ni 作电极，由于 MCFC 属高温燃料电池，在高温下还原气氛中的 Ni 将发生蠕变，从而影响了电池密封和电池性能。

3. 熔盐电解质对电池双极板材料的腐蚀

MCFC 双极板通常用的材料是 SUS310 或 SUS316 等不锈钢材料，目前工作几千小时是没有问题的，但要实用化就必须能耐受 400000h 以上的工作时间。

4. 电解质流失问题

随着 MCFC 运转工作时间加长，熔盐电解质将按下列几种途径发生流失。

第一，阴极熔解导致流失。阴极在电解质中熔解将导致熔盐电解质中一部分锂盐流失。

第二，阳极腐蚀导致流失。Ni-Cr 阳极中的 Cr 将在熔盐电解质中发生一定的腐蚀，生成 $LiCrO_2$，从而导致一部分 Li 盐损失。

第三，双极板腐蚀导致流失。双极板腐蚀将导致一部分熔盐电解质中的锂盐损失。

第四，熔盐电解质蒸发损失导致流失。熔盐电解质中的钾盐蒸气压低，容易蒸发而流失，导致电池运转中电解质逐渐减少。

第五，电解质迁移损失导致流失。由于电池公用管道电解，导致电池内部电解质迁移（爬盐），造成电解质流失。一般来讲，对于外公用管道型 MCFC，这种方式的盐流失比较严重；而内公用管道型 MCFC，这种方式的盐流失极少。

为保证 MCFC 内有足够的电解质，国外在电池结构设计上都增加了补盐设计，如在电极或极板上加工制成一部分沟槽，用在沟槽中储存电解质的方法补盐，使盐流失的影响降低到最低。

5. 稳定、可靠、廉价的膜和电极制备工艺

MCFC 的膜和电极制备方法最早采用热压法，当前国外普遍采用带铸法。带铸法制备的膜和电极厚度薄，易于放大，有利于大规模工业生产。存在的问题是工艺过程中要使用有机毒性溶剂，会污染环境。

6. 电池结构及系统的优化

式按气体进出管路分为外公用管道式和内公用管道式。MCFC 内部进行的是十分复杂的传质、传热和电化学反应过程，其结构与系统的优化与设计相当重要，必须认真研究并优化。

二、固体氧化物燃料电池（SOFC）

（一）SOFC 简介

SOFC 以固体氧化物作为电解质。这种氧化物在较高温度下具有传递 O^{2-} 的能力，在电池中起传递 O^{2-} 和分离空气、燃料的作用。在阴极（空气电极）上，氧分子得到电子，被还原成氧离子，即 $O_2+4e \rightarrow 2O^{2-}$。氧离子在电池两侧氧浓度差驱动力的作用下，通过电解质中的氧空位定向跃迁，迁移到阳极（燃料电极）上和燃料进行氧化反应。

从原理上讲，固体氧化物燃料电池是最理想的燃料电池类型之一。因为它不仅具有其他燃料电池高效与环境友好的优点，而且还具备如下优点：① SOFC 是全固体的电

池结构，避免了因使用液态电解质所带来的腐蚀和电解液流失等问题；②电池在高温（800 ~ 1000℃）下工作，电极反应过程相当迅速，无需采用贵金属电极，因而电池成本大大降低，同时，在高的工作温度下，电池排出的高质量余热可充分利用，既能用于取暖也能与蒸汽轮机联用进行低循环发电，能量综合利用效率从 50% 提高到 70% 以上；③燃料适用范围广，不但用 H_2、CO 等作为燃料，而且可直接用天然气（甲烷）、煤气、碳氢化合物以及其他可燃烧的物质（如 NH_3、H_2S 等）作为燃料发电。

（二）SOFC 关键材料

1. 固体氧化物电解质

电解质是 SOFC 的核心部件，主要作用是传导氧离子，隔绝阴极一侧氧气和阳极一侧氢气。

作为一种性能优良的电解质材料应当具备以下条件：

第一，具有足够高的离子电导率，尽可能低的电子电导率；

第二，在高温、氧化还原气氛中保持稳定；

第三，与电极材料不发生反应，并且热膨胀系数匹配；

第四，致密度足够高，防止两极气体的渗透；

第五，较高的机械强度和韧性，易加工成型和低成本。

固体氧化物电解质通常为萤石结构的氧化物，常用的电解质是 Y_2O_3、CaO 等掺杂的 ZrO_2、ThO_2、CeO_2 或 Bi_2O_3 氧化物形成的固溶体。目前应用最广的氧化物电解质为 6% ~ 10%（摩尔）Y_2O_3 掺杂的 ZrO_2。常温下纯 ZrO_2 属单斜晶系，1150℃时不可逆转变为四方结构，到 2370℃时转变为立方萤石结构，并一直保持到熔点（2680℃）。这种相变引起较大的体积变化（3% ~ 5%，即加热收缩、降温膨胀）。Y_2O_3 等异价氧化物的引入可以使立方萤石结构在室温至熔点的范围内稳定，同时在 ZrO_2 晶格内有大量的氧离子空位来保持整体的电中性。每当加入两个三价离子，就引入了一个氧离子空位。最大电导通常产生于使氧化锆稳定于立方萤石结构所需的最少杂原子数时。过多的杂原子使电导降低，增加电导活化能。原因可能是缺陷的有序化、空位的聚集及静电的作用。

8%（摩尔）Y_2O_3 稳定的 ZrO_2（YSZ）是 SOFC 中普遍采用的电解质材料，其电导率在 950℃下约为 0.1S/cm。虽然 YSZ 的电导率比其他类型的固体电解质（如稳定的 Bi_2O_3、CeO_2 等）小 1 ~ 2 个数量级，但它有突出的优点：在很宽的氧分压范围（$1.0 \sim 1.0 \times 10^{20}$ Pa）呈纯氧离子导电特性，电子电导和空穴电导只在很低和很高的氧分压下产生。因此，YSZ 是目前少数几种在 SOFC 中具有实用价值的氧化物固体电解质。Sc 和 Yb 掺杂的 ZrO_2 比 YSZ 的电导率高得多，800℃的电导率接近 YSZ 在 950℃的值，其他性质与 YSZ 相近，但由于 Sc 和 Yb 的价格比较贵，使用受到限制。

其他萤石及相关结构的氧化物电解质（如掺杂的 Bi_2O_3、CeO_2）虽然电导率高得多，但缺点是在低氧分压下产生电子电导或被还原，从而降低或破坏了电池的性能。降低 Bi_2O_3、CeO_2 等氧化物电子电导的一个途径是，在 Bi_2O_3、CeO_2 等电解质燃料侧再制备一层厚度为 1 ~ 5 μm 的 YSZ 致密膜，形成复合电解质。YSZ 致密膜起阻挡电子电导和保护电解质被还原的作用。复合电解质的制备因氧化物材料性质有差异难度相当大。当前国际上 SOFC 的发展趋势是，适当降低电池的工作温度至 800℃左右。中温固体氧化物燃料电池的优点是可以使用价格比较低廉的合金材料做连接板，无须使用昂贵的铬酸镧连接材料或耐高温特种钢，对密封材料的要求也相应降低，使用寿命因此大幅度延长，很容易满足固定电站 4 万小时以上寿命的要求。

降低工作温度的途径之一是寻找高电导率的氧化物固体电解质。在寻找新型氧化物电解质方面，传统观念认为，氧化物固体电解质一般为萤石及相关结构的氧化物，而钙钛矿氧化物，从金属氧键能分析，作为稳定氧化物电解质的可能性不大。目前发现并充分证明 LSGM 钙钛矿氧化物具有优异的离子导电性，被认为是最有希望作为中温氧化物燃料电池的电解质材料之一。在 800℃时，用 LSGM 制备的电池功率密度达到 0.44 W/cm^2；在 700℃时功率密度可达 0.2 W/cm^2，稳定性也较好。目前正在进一步考察这类新型电解质的长期稳定性及其他性能。其他钙钛矿氧化物电解质有 Gd 掺杂的 $BaCeO_3$ 等。降低电池工作温度的另一途径是减薄 YSZ 厚度，制备负载 YSZ 薄膜。理论计算显示，在 800℃的工作温度下，YSZ 厚度若减少至 20μm 时，电解质比内阻小于 0.15Ω·cm^2，电池输出功率可达 0.35 W/cm^2 以上。

在平板式 SOFC 中，YSZ 一般为厚 100 ~ 200μm 的平板，用刮膜法制备。由于 YSZ 较脆，YSZ 平板不易做得很大很薄，目前最大的尺寸为 250 mm×250 mm。几十微米厚的负载薄膜一般在阳极或阴极基膜上，采用电化学沉积（EVD）、DC mAgnetron 溅射、等离子喷涂（plasmA）、化学喷涂等方法制备。因为 YSZ 材料脆性较大、强度较差，制备韧性电解质陶瓷膜也是之后努力的方向。

2. 阴极材料

SOFC 阴极是发生氧还原反应的场所，主要作用是将 O_2 还原成 O^{2-}，并且为 O^{2-} 扩散以及电子传输提供通道。因此，SOFC 阴极材料必须满足以下条件：

第一，高电子电导和氧离子传输能力；

第二，对 O_2 具有高的催化还原活性；

第三，在电池制备和工作期间，具有足够高的稳定性；

第四，与相邻电池组元，例如电解质和连接体，化学相容性好并且热膨胀系数匹配；

第五，具有一定气孔率，便于 O_2 扩散到达阴极电解质界面。

SOFC 中的阴极、阳极可以采用 Pt 等贵金属材料，但由于 Pt 价格昂贵，而且高温下易挥发，实际已很少采用。

燃料电池的电极反应通常在电极和电解质形成的电化学界面进行。在固体氧化物燃料电池中，电化学活性区位于电极固体电解质气相三相界面（简称 TPB）。因为在三相界面处满足电化学反应进行所需要的条件是反应物、电子和离子的供应和畅通的传递。由于阴极材料一般为电子导体，与固体电解质形成的三相界面非常有限，只局限在与固体电解质表面形成的三相界面，所以大多数与气体直接接触的电极表面属于催化活性区，因无法传递离子，只进行反应物和产物的吸、脱附催化过程。为了得到好的电极活性，在阴极材料中往往加入氧离子导电材料，目的是形成空间化的三相界面，增大电极的三相界面。锶掺杂锰酸镧虽然为电子导体，但电极在极化下能产生氧空位，并扩展到电极表面。氧空位的形成增加了电极的离子导电性，使表面氧空位成为新的电化学活性位，电化学活性区得到扩大。其次通过在锶掺杂的锰酸镧中掺入一定量的 YSZ，形成空间化的三相界面。实验发现，有 20 ~ 40 YSZ 掺杂时，电化学活性最高。

混合导电氧化物是特殊的钙钛矿氧化物和非钙钛矿氧化物材料，同时具有电子和氧离子导电特性，即氧离子可自由地在混合导体材料中移动。用混合材料作阴极，电化学活性区不只局限于电极电解质气相三相界面，整个电极表面都可作为电化学活性区，因此电极性能较好。

3. 阳极材料

（1）Ni-YSZ 金属陶瓷电极

阳极材料研究范围较窄，主要集中在 Ni、Co、Ru、Pt 等适合作阳极的金属以及具有混合电导性能的氧化物（如 Y_2O_3-ZrO_2-TiO_2）上。金属 Co 是很好的阳极材料，其电催化活性甚至比 Ni 高，而且耐硫中毒比 Ni 好，但由于 Co 价格较贵，一般很少在 SOFC 使用。由于 Ni 有便宜的价格及优良的催化性能，所以成为 SOFC 广泛采用的阳极材料。Ni 通常与 YSZ 混合后制备金属陶瓷电极。这样一方面可以增加 Ni 电极的多孔性，防止烧结，增加反应活性；另一方面 Ni-YSZ 陶瓷电极中 YSZ 调节 Ni-YSZ 电极热膨胀系数，使之与 YSZ 基底接近，可保证 Ni-YSZ 电极更好地与 YSZ 烧结。更重要的是 YSZ 的加入增大了电极 -YSZ 电解质气体的三相界面区域，即增大了电化学活性区的有效面积，使单位面积的电流密增大。

制备 Ni-YSZ 陶瓷电极时，通常将亚微米的 NiO 和 YSZ 粉充分混合，用 Screen Printing 或 Dipping 等方法将其沉积在 YSZ 电解质上，经高温（1400℃）烧结，形成厚度约 50μm ~ 100μm 的 Ni-YSZ 陶瓷电极。Ni-YSZ 的电导大小及性质由混合物中两者的比例决定。Ni 的体积分数低于 30% 时，电导与 YSZ 相似，主要表现为离子电导；当 Ni 的含量大于 30% 后表现为金属的导电性。Ni-YSZ 的电导还与其微观结构有关。当使用低表面积的 YSZ 时，由于 Ni 主要分布在 YSZ 表面，可以增加电导。采用变价氧化物（如 MnO_x、CeO_2）修饰 YSZ 表面后制备的 Ni-YSZ 陶瓷电极，活性明显提高，功率密度高达 1.0 W/cm^2。电化学活性大幅度提高了的原因是变价氧化物起氧化还原偶作用，促进界面的电荷传递。

（2）氧化铈基阳极

掺杂的 CeO_2 基材料作为 YSZ 的替代物，被广泛应用于中低温 SOFC 的电解质。CeO_2 是典型的立方萤石结构材料，铈离子以面心立方密堆，氧离子处于铈离子形成的四面体中心。当以低价的阳离子取代铈离子，为满足电中性的要求，会出现氧离子空位。CeO_2 基电解质存在的问题是在还原气氛下，四价的铈离子会被还原成三价，从而产生电子电导。然而其产生的电子电导却是阳极材料需要的。此外，由于 CeO_2 基材料中的移动晶格氧能够减缓碳沉积速率，因此 CeO_2 可以用作以甲烷为燃料的 SOFC 阳极材料。

在氧化铈基阳极材料中，Cu-CeO_2-YSZ 阳极被认为最具有应用前景。一般通过双层流延法制备 Cu-CeO_2-YSZ 阳极，首先流延一层致密 YSZ 电解质，然后在其表面再流延一层加入造孔剂的 YSZ，经过高温煅烧之后形成一种致密加多孔的双层结构。通过浸渍法在多孔的 YSZ 层中浸入 Cu 和 CeO_2 的前驱体溶液，再次经过煅烧即得到 Cu-CeO_2-YSZ 阳极。研究结果表明，Cu-CeO_2-YSZ 阳极在 700℃和 800℃以氢气为燃料时，最大功率密度分别为 0.22 W/cm^2 和 0.31 W/cm^2。而以丁烷为燃料时，最大功率密度分别为 0.12 W/cm^2 和 0.18 W/cm^2，并且经过 48h 连续运行后，电池性能几乎不变，没有碳沉积出现。金属 Cu 与 Ni 不同，它对碳氢燃料没有任何催化作用，在阳极中只帮助传输电子。而复合阳极中的 CeO_2 起着双重作用，它既是碳氢燃料电化学氧化的催化剂，同时又提供离子电导和电子电导，扩大三相反应界面。

（3）钙钛矿型阳极

在研究与开发抗碳沉积和耐硫中毒的新型阳极材料过程中，钙钛矿结构的氧化物由于在很宽的氧分压以及高温下都具有良好的稳定性而受到 SOFC 研究者的关注。对于理想的 ABO3 型钙钛矿氧化物，它的晶体结构为离子半径较小的 B 离子位于氧八面体的中心，具有较大离子半径的 A 离子位于八个氧八面体的中心。未掺杂的钙钛矿型氧化物的电导率和催化活性均不理想，不过其在 A 位和 B 位有很强的掺杂能力。经过掺杂改性的钙钛矿型氧化物不但可以表现出电子 - 离子混合导电能力，而且催化活性也得到增强。当前，广泛应用于 SOFC 阳极材料的钙钛矿型氧化物主要有以下几大类：$LaCrO_3$ 基阳极、$SrTiO_3$ 基阳极和其他一些具有类钙钛矿结构的阳极材料。

$LaCrO_3$ 基材料之前被广泛应用于 SOFC 连接体材料，主要是因为它在 SOFC 工作温度下的氧化和还原气氛中都具有较高的稳定性和电导率。$LaCrO_3$ 基材料的导电特性主要受到 A 位和 B 位掺杂元素的影响。例如，在 A 位掺杂 Ca 之后，会发生 Cr^{3+} 到 Cr^{4+} 的电荷补偿转变过程，从而显著提高 LaCrO3 基材料的电子电导。用 Co 掺杂替代部分的 Cr，同样对提高电子电导有积极作用。掺杂 Co 会大幅度提高材料的热膨胀系数，但是掺杂 Ca 之后会削弱其对热膨胀系数的影响。可通过系统地分析（LaA）（CrB）O_3（A=Ca、Sr，B=Mg、Mn、Fe、Co、Ni）体系的热力学稳定性和催化活性，研究其作为 SOFC 新型阳极材料的可能性。在热力学方面，掺杂 Sr 和 Mn 能够维持钙钛矿结构的稳定性，掺杂其他元素则会破坏系统的稳定性。然而，掺杂了过渡金属元素的 LaCrO3 并不会在还原气氛下分解，表明经过掺杂的 $LaCrO_3$ 基材料的分解反应受到了动力学的阻碍。在 A 位掺杂 Ca 和 Sr 可以提升 $LaCrO_3$ 基材料的催化活性，在 B 位掺杂 Mn、Fe 和 Ni 同样可以提升催化活性，但是掺杂 Co 和 Mg 后会对催化活性有抑制作用。

4. 双极连接材料

SOFC 单电池的输出电压约为 1V 为了获得更高的输出电压和功率需要通过连接材料将单电池串联起来形成电池堆。连接材料在 SOFC 电池堆中起着至关重要的作用，它不但要连接相邻两个单电池的阳极和阴极，而且还要能够隔离电池堆中的还原气体和氧化气体。所以，对连接材料有严格的要求：

第一，具有非常高的电子电导率，面积比电阻（ASR）低于 0.1 Ω cm^2；

第二，在高温、氧化还原气氛下都具有足够高的稳定性，包括了尺寸稳定、微观结构稳定、化学稳定和相稳定等；

第三，对氧化气体和还原气体有足够高的致密性；

第四，热膨胀系数与电极、电解质材料相匹配；

第五，不与相邻电池组元发生反应或者扩散；

第六，足够高的机械强度和抗蠕变性；

第七，低成本，易加工成型。

5. 密封材料

在平板式 SOFC 电池堆中，密封材料起着至关重要的作用。它既要阻止氧化剂与燃料气体溢出电池堆，又要阻止氧化剂与燃料气体在电池堆内部混合。所以，SOFC 密封材料应满足以下要求：

第一，在电池工作条件下热力学稳定；

第二，与相邻组元之间化学相容性良好，热膨胀系数匹配；

第三，黏结性好，并且在热循环过程中不被破坏；

第四，致密度高，防止气体泄漏。

二、SOFC 结构设计

（一）管式 SOFC

第一，CSZ 多孔管起支撑作用并允许空气自由通过，到达空气电极。先进的管式 SOFC 电池中 CSZ 多孔管已经由空气电极支撑管（AES）代替。采取 AES 技术不但简化了单管电池制备工艺，而且使单管电池的功率由原来的 24 W 提高到了 210 W，提高近 9 倍，电池的功率密度也有改善。更重要的是电池的稳定性有很大提高。

第二，LSM 空气电极支撑管、YSZ 电解质膜和 Ni-YSZ 陶瓷阳极通常采用挤压成型、电化学沉积（EVD）、喷涂等方法制备，经高温绕结而成。

管式 SOFC 的主要特点是电池组装相对简单，不涉及高温密封这一技术难题，比较容易通过电池单元之间的并联和串联组合成大规模的电池系统。但是，管式 SOFC 电池单元制备工艺相当复杂，通常需采用电化学沉积法制备 YSZ 电解质膜和双极连接膜，原料利用率低，造价很高。

（二）平板式 SOFC

平板式 SOFC 的空气电极 /YSZ 固体电解质 / 燃料电极被烧结成一体，形成三合一结构（PEN 平板）。PEN 平板间由开有内导气槽的双极连接板连接，使 PEN 平板相互串联，空气和燃料气体分别从导气槽中交叉流过。因为固体电解质性脆，不易做成大面积的 PEN 平板（目前 YSZ 膜最大面积为 25 mm × 25 mm）。为了增大单电池面积，往往采用多电池矩阵结构，即将多个单池三合一结构排列在陶瓷或高温金属框架板中密封固定，形成 PEN 矩阵结构。例如在德国西门子公司的 10kW 级的电池组中，每一层放置 16 个 50mm × 50mm PEN 三合一结构，每一层总面积为 $256cm^2$，共有 80 层叠在一起（共有 1280 个 PEN），电极总面积为 $2m^2$。PEN 三合一结构或 PEN 矩阵结构与双极连接板之间采用高温无机黏结剂密封，来防止燃料气体和空气混合。

平板式 SOFC 结构的优点是：电池结构简单，平板电解质和电极制备工艺简单，容易控制，造价也比管式低得多；此外夹板式结构电流流程短，采集均匀，电池功率密度也较管式高。平板式 SOFC 的主要缺点是：需要解决高温无机密封的技术难题以及由此带来的热循环性能差的问题；其次，对双极连接板材料也有很高的要求，即要求具备与 YSZ 电解质相近的热膨胀系数、良好的抗高温氧化性能和导电性能。

（三）瓦楞式 SOFC

瓦楞式 SOFC 的基本结构和平板式 SOFC 相同，两者的主要区别在于 PEN 的形状不同。瓦楞式的 PEN 本身形成气体通道，因而双极连接不需要有导气槽。此外，瓦楞式 SOFC 的有效工作面积比平板式窄，因此单位体积功率密度大。主要缺点是瓦楞式 PEN 制备相对困难。由于 YSZ 电解质本身材料性脆，瓦楞式 PEN 必须经烧结一次成型，且烧结条件控制十分严格。

（四）其他 SOFC 结构

热交换一体化的 SOFC 模块（HEXIS）是从国外发展出的一种新型结构，实际上也是一种平板式结构。不同之处是外形为圆柱形，由圆形三合一和连接板组成，连接板不但起连接阴、阳极和分配气体的作用，而且可作为热交换器。燃料从圆中心燃料共用管道进入气体通道，从外边缘出口排出，之后用从空气通道出口排出的剩余空气将剩余的燃料气烧掉。

第三节　碱性与磷酸盐燃料电池

一、碱性燃料电池（AFC）

（一）AFC 简介

碱性燃料电池（AFC）的技术早在 20 世纪初即被提出，是最早发展的现代燃料电池之一。

与酸性燃料电池原理不同的是，在碱性燃料电池里，电解质采用碱性物质，例如 NaOH、KOH，电解质中的载流子是氢氧根离子，比较典型的电解质是 30% 的 KOH 溶液。

由于 AFC 采用碱溶液作为电解质，具有以下优点。

第一，能量转化效率高。当一般碱性燃料电池的工作电压在 0.80 ～ 0.95V 时，其电能转化效率可高达 60% ~ 70%。这是由于在碱性介质中氧的还原反应在相同催化剂（如铂、铂 / 炭）上的反应速度（交换电流密度）比在其他电池介质中高的缘故。

第二，AFC 可以使用非铂催化剂，如雷尼金属、硼化镍等。如此不但可以降低电池成本，而且也不受铂资源的限制。

第三，AFC 的结构可以使用塑料、石墨，或非贵重与稀有金属等较为便宜的材料。例如，镍在碱性燃料电池的工作温度下，面对电池中的碱性电解质具有化学稳定性。因此，可以采用镍板或者镀镍金属板做双极板。

但是，采用碱性电解液使 AFC 也具有一些缺点。

第一，必须将空气以及燃料气中的二氧化碳清除干净，否则二氧化碳会与碱溶液发生反应生成碳酸盐，严重影响电池性能。

第二，电化学反应生成的水必须及时排出，以维持电解液的浓度，这使系统变得复杂，并影响电池的温度操作性能。

（二）电催化剂与电极

1. 电催化剂

从元素组成来看，碱性燃料电池的电催化剂主要是贵金属（如铂、钯、金、银等）和过渡金属（如镍、钴、锰等），也可以是贵金属与贵金属或者贵金属与过渡金属组成的合金，如铂 – 钯、铂 – 金、铂 – 镍、铂 – 镍 – 钴、镍 – 锰等。从结构上看可以分为两类：一类是高比表面的雷尼金属，如雷尼镍、雷尼银；另一类是高分散的担载型催化剂，即将铂类电催化剂高分散地担载到高比表面积、高导电性的担体（如碳）上。

2. 电极

燃料电池中，反应物是气相，电解质是液相，而电催化剂是固相，电极反应在气、液、固三相界面上发生。所以，燃料电池技术的重大突破是由于气体扩散电极的发明及发展。要使电池获得较高的电池性能，需要提高三相反应界面的面积，这可以通过利用具有高比表面积物质来制备电极的方法实现。多孔电极具有比其几何面积大几个数量级的真实表面积。有时在制备多孔电极的过程当中，先加入一些填充物，制备完成后将填充物除去就留下了丰富的孔道。根据电极基本结构、黏结剂、材料性质等不同，通常有疏水电极与亲水电极两种。

疏水扩散电极是利用黏结剂黏合的碳粉制备而成。碳粉通常为高比表面积的活性炭或炭黑，带有高活性的催化剂。黏结剂通常采用聚四氟乙烯。这种电极大规模制备比较容易，通常有两层结构：一层高度疏水的气体扩散层和一层充满电解液的润湿层。润湿层提供反应界面，疏水层阻止电解液进入电极，使得孔道保持通畅以便气体能顺利扩散到达反应界面。

亲水电极是由烧结的金属粉末制备而成。电极结构由孔径不同的粗孔层和细孔层两层构成。在气体扩散电极一侧为粗孔层，电解液一侧为细孔层，这样电解液就可以依靠毛细力保持在孔径较小的细孔层而不至于进入孔径大的粗孔层而堵塞气体通道。这种金属电极密度较大，但是导电性非常好，可以通过集耳导出电流，非常适合单极结构的电池。通过这种结构，采用具有高比表面积的雷尼金属，可在低温下有较高的催化活性而不必使用铂催化剂。

（三）AFC 性能影响因素

1. 排水方法

（1）反应气体循环法

通过循环一个或两个电极的反应气体，在外部冷凝成液态水排出。这种排水方法也能起到部分排热的作用。

（2）静态排水法

在氢气室一侧有一多孔排水膜，生成的水通过浓差扩散通过氢气室，进入排水膜，在排水膜外侧冷凝并通过排水腔排出电池。

（3）冷凝排水法

在氢气室一侧有冷凝板（无孔），外侧的冷凝腔内流过冷却剂，生成的水在冷凝板上凝结成液态排出。这一情况下，反应气体通道是一端封闭的。

（4）电解质排水法

通过将电解液循环在外部除水单元里蒸发排水。这种情况下水蒸发所需热量由电堆的废热提供。

循环过量反应气体的排水方法是目前最佳的排水方法，这种方法具有许多优点：电堆设计简单；系统大小没有限制（上述第 4 种排水方法要求系统至少 5kW，否则电堆的废热不足以用来蒸发水）；水的蒸发对电堆冷却也有贡献；反应物气体浓度在电极上分布均匀；可以在高电流密度下工作等。这种排水方法最适合于疏水电极，与电解液循环配合，这样的系统在一定的范围内可以实现自我调节，已在多家公司的燃料电池系统中得到了应用。

2.CO_2 毒化问题

CO_2 毒化的问题是碱性燃料电池面临的主要技术问题之一，被认为是困扰碱性燃料电池地面应用的关键问题。通常认为二氧化碳的影响是直接与碱溶液发生化学反应

$$CO_2+2KOH \rightarrow K_2CO_3+H_2O$$

生成的碳酸钾可能会沉淀析出而堵塞雷尼金属催化剂的孔道，或者可能保持液态，但降低了电解液的电导率从而使性能下降。虽然 CO_2 对电池性能的影响原因尚无定论，但实验显示 CO_2 的确有很大影响，大多数情况下这种影响是可逆的。目前可以应用的消除 CO_2 影响的方法是采用氢氧化钠吸收二氧化碳，1kgNaOH 可以将 1000m^3 空气中的 CO_2 从 0.03% 降到 0.001%。这种方法在技术上是可行的，然而从经济性的角度讲，却不是很好的方案。能否找到其他更有效更经济的脱除二氧化碳的方法将会对碱性燃料电池是否会重新引起人们的关注起到较为关键的作用。

二、磷酸盐燃料电池（PAFC）

（一）PAFC 简介

碱性燃料电池（AFC）在载人太空飞行中的成功应用，证明了以电化学方式将燃料化学能转化为电能的发电方式的可行性，但是将这种高效率发电方式移到地面上使用时，首先，会遇到空气中二氧化碳对碱性燃料电池毒化的问题，因此，如果要将 AFC 以空气作为氧化剂时，则必须设法除去空气中所含的二氧化碳；其次，采用各种富氢气体取代纯氢作为燃料气体时，例如重整改质后的天然气，也必须除去燃料气体内所含的二氧化碳，如此，将导致燃料电池系统的复杂化，而且增加发电成本。

PAFC 是最早商业化的燃料电池技术，因此又被称为第一代燃料电池，目前在全世界总计已经有超过 75 MW 的发电容量的 PAFC 发电系统已经或正在示范运行，或者正在装机中。PAFC 属于中温型燃料电池，工作温度在 100 ~ 200℃之间，不但具有发电效率高、清洁、无噪声等特点，而且还可以热水形式回收大部分的反应废热，发电效率可达 40%，热电合并系统的效率更可以达到 60% ~ 70%。PAFC 发电站主要用以提供饭店、医院、学校、商业中心等场所所需的热与电力，也可以作为不间断电源应用。

由于 PAFC 激活时间需要几个小时，作为紧急备用电源或交通工具的动力源，不如可以随时激活的质子交换膜燃料电池来得便利；又由于它的工作温度仅为 200℃左右，用于静置型发电站时余热回收效率偏低，因此，在热电合并效率方面不如熔融碳酸盐燃料电池与固体氧化物燃料电池等高温型燃料电池，所以近年来各国投入 PAFC 的研发逐渐减少，进展速度也因此而逐渐减缓。

（二）PAFC 结构材料

1. 电解质与载体

早期的 PAFC 曾经采用经特殊处理的石棉膜和玻璃纤维纸作为电解质载体。然而，在长时间运转过程中，石棉和玻璃纤维中的碱性氧化物会慢慢与浓磷酸发生化学反应而导致电池性能衰减。所以，目前 PAFC 的设计均采用同时具有化学稳定性与电化学稳定性的碳化硅粉末与聚四氟乙烯来制作电解质载体。PAFC 电解质载体是具有微孔结构的隔膜，一般而言，电解质载体隔膜内的孔径远小于多孔气体扩散电极的孔径，以确保电解质隔膜内的空隙能够完全充满磷酸电解质。当充满浓磷酸的隔膜与氢氧电极组合在一起的时候，在电池堆组装力作用下，部分磷酸电解液就会渗入氢氧多孔扩散电极内，形成三度空间的三相界面（触媒、磷酸电解质、反应气体），有助于电化学反应。

2. 电极

目前磷酸燃料电池的电极采用疏水剂黏结型气体扩散电极设计，在结构上可以分成扩散层、整平层与催化层三层。扩散层通常为疏水处理后炭纸或炭布等多孔材料所制成。扩散层有两项主要功能，第一项功能是通过扩散层的多孔结构使得反应气体能够顺利扩散进入电极，并均匀地分布在催化层上，以提供最大的电化学反应面积；第二项功能是将反应所产生的电子导离阳极以进入外电路，并同时将外电路来的电子导入阴极，因此，气体扩散层必须是电的良导体。这两项功能的设计目标在于使得电极能够产生最大的电流密度。整平层是在扩散层表面上涂覆一层炭粉与疏水剂的混合物，目的是使催化层能够平整地被覆在扩散层上。催化层则是发生电化学反应的场所，也是电极的核心，为了使电催化反应能够顺利进行，在电极上的催化层必须具备下列几项特性：

第一，催化层必须透气，即具有高的气体渗透性；

第二，催化粒子必须均匀地分布在能接触到气体分子的表面；

第三，催化必须与电解质接触，以确保反应产生的离子顺利地通过；

第四，催化载体的导电性要高，以利于电子转移，因为在触媒粒子上，反应所需的或产生的电子必须通过导电性物质与电极沟通；

第五，催化的稳定性要好，高分散、细颗粒的铂表面自由能大，很不稳定，需要掺入一些催化剂以降低其表面自由能，或掺入少量含有能与催化剂形成化学键或弱结合力的元素的物质。

PAFC 电极的制作技术大致叙述如下：

第一，扩散层的疏水处理：将裁好的炭纸称重，多次浸入已稀释好的聚四氟乙烯溶液中，取出阴干后再置入烘箱内烘干，以去除使浸渍在炭纸中的聚四氟乙烯所含的接口活性剂，同时使聚四氟乙烯热熔烧结并均匀分散在炭纸的纤维上，进而达到良好的疏水效果。将烘干冷却后的炭纸称重，可求得疏水处理的程度与孔隙率。一般而言，PAFC 扩散层的厚度在 200 ~ 400μm 之间，内部多孔结构的大结构微孔孔径为 2 ~ 50μm，细孔孔径则为 3 ~ 5nm。

第二，气体扩散层表面平整处理：由于烘干之后的炭纸或炭布表面凹凸不平，会影响催化层的品质，因此，有必要对炭纸表面进行平整处理。整平方法是用水或水与乙醇的混合物作为溶剂，置入适量的炭黑与聚四氟乙烯乳液后以超声波振荡，混合均匀，再使其沉淀，清除上部清液后，将沉淀物涂抹到进行过疏水处理的炭纸或炭布上，并予以整平。整平层的厚度为 1 ~ 2μm。

第三，催化浆料制作：将聚四氟乙烯、异丙醇作为（分散剂）及水按一定比例混合成水溶液；然后将适量的铂 / 炭混合粉末连同磁石一并放进混合溶液瓶内，置于磁石加热搅拌器上混合均匀为止。当浆料太稠时，可以加入适量异丙醇予以稀释，倘若太稀则加长搅拌时间。

第四，气体扩散电极制作：利用浆涂、喷印、网印等方法，将催化浆料均匀涂布至疏水处理后的炭纸上，而成为气体扩散电极。涂布完毕后，置于通风橱内晾干；紧接着再置入高温炉内在常压下烘干并压实处理。冷却称重，可以求得电极上单位面积铂载量。一般而言，催化层的厚度约为 50μm。

3. 双极板

双极板具有输送反应气体，分隔氢气和氧气及传导电流的作用，在其两面加工的流场将反应气体均匀分配至电极各处。因为磷酸具有腐蚀性，双极板不能采用一般的金属材料制作，目前常用的双极板材料是无孔石墨。无孔石墨的制作方式是先将石墨粉与树脂混合，在 900℃左右的高温下将树脂部分炭化而成，然而在实际应用中发现，这种方法制作的双极板材料在磷酸电池的工作条件下会发生降解。为了解决这一问题，将热处理温度提高到了 2700℃，从而使石墨粉与树脂的混合物接近完全石墨化，这种方法制作的材料在典型的 PAFC 工作条件下（温度为 190℃，浓度为 97% 体积分数的磷酸电解质，氧气工作压力为 0.48 MPa，电池工作电压为 0.8V）可以稳定地工作 40000h 以上，这个结果显然已达到了燃料电池的长期运转目标。然而，这种高温处理的无孔石墨双极板的生产成本太高，为降低双极板的制作成本，当前大都采用复合双极板。所谓复合双极板就是以两侧的多孔炭流场板夹住中间一层分隔氢气与氧气的无孔薄板，以构成一套完整的双极板。这种设计除了有效分隔氢气与氧气之外，在 PAFC 中，多孔流场板的内部还可以存贮少许的磷酸电解质，当电池隔膜中的磷酸因蒸发等原因损失时，存贮在多孔炭板中的磷酸就会依靠毛细力的作用迁移到电解质隔膜内，来延长电池的工作寿命。

第六章 太阳能电池材料

第一节 太阳能电池的工作原理、结构和特性

一、太阳能电池的工作原理分析

（一）半导体的结构

1. 硅半导体的结构

硅的原子序数为14，它的原子核周围有14个电子。每个Si原子各有4个最外层电子，通常称他有4个价电子，它们分别与周围另外4个硅原子的价电子组成共价键，这4个原子的地位是相同的，所以它们以对称的四面体方式排列起来，组成了金刚石晶格结构。由于共价键中的电子同时受两个原子核引力的约束，具有很强的结合力，不但使各自原子在晶体中严格按一定形式排列形成点阵，且自身没有足够的能量不易脱离公共轨道。

2. 本征半导体

完全不含杂质并且无晶格缺陷的纯净半导体称为本征半导体。实际半导体不能绝对的纯净，本征半导体一般是指导电主要由材料的本征激发决定的纯净半导体。硅和锗都是四价元素，其原子核最外层有四个价电子，它们都是由同一种原子构成的“单晶体”，属于本征半导体。

在绝对零度温度下，半导体电子填满价带，导带是空的。因此，这时半导体和绝缘体的情况相同，不能导电。但是半导体处于绝对零度是一个特例。在一般情况下，由于温度的影响，价电子在热激发下有可能克服原子的束缚跳出来，使共价键断裂。这个电子离开本来的位置在整个晶体内活动，也就是说价电子由价带跳到导带，成为能导电的自由电子；与此同时，在价键中留下一个空位，称为“空穴”，也可以说价带中留下了一个空位，产生了空穴。

空穴可被相邻满键上的电子填充而出现新的空穴，也可以说价带中的空穴可被其相邻的价电子填充而产生新的空穴。这样，空穴不断被电子填充，又不断产生新的空穴，结果形成空穴在晶体内的移动。空穴可以被看成是一个带正电的粒子，它所带的电荷与电子相等，但符号相反。这时自由电子和空穴在晶体内的运动都是无规则的，所以并不产生电流。如果存在电场，自由电子将沿着与电场方向相反的方向运动而产生电流，空穴将沿着与电场方向相同的方向运动而产生电流。因电子产生的导电叫做电子导电；因空穴产生的导电叫做空穴导电。这样的电子和空穴称作载流子。本征半导体的导电就是由于这些载流子（电子和空穴）的运动所以称为本征导电。半导体的本征导电能力较小，硅在 300K 时的本征电阻率为 2.3 × l05 Ω · cm。

半导体中有自由电子和空穴两种载流子传导电流，而金属中只有自由电子一种载流子，这也是两者之间的差别之一。

3.p 型与 n 型半导体

在常温下本征半导体中只有为数极少的电子空穴对参与导电，部分自由电子遇到空穴会迅速恢复合成为共价键电子结构，所以从外特性来看它们是不导电的。实际使用的半导体都掺有少量的某种杂质，使晶体中的电子数目与空穴数目不相等。为增加半导体的导电能力，一般都在 4 价的本征半导体材料中掺入一定浓度的硼、镓、铝等 3 价元素或磷、砷、锑等 5 价元素，这些杂质元素与周围的 4 价元素组成共价键后，即会出现多余的电子或空穴。

其中掺入 3 价元素（又称受主杂质）的半导体，在硅晶体中就会出现一个空穴，这个空穴因为没有电子而变得很不稳定，容易吸收电子而中和，形成 p 型半导体。在 p 型半导体中，位于共价键内的空穴只需外界给很少能量，即会吸引价带中的其他电子摆脱束缚过来填充，电离出带正电的空穴，由此产生出因空穴移动而形成带正电的空穴传导电流。同时该 3 价元素的原子即成为带负电的阴离子。

同样，硅掺入少量 5 价元素（又称施主杂质）的半导体，在共价键之外会出现多余的电子，形成 n 型半导体。位于共价键外的电子受原子核的束缚力要比组成共价键的电子小得多，只需得到很少能量，即会电离出带负电的电子激发到导带中去。同时该 5 价元素的原子即成为带正电的阳离子。由此可见，不论是 p 型还是 n 型半导体，虽然掺杂浓度极低，它们的半导体导电能力却比本征半导体大得多。

在半导体的导电过程中，运载电流的粒子，可以是带负电的电子，也可以是带正电的空穴，这些电子或空穴就叫“载流子”。每立方厘米中电子或空穴的数目就叫做“载流子浓度”，它是决定半导体电导率大小的主要因素。

在本征半导体中，电子的浓度和空穴的浓度是相等的。在含有杂质的和晶格缺陷的半导体中，电子和空穴的浓度不相等。把数目较多的载流子叫做“多数载流子”，简称“多子”；把数目较少的载流子叫做“少数载流子”，简称“少子”。例如，n 型半导体中，电子是“多子”，空穴是“少子”；p 型半导体中则相反。

4.p–n 结

体那么在导电类型不同的两种半导体的交界面附近就形成了 p–n 结，p–n 结是构成各种半导体器件的基础。

在 n 型半导体和 p 型半导体结合后，由于 n 型半导体中含有较多的电子，而 p 型半导体中含有较多的空穴，在两种半导体的交界面区域会形成一个特殊的薄层，n 区一侧的电子浓度高，形成一个要向 p 区扩散的正电荷区域；同样，p 区一侧的空穴浓度高，形成一个要向 n 区扩散的负电荷区域。n 区和 p 区交界面两侧的正、负电荷薄层区域，称之为“空间电荷区”，有时又称为“耗尽区”，即 p–n 结。扩散越强，空间电荷区越宽。

在 p–n 结内，有一个由 p–n 结内部电荷产生的、从 n 区指向 p 区的电场，叫做“内建电场”或“自建电场”。由于存在内建电场，在空间电荷区内将产生载流子的漂移运动，使电子由 p 区拉回 n 区，使空穴由 n 区拉回 p 区，其运动方向正好和扩散运动的方向相反。

开始时，扩散运动占优势，空间电荷区内两侧的正负电荷逐渐增加，空间电荷区增宽，内建电场增强；随着内建电场的增强，漂移运动也随之增强，阻止扩散运动的进行，使其逐步减弱；最后，扩散的载流子数目和漂移的载流子数目相等而运动方向相反，达到动态平衡。此时在内建电场两边，n 区的电势高，p 区的电势低，这个电势差称作 p–n 结势垒，也叫“内建电势差”或者“接触电势差”，用符号 VD 表示。

电子从 n 区流向 p 区，p 区相对于 n 区的电势差为负值。由于 p 区相对 n 区的电势为 –VD（取 n 区电势为零），所以 p 区中所有电子都具有一个附加电势能。

通常将 qVD 称作“势垒高度”。势垒高度取决于 n 区和 p 区的掺杂浓度，掺杂浓度越高，势垒高度就越高。

当 p–n 结加上正向偏压（即 p 区接电源的正极，n 区接负极），此时外加电压的方向与内建电场的方向相反，使空间电荷区中的电场减弱。这样就打破了扩散运动和漂移运动的相对平衡，有电子源源不断地从 n 区扩散到 p 区，空穴从 p 区扩散到 n 区，使载流子的扩散运动超过漂移运动。因为 n 区电子和 p 区空穴均是多子，通过 p–n 结的电流（称为正向电流）很大。

当 p–n 结加上反向偏压（即 n 区接电源的正极，p 区接负极），此时外加电压的方向与内建电场的方向相同，增强了空间电荷区中的电场，载流子的漂移运动超过扩散运动。这时 n 区中的空穴一旦到达空间电荷区边界，就要被电场拉向 p 区；p 区的电子一旦到达空间电荷区边界，也要被电场拉向 n 区。它们构成 p–n 结的反向电流，方向是由 n 区流向 p 区。由于 n 区中的空穴和 p 区的电子均为少子，故通过 p–n 结的反向电流很快饱和，而且很小。电流容易从 p 区流向 n 区，不容易从相反的方向通过 p–n 结，这就是 p–n 结的单向导电性。太阳能电池正是利用了光激发少数载流子通过 p–n 结而发电的。

（二）太阳能电池的工作原理

太阳能电池是以半导体 p–n 结上接受太阳光照产生光生伏特效应为基础，直接将光能转换成电能的能量转换器。其工作原理是：当太阳能电池受到光照时，光在 n 区、空间电荷区和 p 区被吸收，分别产生电子空穴对。由于从太阳能电池表面到体内入射光强度呈指数衰减，在各处产生光生载流子的数量有差别，沿光强衰减方向将形成光生载流子的浓度梯度，从而产生载流子的扩散运动。n 区中产生的光生载流子到达 p–n 结区 n 侧边界时，由于内建电场的方向是从 n 区指向 p 区，静电力立即将光生空穴拉到 p 区，光生电子阻留在 n 区。同理，从 p 区产生的光生电子到达 p–n 结区 p 侧边界时，立即被内建电场拉向 n 区，空穴被阻留在 p 区。同样，空间电荷区中产生的光生电子空穴对则自然被内建电场分别拉向 n 区和 p 区。p–n 结及两边产生的光生载流子就被内建电场分离，在 p 区聚集光生空穴，在 n 区聚集光生电子，使 p 区带正电，n 区带负电，在 p–n 结两边产生光生电动势。上述过程通常称“光生伏打效应”或“光伏效应”。因此，太阳能电池也叫光伏电池，其工作原理可分为三个过程：首先，材料吸收光子后，产生电子空穴对；然后，电性相反的光生载流子被半导体中 p–n 结所产生的静电场分开；最后，光生载流子被太阳能电池的两极所收集，并在电路中产生电流，从而获得电能。

如果在电池两端接上负载电路，则被结所分开的电子和空穴，通过太阳能电池表面的栅线汇集，在外电路产生光生电流。从外电路看，p 区为正，n 区为负，一旦接通负载，n 区的电子通过外电路负载流向 p 区形成电子流；电子进入 p 区后与空穴复合，变回呈中性，直到另一个光子再次分离出电子空穴对为止。

人们约定电流的方向与正电荷的流向相同，与负电荷的流向相反，于是太阳能电池与负载接通后，电流是从 p 区流出，通过负载而从 n 区流回电池。

二、太阳能电池的结构与特性

（一）太阳能电池的结构

太阳能电池的构造多种多样，现在多使用由 p 型半导体与 n 型半导体组合而成的 p–n 结型太阳能电池。主要是由 p 型 /n 型半导体、电极、防反射膜、组件封装材料等构成。

由于半导体不是电的良导体，电子在通过 p–n 结后如果在半导体中流动，电阻非常大，损耗也就非常大。但如果在上层全部涂上金属，阳光就不能通过，电流就不能产生，因此一般用金属网格覆盖 p–n 结，来增加入射光的面积，称为表面电极；由电池底部引出的电极为背电极。

硅表面非常光亮，会反射掉大量的太阳光，不能被电池利用。为此，在硅表面涂上了一层反射系数非常小的保护膜，将反射损失减小到 5，甚至更小。另外，为了提高入射光能的利用率，除了在半导体表面涂上减反射膜外，还可把电池表面做成绒面或 V

形槽。

太阳能电池一般分为 p+/n 和 n+/p 两种结构。其中带有“+”上标的第一位符号表示电池表面光照层扩散顶区的半导体材料类型，而第二位符号，则表示电池衬底的半导体材料类型。太阳能电池输出电压的极性，以 p 端为正，以 n 端为负极。当太阳能电池独立作为电源使用时，它应处于正向供电状态工作；当它与其他电源混合供电时，太阳能电池极性的接法不同决定了电池是处于正向偏置还是处于反向偏置的形式。

一个单体太阳能电池只能提供出大约 0.45 ~ 0.50V 的电压、20 ~ 25 mA 的电流，远远低于实际供电电源的需要。所以在应用时，要根据需要将多个单体电池并联或串联起来使用，并封装在透明的外壳内，形成特定的太阳能电池组件。一般一个电池组件由 36 个单体电池组成，大约产生 16V 的电压。若需要，还可把多个电池组件再组合成光伏阵列来使用。

（二）太阳能电池的特性

1. 太阳能电池的输入 – 输出特性

太阳能电池的输入 – 输出特性，也称为电压 – 电流特性，简称伏安特性。其表征太阳能电池将太阳的光能转换成电能的能力。

2. 太阳能电池的分光感度特性

对于太阳能电池来说，不同的光照射时所产生的电能是不同的。一般光的颜色（波长）与所转换生成的电能的关系，即用分光感度特性来表示。

不同的太阳能电池对于光的感度是不一样的，在使用太阳能电池时特别重要。例如，荧光灯的放射频谱与非晶硅太阳能电池的分光感度特性非常一致。由于非晶硅太阳能电池在荧光灯下具有优良的特性，所以在荧光灯下（室内）使用的太阳能电池设备采用非晶硅太阳能电池较为合适。

3. 太阳能电池的照度特性

太阳能电池的照度特性是指硅型太阳能电池的电气性能与光照强度之间的关系。太阳能电池的功率随照度（光的强度）的变化而变化。

此外，光的强度不同，太阳能电池的功率也不同，而填充因子 FF 几乎不受照度的影响，基本保持一定。

4. 太阳能电池的温度特性

太阳能电池的温度特性指的是太阳能电池的工作环境温度和电池吸收光子后使自身温度升高对电池性能的影响。太阳能电池的功率随温度的变化而变化。太阳能电池的特性随温度的上升短路电流增加，温度再上升时，开路电压减小，转换效率（功率）变小。由于温度上升导致太阳能电池的功率下降，因此，有时需要用通风的方法来降低太阳能电池板的温度以便提高太阳能电池的转换效率，使功率增加。

太阳能电池的温度特性通常用温度系数表示。温度系数小说明即使温度较高，功率的变化也较小。

第二节 标准硅太阳能电池制备工艺

一、硅材料的基本性质

（一）硅的电学性质

半导体材料的电学性质有两个相当突出的特点，一是导电性介于导体和绝缘体之间，其电阻率约在 $10^{-4}\sim10^{10}\Omega\cdot cm$ 范围内；二是电导率和导电型号对杂质和外界因素（光、热、磁等）高度敏感。无缺陷半导体的导电性很差，称为本征半导体。当掺入极微量的电活性杂质，其电导率将会显著增加，例如，向硅中掺入亿分之一的硼，其电阻率就降为原来的千分之一。当硅中掺杂以施主杂质（v族元素：磷、砷、锑等）为主时，以电子导电为主，成为N型硅；当硅中掺杂以受主杂质（Ⅲ族元素：硼、铝、镓等）为主时，以空穴导电为主，成为P型硅。硅中P型和N型之间的界面形成PN结，它是半导体器件的基本结构和工作基础。

硅和锗作为元素半导体，没有化合物半导体那样的化学计量比问题和多组元提纯的复杂性，因此在工艺上比较容易获得高纯度和高完整性的Si、Ge单晶。硅的禁带宽度比锗大，所以相对于锗器件而言硅器件的结漏电流比较小，工作温度比较高（250℃）（锗器件只能在150℃以下工作）。此外，地球上硅的存量十分丰富，比锗的丰度（4×10^{-4}）多得多。所以，硅材料的原料供给可以说是取之不尽的。20世纪60年代开始人们对硅做了大量的研究开发，在电子工业中，硅逐渐取代了锗，占据主要的地位。自20世纪50年代发明半导体集成电路以来，硅的需求量逐年增大，质量也相应提高。现在，半导体硅已成为生产规模最大、单晶直径最大、生产工艺最完善的半导体材料，它是固态电子学及相关的信息技术的重要基础。

但硅也存在不足之处，硅的电子迁移率比锗小，尤其比GaAs小。因此，简单的硅器件在高频下工作时其性能不如锗或GaAs高频器件。此外，GaAs等化合物半导体是直接禁带材料，光发射效率高，是光电子器件的重要材料，而硅是间接禁带材料，由于光发射效率很低，硅不能作为可见光器件材料。如果现在正在进行的量子效应和硅基复合材料等硅能带工程研究成功，加上已经十分成熟的硅集成技术和低廉价格的优势，那么硅将成为重要的光电子材料，并实现光电器件的集成化。

硅在自然界以氧化物为主的化合物状态存在。硅晶体在常温下化学性质十分稳定，但在高温下，硅几乎与所有物质发生化学反应。硅容易同氧、氮等物质发生作用，它可在400℃与氧、在1000℃与氮进行反应。在直拉法制备硅单晶时，要使用超纯石英坩埚（SiO_2）。

反应产物 SiO 一部分从硅熔体中蒸发出来，另一部分溶解在熔硅中，从而增加了熔硅中氧的浓度，是硅中氧的主要来源。在拉制单晶时，单晶炉内须采用真空环境或充以低压高纯惰性气体，这种工艺可以有效防止外界沾污，并且随着 Si0 蒸发量的增大而降低熔硅中氧的含量，同时，在炉腔壁上减缓 SiO 沉积，以避免 SiO 粉末影响无位错单晶生长。

硅对多数酸是稳定的。硅不溶于 HCl、H_2SO_4、HNO_3、HF 及王水。但硅却很容易被 HF—HNO_3 混合液所溶解。因而，通常使用此类混合酸作为硅的腐蚀液。

HF 加少量铬酸酐 CrO_3 的溶液是硅单晶缺陷的择优腐蚀显示剂。硅和稀碱溶液作用也能显示硅中缺陷。硅和 NaOH 或 KOH 能直接作用生成相应的硅酸盐而溶于水中。

硅与金属作用能生成多种硅化物。$TiSi_2$，WSi_2，$MoSi_2$ 等硅化物具有良好的导电、耐高温、抗电迁移等特性，可以用于制备集成电路内部的引线、电阻等元件。

（二）硅的光学和力学性质

1. 硅的光学性质

硅在室温下的禁带宽度为 1.1leV 光吸收处于红外波段。人们利用超纯硅对 1 ~ 7μm 红外光透过率高达 90% ~ 95% 这一特点制作红外聚焦透镜。硅的自由载流子吸收比锗小，所以其热失控现象较锗好。硅单晶在红外波段的折射率为 3.5 左右，其两个表面的反射损耗略小于锗（大于 45%），通常在近红外波段镀 SiO_2 或 Al_2O_3，在中红外波段镀 ZnS 或碱卤化合物膜层作为增透膜。

硅是制作微电子器件和集成电路的主要半导体材料，但作为光电子材料有两个缺点：它是间接带隙材料，不能做激光器和发光管；其次它没有线性电光效应，不能做调制器和开关。但用分子束外延（MBE）、金属有机化学气相沉积（MOCVD）等技术在硅衬底上生长的 SiGe/Si 应变超晶格量子阱材料，可形成准直接带隙材料，并具有线性电光效应。此外，在硅衬底上异质外延 GaAs 或 InP 单晶薄膜，可构成复合发光材料。

2. 硅的力学和热学性质

室温下硅无延展性，属脆性材料。但是当温度高于 700℃时硅具有热塑性，在应力作用下会呈现塑性形变。硅的抗拉应力远大于抗剪应力，所以硅片容易碎裂。硅片在加工过程中有时会产生弯曲，影响光刻精度。因此，硅片的机械强度问题变得很重要。

抗弯强度是指试样破碎时的最大弯曲应力，表征材料的抗破碎能力。测定抗弯强度可以采用“三点弯”方法测定，也有人采用“圆筒支中心集中载荷法”测定和“圆片冲击法”测定。可以使用显微硬度计研究硅单晶硬度特性，一般认为目前大体上有下列研究结果：

第一，硅单晶体内残留应力和表面加工损伤对其机械性能有很大影响，表面损伤越严重，机械性能越差。但是热处理后形成的二氧化硅层对损伤能起到愈合“伤口”的作用，可提高材料强度。

第二，硅中塑性形变是位错滑移的结果，位错滑移面为 {111} 面。晶体中原生位错和工艺诱生位错及它们的移动对机械性能起着至关重要的作用。在室温下，硅的塑性变形不是热激发机制，而是由于劈开产生晶格失配位错造成的。

第三，杂质对硅单晶的机械性能有着重要影响，特别是氧、氮等轻元素的原子或通过形成氧团及硅氧氮络合物等结构对位错起到“钉扎”作用，从而改变材料的机械性能使硅片强度增加。

硅在熔化时体积缩小，反过来从液态凝固时体积膨胀。正是由于这个因素，在拉制硅单晶结束后，剩余硅熔体凝固会导致石英坩埚破裂。熔硅有较大的表面张力（736 mN/m）和较小的密度（$2.533g/cm^3$）。这两个特点，使得棒状硅晶体可以采用悬浮区熔技术生长，既可避免石英坩埚沾污，又可多次区熔提纯和拉制低氧高纯区熔单晶。相比之下，锗的表面张力很小（150mN/m），密度较大（$5.323g/cm^3$），所以，通常只能采用水平区熔法。

制造电池的标准工艺可以归纳为以下几个步骤：

第一，由砂还原成冶金级硅。

第二，冶金级硅提纯为半导体级硅。

第三，半导体级硅转变为单晶硅片。

第四，单晶硅片制成太阳能电池。

第五，太阳能电池封装为太阳能电池组件。

二、碳热还原法制备冶金硅

硅是地壳中蕴藏量第二丰富的元素。提炼硅的原材料是 SiO_2，它是砂的主要成分。然而，在目前工业提炼工艺中，采用的是 SiO_2 的结晶态，即石英岩。在电弧中，利用纯度为 99% 以上的石英砂和焦炭或木炭在 2000℃左右进行还原反应，可以生成多晶硅。

硅呈多晶状态，纯度约为 95% ~ 99%，称为金属硅或冶金硅，又可称为粗硅或工业硅　生产的冶金级硅中，大部分被用于钢铁与铝工业上。这种多晶硅材料对于半导体工业而言，含有过多的杂质，主要为 C、B、P 等非金属杂质和 Fe、Al 等金属杂质，只能作为冶金工业中的添加剂。在半导体工业中应用，须采用化学或物理的方法对金属硅进行再提纯。

三、高纯多晶硅制备

（一）西门子法

该方法由西门子公司于 20 世纪 50 年代开发，它是一个利用 H_2 还原 $SiHCl_3$ 在硅芯发热体上沉积硅的工艺技术，西门子法于 20 世纪 50 年代开始运用于工业生产，西门子法具有高能耗、低效率、有污染等特点。

（二）改良西门子法

改良西门子法在西门子工艺的基础上增加了还原尾气干法回收系统、$SiCl_4$ 氢化工

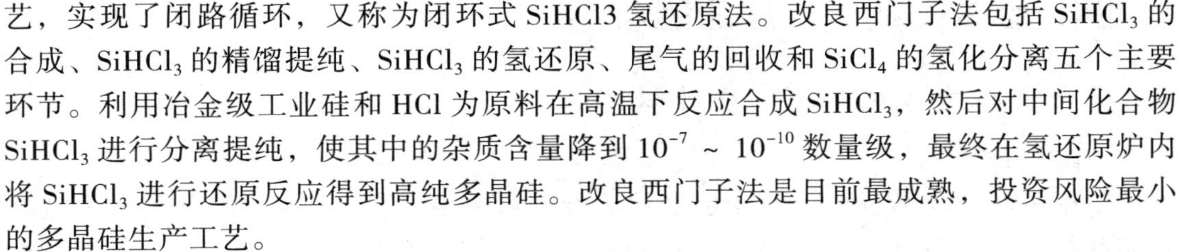

艺，实现了闭路循环，又称为闭环式SiHCl3氢还原法。改良西门子法包括$SiHCl_3$的合成、$SiHCl_3$的精馏提纯、$SiHCl_3$的氢还原、尾气的回收和$SiCl_4$的氢化分离五个主要环节。利用冶金级工业硅和HCl为原料在高温下反应合成$SiHCl_3$，然后对中间化合物$SiHCl_3$进行分离提纯，使其中的杂质含量降到10^{-7} ~ 10^{-10}数量级，最终在氢还原炉内将$SiHCl_3$进行还原反应得到高纯多晶硅。改良西门子法是目前最成熟，投资风险最小的多晶硅生产工艺。

（三）硅烷热分解法

硅烷法与改良西门子法的区别在于中间产物的不同，硅烷法的中间产物是SiH4。以氟硅酸、钠、铝、氢气为主要原料制取高纯硅烷，再将硅烷热分解生产多晶硅的工艺。硅烷热分解法的过程包括硅烷的制备、硅烷的提纯以及硅烷的热分解。

（四）冶金法

该方法采用了电子束和等离子冶金技术并结合了定向凝固方法，以冶金级硅为原料，分两个阶段进行：第一阶段，在电子束炉中，采用真空蒸馏及定向凝固法除磷同时初步除去金属杂质；第二阶段，在等离子体熔炼炉中，采用氧化气氛除去硼和碳杂质，同时结合定向凝固法进一步除去原料中的金属杂质。经过上述两个阶段处理后的产品基本符合太阳能级硅的要求。冶金法被认为是最有可能取得大的技术突破并且产业化生产出低成本太阳能级硅材料的技术。

（五）流化床法

流化床法又称为沸腾床工艺，其主要工艺过程为将原料$SiCl_4$、H_2、HCl和工业硅在高温高压的流化床内反应（沸腾床）生成$SiHCl_3$，$SiHCl_3$进一步歧化加氢生成SiH_2Cl_2，继而生成硅烷气。将硅烷气通入装有小颗粒硅粉的流化床反应炉内进行连续热分解反应，生成粒状多晶硅产品。采用此法生产的产品基本能满足太阳能电池生产的使用，是一种比较适合大规模生产太阳能多晶硅的方法。流化床法具有生产效率高、电耗低、成本低的优点，但是该工艺的危险性较大，生产的产品纯度不高。

（六）碳热还原法

碳热还原法是在电弧炉中用纯度较高的炭黑还原高纯石英砂制备多晶硅的工艺，为了尽量提高反应物的纯度，炭黑通常是用HCl浸出过的。炭黑主要来自天然气的分解，成本太高，当前仍然没有得到很好的应用，此工艺目前需要解决的问题是设法提高碳的纯度。

四、硅太阳能电池片的制备

（一）硅太阳能电池制备过程

1. 硅片切割

制得单晶硅棒或硅锭的原始的形状为圆柱形，用内圆切片机、多线切片机或激光切片机将其切割成 0.24 ～ 0.44 mm 的薄片，目前，随切片技术的进步，其硅片厚度已达 0.2 mm 乃至 0.1mm。常用的地面用晶体硅太阳能电池为直径 100mm 的圆片或 100mm × 100mm 的方片，目前也有 125mm × 125mm 或 150mm × 150mm 的方片，电阻率为 0.5 ～ 3Ω · cm；空间用太阳能电池的尺寸为 20mm × 20mm 或 20mm × 40mm，电阻率约为 10Ω · cm。用内圆切片机切片，硅材料的损失接近 50，用线切片机切片，材料损失要小些。空间用太阳能电池基片和地面用太阳能电池基片的导电类型为 p 型。

2. 硅片的表面制备

硅片切割完成后，为了去除硅表面的玷污杂质和切割损伤，需要对其进行表面处理。硅片的表面制备包括化学清洗和表面腐蚀。制结前硅表面的性质和状态直接影响结特性，从而影响成品电池的性能，故应予以十分重视。

化学清洗目的是除去玷污在硅片上的油脂、金属、各种无机化合物或尘埃等杂质。一般先用有机溶剂（如甲苯等）初步去油，再用热的浓硫酸去除残留的有机物和无机物杂质。硅片经表面腐蚀后，再用热王水或碱性过氧化氢清洗液、酸性过氧化氢清洗液彻底清洗，在每种清洗液清洗后都用去离子水漂洗干净。

表面腐蚀的目的是除去硅片表面的切割损伤，暴露出晶格完整的硅表面，获得符合制结要求的硅表面。一般采用碱或者酸腐蚀，常用酸性腐蚀液配方（体积比）有：硝酸：氢氟酸：醋酸 =5 ：3 ：3，5 ：1 ：1 或 6 ：1 ：1；碱腐蚀液有氢氧化钠、氢氧化钾等碱性溶液，出于经济上的考虑，通常用较廉价的氢氧化钠溶液，腐蚀的厚度约 10μm。碱腐蚀的硅片表观虽然没有酸腐蚀的光亮平整，但是制成的成品电池性能完全相同。碱腐蚀的优点是成本较低且相对环境的污染小，碱腐蚀还可以用于硅片的减薄技术，制造厚度约 50μm 的薄型硅太阳能电池。

3. 制绒

凸凹不平，变得粗糙，形成漫反射，减少直射到硅片表面的太阳能的损失。各向异性腐蚀就是腐蚀速率随单晶的不同结晶方向而变化。一般说来，晶面间的共价键密度越高，则该晶面簇的各晶面连接得越牢，也就越难被腐蚀掉。因此，在该晶面簇的垂直方向上腐蚀速率就越慢。反之，晶面间的共价键密度越低，则该晶面越容易被腐蚀掉。由于（100）面的共价键密度比（111）面的低，所以（100）面比（111）面的腐蚀速率快。对于硅而言，如果选择合适的腐蚀液和腐蚀温度，（100）面可比（111）面腐蚀速率大数十倍以上。因此，（100）硅片的各向异性腐蚀最终导致在表面产生许多密布的表面为（111）面的正四棱锥体，形成绒面状的硅表面。由于腐蚀过程的随机性，锥体的大小不等，以控制在 2 ～ 4μm 为宜。除高浓度掺硼的硅以外，硅各向异性腐蚀与电阻率和掺杂元素类型的关系不大。

4. 扩散制结

经过表面处理的硅片即可制作 p–n 结。制结是单晶硅太阳能电池的关键工艺。制结方法有热扩散、离子注入、外延、激光或高频注入以及在半导体上形成表面异质结势垒等方法。采用扩散方法的目的在于利用扩散现象使杂质进入半导体硅，用以改变某一区域的硅表层内的杂质类型，从而形成 p–n 结。目前，有工业生产价值的太阳能电池仍是扩散制结的，且大多是由 p 型硅扩散磷制成的 n+/p 型电池。

硅太阳能电池所用的主要扩散方法有 POCl3 的气相扩散法，TiO_2 或 SiO_2、P_2O_5 的涂覆扩散法等。p 型硅片扩散后，在片子的两面和周边都形成重掺杂的扩散层。硅片光照而形成的 p–n 结称为前结，是实现光电转换必须具备的。对于涂覆扩散法，通常用涂覆面作为前结；对于三氯氧磷及其他气体携带扩散法，可选取表观较好的一面为前结。对前结必须仔细加以保护。硅片扩散后在背面形成的 p–n 结称为背结，光照时背结的存在将产生与前结相反的光生电压。对于常规的非卷包式电池来说，硅片周边表面也形成了扩散层。周边扩散层使电池的上下电极形成短路环。因此，在之后的工序中必须将背结和周边扩散层除去。

5. 去背结、边缘刻蚀

除去背结常用下面三种方法：化学腐蚀法、磨片（或喷砂）法和蒸铝烧结法。采用哪种方法，根据制作电极的方法和程序而定。

化学腐蚀法除去背结，是在掩蔽前结后用腐蚀液蚀去其余部分的扩散层。这一方法可同时除去背结和周边的扩散层，因此可以省去制作电极后腐蚀周边的工序。腐蚀后，背面平整光亮，适合于制作真空蒸镀的电极。

磨片法是用金刚砂（M10）将背结磨去，也可以用压缩空气携带沙子喷射到硅片背面以除去背结。磨片后在背面形成一个粗糙的表面，因此适用于化学镀镍制造背电极。磨片前应先掩蔽硅片正面，以防损伤前结。为了操作的方便和合理，磨片法去除背结工序应安排在制作上电极和下电极（即背电极）之间。此时电池的制造工艺流程稍有不同。

前两种除去背结的方法，对于 n+/p 型和 p+/n 型电池都是适用的。蒸铝烧结除去背结的方法仅适用于 n+/p 型电池。

蒸铝烧结法是在扩散硅片背面真空蒸镀一层铝。加热到铝硅共熔点（577℃）以上使它们成合金。经过合金化后，随着降温，液相中的硅将重新凝固出来，形成含有少量铝的再结晶层。

实际上，这是一个对硅掺杂的过程，它补偿背面 n+ 层中的施主杂质，得到以铝为受主的 p 层，达到消除背结的目的，因此，习惯上称它为“烧穿”。

周边上存在任何微小的局部短路都会使电池并联电阻下降，以致成为废品。目前，工业化生产用等离子干法腐蚀，在辉光放电条件下通过氟和氧交替对硅作用，去除含有扩散层的周边。扩散后清洗的目的是去除扩散过程中形成的磷硅玻璃。

6. 丝网印刷上下电极

电极的制备是太阳能电池制备过程中一个至关重要的步骤，它不仅决定了发射区的结构，而且也决定了电池的串联电阻和电池表面被金属覆盖的面积。所谓电极就是与电池 p–n 结两端形成紧密欧姆接触的导电材料。和 p 型区接触的电极是电池输出电流的正极，与 n 型区接触的电极是电池输出电流的负极。习惯上把制作在电池光照面的电极称为上电极，把制作在电池背面的电极称为下电极或背电极。为了克服扩散层的电阻，并希望有效光照面积较大，上电极通常制成细栅线状并由一两条较宽的母线来收集电流。下电极则布满全部或绝大部分背面，以减小电池的串联电阻。n+/p 型硅太阳能电池的上电极是负极，下电极是正极，在 p+/n 型电池中正好相反。

最早采用真空蒸镀或化学电镀技术，而现在普遍采用丝网印刷法，即通过特殊的印刷机和模板将银浆铝浆（银铝浆）印刷在太阳能电池的正背面，以形成正负电极引线。最后用等离子体腐蚀去除周边 p–n 结。

（二）单晶硅太阳能电池的分类

1. 平面单晶硅电池

为了达到高效的目的，在电池制作中采用表面织构化、发射区钝化、分区掺杂等技术。电池表面织构化采用光刻腐蚀工艺，制成倒金字塔结构，表面开口尺寸为 10 um × 10 pm，发射区钝化采用含氯氧化。分区掺杂采用两次氧化，经光刻后分别形成轻、重掺杂区，再控制掺杂工艺条件后实现。电池的金属化采用热蒸发 Ti，Pd、Ag，上电极采用光刻腐蚀，剥离形成栅状电极后再脉冲镀银。

2. 刻槽埋栅电极单晶硅太阳能电池

刻槽埋栅电极单晶硅太阳能电池因其埋栅电极的独特结构，让电极阴影面积由常规电池的 10% ~ 15% 下降至 2% ~ 4%，短路电流可以上升 12%，同时槽内采用重扩散，使金属硅界面的面积增大，接触电阻降低，从而使填充因子提高 10%。在电池制作中，既保留了高效电池的特点，又省去了高效单晶电池制作中光刻等工艺，使得刻槽埋栅电极电池在保持高转换效率和适合大规模生产方面，成为连接实验室高效单晶硅太阳能电池和常规电池生产之间的纽带。

刻槽埋栅电池的表面织构化采用化学腐蚀方法，利用晶体硅的各向异性，将表面腐蚀成大小不同、排列不规则的四面方锥体。分区掺杂采用机械或激光刻槽后进行重扩散的方式实现，电池的金属化通过化学镀镍、镀铜后浸银完成。

第三节　薄膜太阳能电池

一、非晶硅太阳能电池

（一）非晶硅材料

非晶硅（α-Si）是近代发展起来的一种新型非晶态半导体材料。从微观原子排列来看，非晶硅是一种“长程无序”而“短程有序”的连续无规则网络结构，其中含有一定量的结构缺陷，如悬挂键、断键、空洞。这些悬挂键、断键等缺陷态有很强的补偿作用，并造成费米能级的钉扎效应，使得 α-Si 材料没有杂质敏感效应。

（二）非晶硅太阳能电池的工作原理

非晶硅太阳能电池的工作原理与单晶硅太阳能电池类似，都是利用半导体的光伏效应。与单晶硅太阳能电池不同的是，在非晶硅太阳能电池中光生载流子只有漂移运动而无扩散运动。由于非晶硅材料结构上的长程无序性、无规则网络引起的极强散射作用使载流子的扩散长度很短。如果在光生载流子的产生处或附近没有电场存在，则光生载流子由于扩散长度的限制，将会很快复合而不能被收集。为使光生载流子能有效地收集，就要求在 α-Si 太阳能电池中光注入所涉及的整个范围内尽量布满电场。因此，电池设计成 p-i-n 型（p 层为入射光面），其中 i 层为本征吸收层，处在 p 层和 n 层产生的内建电场中。

α-Si 电池的工作原理如下：入射光通过 p+ 层之后进入 i 层产生 e h 对，光生载流子一旦产生便被 p-n 结内建电场分开，空穴漂移到 p 边，电子偏移到 n 边，形成光生电流 IL 和光生电动势 VL。VL 与内建电势 Vb 反向。当 VL=Vb 达到平衡时，IL=0，VL 达到最大值，称之为开路电压 Voc；当外电路接通时，则形成最大光电压，称之为断路电压 Vsc，此时 VL=0。当外电路中外加负载时，则维持某一光电压 VL 和光电流 IL。非晶硅太阳能电池的转换效率定义为 η=JmVm/Pi=FFJscVoc/Pi。

α-Si 电池也可设计为 n-i-p 型，即 n 层为入射光面。实验表明，p-i-n 型电池的特征好于 n-i-p 型，因此实际的电池都做成 p-i-n 型。

（三）非晶硅太阳能电池的制作工艺

非晶硅薄膜太阳能电池和单晶硅和多晶硅太阳能电池的制作方法完全不同，工艺过程大大简化，硅材料消耗很少，电耗更低，成本低，重量轻，转换效率较高，便于大规模生产。

以玻璃衬底为例，p-i-n 集成型 α-Si 太阳能电池的制造工序是：清洗并烘干玻璃衬底→生长 TCO 膜→激光切割 TCO 膜→一次生长 p-i-n 非晶硅膜→激光切割 α-Si 膜→蒸发或溅射 Al 电极→激光切割 Al 电极或者掩膜蒸发 Al 电极。

TCO 膜的种类有铟锡氧化物（ITO）、二氧化锡（SnO_2）和氧化锌（ZnO）。目前，玻璃衬底电池上电极用的 TCO 膜是 SnO_2 膜或 SnO_2/ZnO 复合膜。不锈钢衬底电池上电极用的 TCO 膜为 ITO 膜。制备 ITO 膜和 ZnO 膜多用磁控溅射法，制备 SnO_2 膜多用化学气相沉积法。

非晶硅薄膜材料是用气相沉淀法形成的，其中气体的辉光放电分解技术在非晶硅基体半导体材料和器件制备中占有重要地位。将石英容器抽成真空，充入氢气或氩气稀释硅烷（SiH_4），用等离子体辉光放电加以分解，产生包含带电粒子、中性粒子、活性基团和电子等的等离子体，它们在带有 TCO 膜的玻璃衬底表面发生化学反应形成 α-Si：H 膜，故这种技术又被称为等离子体增强型化学气相沉积（PECVD）。如果在原料气体 SiH_4 中混入硼烷（B_2H_6），即能生成 p 型非晶硅（pα-Si：H）；或者混入磷烷（PH_3），即能生成 n 型非晶硅（nα-Si：H）。由上可知，仅仅变换原料气体就能依次形成 p-i-n 结。对于不锈钢衬底型电池，则采用 n-i-p 结构，即在不锈钢衬底上依次沉积 n-i-p，然后生长 ITO 膜，最后做梳状 Ag 电极。

为了提高光电效率和改善稳定性，通常在制备的 p-i-n 单结太阳能电池上再沉积一个或多个 p-i-n 形成的双结或三结非晶硅薄膜电池，即所谓的叠层太阳能电池。如果制备叠层电池，在生长本征 α-Si：H 材料时，在 SiH_4 中分别加入甲烷（CH_4）或锗烷（GeH_4）对 SiH_4 的流量比可连续改变 Eg。

（四）非晶硅太阳能电池的结构及性能

非晶硅太阳能电池是以玻璃、不锈钢以及特种塑料为衬底的薄膜太阳能电池。非晶硅太阳能电池由透明氧化物薄膜（TCO）层、非晶硅薄膜层（p-i-n 层）、背电极金属薄膜层组成。每层膜利用激光刻线的方式，刻出线条以形成 p-n 结和互联的目的。

目前非晶硅太阳能电池的实验室效率达 15%，稳定效率为 13%。商品化非晶硅太阳能电池的效率一般为 6% ~ 7.5%。与晶体硅太阳能电池不同，非晶硅太阳能电池温度升高对其效率的影响比晶体硅太阳能电池要小。

（五）非晶硅太阳能电池的特点

第一，非晶硅具有较高的光吸收系数。特别是在 0.3 ~ 0.75μm 的可见光波段，它的吸收系数比单晶硅要高出一个数量级。所以它比单晶硅对太阳辐射的吸收效率要高 40 倍左右，用很薄（约 1μm 厚）的非晶硅膜就能吸收 90% 有用的太阳能。这是非晶硅材料最重要的特点，也是它能够成为低价格太阳能电池的最主要因素。

第二，非晶硅的禁带宽度比单晶硅大，随制备条件的不同约在 1.5 ~ 2.0eV 的范围内变化，这样制成的非晶硅太阳能电池的开路电压高。

第三，材料和制造工艺成本低。这是因为衬底材料，如玻璃、不锈钢、塑料等价格低廉。硅薄膜厚度不到 1μm，昂贵的纯硅材料用量很少。制作工艺为低温（100 ~ 300℃）工艺，生产的耗电量小，能量回收时间短。

第四，易于形成大规模生产能力。非晶硅太阳能电池的缺点主要是初始光电转换效率较低，这是因为非晶硅的光学带隙为 1.7eV，使得材料本身对太阳辐射光谱的长波区域不敏感，这样一来就限制了非晶硅太阳能电池的转化效率。此外，其光电效率会随着光照时间的延续而衰减，即所谓的光致衰减 S W 效应，使电池性能不稳定，解决这些问题的途径就是制备叠层太阳能电池。

二、Ⅲ－Ⅴ族化合物太阳能电池

Ⅲ－Ⅴ族化合物半导体材料是继锗（Ge）和硅（Si）材料之后发展起来的一类重要的太阳能电池材料，这类材料有许多优点，如具有直接带隙的能带结构、光吸收系数大、只需几微米的厚度就能充分吸收太阳光等。

（一）砷化镓（GaAs）太阳能电池

GaAs 是一种典型的Ⅲ－Ⅴ族化合物半导体材料它的禁带宽度为 1.43eV 正好为高吸收率太阳光的值，因此，是很理想的太阳能电池材料。

1. 砷化镓太阳能电池的制造技术

制造砷化稼太阳能电池所用的关键技术主要有：液相外延（LPE）技术、金属有机物化学气相沉积（MOCVD）技术及分子束外延（MBE）技术。

2. 砷化镓太阳能电池的结构

砷化镓太阳能电池的结构经历了由单结向多结的转变。常常用的单结砷化镓太阳能电池有 GaAs/GaAs 和 GaAs/Ge 电池。单结 GaAs 电池只能吸收特定光谱的太阳光，其转换效率不高。不同禁带宽度的Ⅲ－Ⅴ族材料制备的多结 GaAs 电池，按禁带宽度大小叠合，分别选择性吸收和转换太阳光谱中不同波长的光，可大幅度提高太阳能电池的光电转换效率。理论计算表明（AM0 光谱和 1 个太阳常数）：双结 GaAs 太阳能电池的极限效率为 30%，三结 GaAs 太阳能电池的极限效率为 38%，四结 GaAs 太阳能电池的极限效率为 41%。

尽管人们已经看到量子点太阳能电池材料的优异性，并且开展了相当多的研究，然而其在实验上的量子点太阳能电池的总体效率并没有实现突破，目前最好的结果是筑波大学利用 InAs 量子点制备太阳能电池单元，可实现的光电转换效率只有 8.54，还远不如体材料太阳能电池的结果。这是由于在量子点材料生长过程中所产生的应变积累而导致的缺陷一直是材料外延技术上的一个难题，仍需要进一步的理论和实验研究。

量子点材料也可以作为多结太阳能电池的一个结，整合到多结太阳能电池中。相当于人为地在宽禁带半导体材料中引入中间能带，使量子点可以作为中间能带合并到多结太阳能电池之中，进而增加电流或光电转换效率。多结太阳能电池在宽太阳光谱吸收方面存在的一个主要难题就是寻找有效带隙能量的子电池材料，常用的几种材料已覆盖了大部分光谱范围，如 GaInP（1.85eV）、GaAs（1.43eV）、Ge（0.67eV）。寻找理想的中间带隙（1.1eV 左右）能量材料仍是一个难点，主要原因是可选择性较少，而外延技术又很难生长较好的半导体材料，这使其成为限制高效率多结太阳能电池发展的瓶颈。最近研究发现，通过控制量子点结构的InGaAs材料尺寸，调节其能带大小在1.1eV附近，能够作为多结太阳能电池中间带隙能量的子电池材料，这为研制高效率多结太阳能电池提供了重要思路。

3. 砷化镓太阳能电池的特点

第一，光电转换效率高。砷化镓的禁带宽度（1.425eV）较硅的（1.12eV）宽，其光谱响应特性和太阳光谱匹配能力亦比硅好，因此砷化镓太阳能电池的光电转换效率高。

第二，砷化镓的吸收系数大。砷化镓是直接跃迁型半导体，而硅是间接跃迁型半导体。在可见光范围内，砷化镓的光吸收系数远高于硅。同样吸收95%的太阳光，砷化镓太阳能电池的厚度只需5 ~ 10μm，而硅太阳能电池则需大于150μm。因此，砷化镓太阳能电池可做得很薄。

第三，耐高温性能好。砷化镓的本征载流子浓度低，砷化镓太阳能电池的最大功率温度系数为 -2.3×10^{-3}℃ –1，比硅太阳能电池的 -4.4×10^{-3}℃ –1 小很多。200℃高温时，硅太阳能电池已不能工作，而砷化镓太阳能电池的效率仍然有约10%。

第四，抗辐射性能好。砷化镓是直接跃迁型半导体，少数载流子的寿命短，所以，由高能射线引起的衰减较小。在电子能量为1 MeV，通量为1×1015个/厘米2辐照条件下，辐照后与辐照前的太阳能电池输出功率比，砷化镓单结太阳能电池大于0.76，砷化镓多结太阳能电池大于0.81，而高效空间硅太阳能电池仅为0.70。

第五，在获得同样转换效率的情况下，砷化镓开路电压大，短路电流小，不容易受串联电阻影响。这种特征在大倍数聚光和流过大电流的情况下尤为优越。

砷化镓太阳能电池的缺点是砷化镓单晶晶片价格比较昂贵；硅的密度为 $2.329g/cm^3$（298K），而砷化镓密度为 $5.318g/cm^3$（298K），质量大，不利于空间应用；砷化镓比较脆，易损坏。

三、Ⅱ – Ⅵ族化合物太阳能电池

Ⅱ – Ⅵ族化合物半导体材料主要有硫化镉（CdS）、碲化镉（CdTe）、磷化锌（Zn_3P_2）等。硫化镉是一种宽带隙半导体材料，室温下它的禁带宽度是2.42eV。因此，CdS薄膜在异质结太阳能电池中是一种重要的n型窗口材料，具有较好的光电导率和光的通透性。作为窗口层的硫化镉薄膜的厚度大约在50 ~ 100nm，可使波长小于500nm的光通过。在使用硫化镉薄膜作为窗口层的器件中，使用CdTe和 $CuInSe_2$ 作为吸收层，与CdS复合组成异质结太阳能电池的研究比较多，且CdS薄膜在提高异质结太阳能电池光电转换效率方面起到了明显的作用。

Ⅱ – Ⅵ族化合物CdTe是一种理想的光电转换太阳能电池材料，在室温下其禁带宽度是1.47eV，与太阳光谱匹配良好，易于形成n型和p型半导体薄膜，它的理论转换效率高达28%。CdS/CdTe薄膜太阳能电池，就是利用CdS的优良窗口效应和CdTe良好的光电转换而做成的一种层叠的异质结薄膜太阳能电池。这种异质结太阳能电池具有晶格失配度小、热膨胀失配率低、能隙大、稳定性好等优点，其理论转换效率是17%。CdS/CdTe太阳能电池价格与非晶硅太阳能电池的价格相当，但是它的转换效率比非晶硅高，且稳定性好，是一种非常廉价的太阳能电池，所以被公认为是非晶硅太阳能电池的一个强有力的竞争者，是未来理想的太阳能电池。近来研究发现CdTe和CdS膜很容易获得纳米晶粒结构，有望成为纳米太阳能电池的材料。

早期研究主要是在CdTe单晶片上利用真空蒸发、分子束外延、MOCVD等方法沉积CdS层制成太阳能电池，其转换效率较高，可达12%以上。但由于制备单晶CdTe成本很高，因此该电池一直处于研究阶段。后来，由于薄膜技术的广泛利用，目前较多的是用真空蒸发（VE）、溅射沉积、化学沉积（CBD）、化学喷涂（CS）、近空间升华（CSS）、电沉积（ED）、化学气相沉积（CVD）、丝网印刷（SP）等方法来制作多晶薄膜CdS/CdTe太阳能电池，使成本大大降低，同时还使转化效率和太阳能电池的性能得到提高。在CdS/CdTe太阳能电池的各种制备方法中，丝网印刷工艺是最简单、成本最低的工艺，且最容易实现大规模生产。

第四节　其他新型太阳能电池

一、有机半导体太阳能电池

（一）有机半导体太阳能电池的工作原理

由于材料的不同，电流的产生过程也会有所不同。当前无机半导体的理论研究比较成熟，而有机半导体体系的电流产生过程仍有许多值得探讨的地方，也是目前的研究热点。有机半导体吸收光子产生电子空穴对（激子），激子的结合能为0.2 ~ 1.0eV，高于相应的无机半导体激发产生的电子空穴对的结合能，所以电子空穴对不会自动解离形成自由移动的电子和空穴，需要电场驱动电子空穴对进行解离。两种具有不同电子亲和能和电离势的材料相接触，接触界面处产生接触电势差，可以驱动电子空穴对解离。单纯由一种纯有机化合物夹在两层金属电极之间制成的肖特基电池效率很低，后来将p型半导体材料（电子给体，donor）和n型半导体材料（电子受体，acceptor）复合，发现两种材料的界面电子空穴对的解离非常有效，光激发单元的发光复合退火过程有效地得到抑制，导致高效的电荷分离，也就是通常讲的p-n异质结型太阳能电池。

（二）有机半导体太阳能电池材料

1. 有机小分子化合物

最早期的有机太阳能电池为肖特基电池，是在真空条件下把有机半导体染料如酞菁等蒸镀在基板上形成夹心式结构。这类电池对于研究光电转换机理很有帮助，但是蒸镀薄膜的加工工艺比较复杂，有时候薄膜容易脱落。因此又发展了将有机染料半导体分散在聚碳酸酯（PC）、聚醋酸乙烯酯（PVAC）、聚乙烯咔唑（PVK）等聚合物中的技术。然而这些技术虽然能提高涂层的柔韧性，但是半导体的含量相对较低，使光生载流子减少，短路电流下降。

酞菁类化合物是典型的 p 型有机半导体，具有离域的平面大 π 键，在 600 ~ 800nm 的光谱区域有较大吸收。同时苝类化合物是典型的 n 型半导体材料，具有较高的电荷传输能力，在 400 ~ 600nm 光谱区域内有较强吸收。

2. 模拟叶绿素材料

植物的叶绿素可将太阳能转化为化学能的关键一步是叶绿素分子受到光激发后产生电荷分离态，且电荷分离态寿命长达 1s。电荷分离态存在时间越长越有利于电荷的输出。国外某实验室的工作人员合成了具有如下结构的化合物 C–P–Q。卟啉环吸收太阳光，将电子转移到受体苯醌环上，胡萝卜素也可吸收太阳光，将电子注入卟啉环，最后正电荷集中在胡萝卜素分子上，负电荷集中在苯醌环上，电荷分离态的存在时间高达 4 ms。卟啉环对太阳光的吸收远大于胡萝卜素。若将该分子制成极化膜附着在导电高分子膜上，就可以将太阳能转化为电能。

（三）有机半导体太阳能电池的优点

第一，化学可变性大，原料来源广泛；

第二，有多种途径可改变和提高材料光谱吸收能力，扩展光谱吸收范围，并提高载流子的传送能力；

第三，加工容易，可采用旋转法、流延法大面积成膜，还可进行拉伸取向使极性分子规整排列，采用 L.B 膜技术在分子生长方向控制膜的厚度；

第四，容易进行物理改性，如采用高能离子注入掺杂或辐照处理可提高载流子的传导能力，减小电阻损耗提高短路电流；

第五，电池制作的结构多样化；

第六，价格便宜，有机高分子半导体材料的合成工艺比较简单，如酞菁类染料早已实现工业化生产，因而成本低廉，这是有机太阳能电池实用化最具有竞争能力的因素。

有机半导体太阳能电池与传统的化合物半导体电池、普通硅太阳能电池相比，其优势在于更轻薄灵活，而且成本低廉。但是其转化效率不高，使用寿命偏短，一直是阻碍有机半导体太阳能电池技术市场化发展的瓶颈。

（四）应用及前景

与传统硅电池相比，有机太阳能电池更轻薄，在同等体积的情况下，展开后的受光面积会大大增加。因此，可将有机太阳能电池应用于通信卫星中，提高光电利用率。而且，由于其轻薄、柔软、易携带的特性，有机太阳能电池不久将能给微型电脑、数码音乐播放器、无线鼠标等小型电子设备提供能源。

在有机太阳能电池上可体现各种颜色和图案，更加精美的设计使它们能够很好地融合于建筑设计等领域。用廉价的有机太阳能电池作某些办公楼的外墙装饰可以吸收太阳能发电供楼内使用（如取暖、照明、工作用电），充分利用了能源。在衣服表层嵌入轻薄柔软的有机太阳能电池与有机发光材料，能将太阳能转化为电能并储存，冬天可发热保暖，衣服在夜间也会发出各种颜色的可见光，让人们的衣服更加绚丽。

二、染料敏化纳米晶太阳能电池

（一）DSSC 电池的工作原理

在常规的 p-n 结光伏电池（如硅太阳能电池）中，半导体起两个作用，其一为吸收入射光，捕获光子激发产生电子和空穴；其二为传导光生载流子，通过结效应，电子和空穴分开。但是，对于 DSSC 而言，这两种作用是分别执行的。首先光的捕获由光敏染料完成，而传导和收集光生载流子的作用则由纳米半导体来完成。在该类太阳能电池中，TiO_2 是一种宽禁带的 n 型半导体，其禁带宽为 3.2eV，只能吸收波长小于 375nm 的紫外光，可见光不能将它激发，需要对它进行一定的敏化处理，即在 TiO2 表面吸附染料光敏剂，从而实现有效的光电转化。吸附在纳米 TiO2 表面的光敏染料吸收太阳光跃迁至激发态，激发态电子迅速注入紧邻的较低能级的 TiO2 导带中，实现电荷分离，发生电子的迁移，这是产生光电流的关键。

（二）DSSC 电池的结构

1. 导电玻璃

透明的导电玻璃 TCO 是染料敏化太阳能电池 TiO_2 薄膜的载体同时也是光阳极上电子的传导器和对电极上电子的收集器。导电玻璃是在厚度为 1 ~ 3mm 的普通玻璃表面上，使用溅射、化学沉积等方法镀上一层 0.5 ~ 0.7μm 厚的掺 F 的 SnO_2 膜或氧化铟锡（ITO）膜。一般要求方块电阻在 1.0 ~ 2.0Ω · cm，透光率在 85% 以上，它起着传输和收集正、负电极电子的作用。为使电极达到更好的光和电子收集效率，有时需经特殊处理，如在氧化铟锡膜和玻璃之间扩散一层约 0.1μm 厚的 SiO_2，来防止普通玻璃中的 Na^+、K^+ 等在高温烧结过程中扩散到 SnO2 膜中。

2. 纳米晶多孔氧化物半导体薄膜

纳米晶多孔的半导体光阳极是一整个染料敏化太阳能电池的核心组成部分。氧化物半导体的纳米晶通过镀膜均匀沉积到导电玻璃衬底上，形成彼此连接的纳米晶的网格，它的结构和性能直接关系到与光敏染料分子的匹配和电子注入效率。目前常用氧化物半导体是纳米晶 TiO_2，其他如 ZnO、SnO_2、Nb_2O_5、$SrTiO_3$ 等也被广泛研究。与其他的半导体材料相比，纳米 TiO_2 多孔薄膜拥有巨大的内比表面积（80 ~ 200m^2/g），其总表面积为几何表面积的 1000 倍，其粒径集中在 15 ~ 20nm，TiO_2 薄膜的厚度通常在 5 ~ 20μm，对于染料的吸附能力超强，光电转换效率高。

3. 光敏染料

染料光敏化剂也是 DSSC 电池的核心部分，在电池中主要起吸收太阳光产生电子的作用，将直接影响电池的光电转换效率。一个好的光敏染料应该具有高的化学稳定性和光稳定性，在自然光下可以持续地被氧化还原 108 次，相当于电池正常运行 20 年的时间。可见光范围内有较强的、较宽的吸收光谱；理想的氧化还原电位和较长的激发态寿命；它的基态能级应位于半导体的禁带中，激发态能级应高于半导体导带底并与半导体有良好的能级匹配，使得电子由激发态染料分子向半导体导带中的注入符合热力学规律。另外，为了更好地捕获可见光，还应具有较大的摩尔消光系数。

三、钙钛矿太阳能电池

（一）钙钛矿太阳能电池结构

典型钙钛矿太阳能电池结构从下到上依次是：透明导电玻璃（光阳极）、n 型半导体材料（电子传输层）、钙钛矿型材料（光吸收层）、p 型半导体材料（空穴传输层）、对电极（光阴极）。

其中，钙钛矿吸收材料捕获光子产生光生载流子，光生载流子在钙钛矿与 n 型和 P 型材料的交界处被选择性分离，电子进入到 n 型电子传辅层，空穴进入 P 型空穴传输层. 最后被备电极收集，实现光到电的转换。

（二）光阳极

光阳极多以透明导电玻璃 ITO FTO AZO 为主一般要求其方块电阻越小越好，透过率在 85% 以上，既可有效收集载流子又可充分采光，目前已成熟应用于太阳能电池领域。就钙钛矿太阳能电池而言，可用聚乙烯亚胺（PEIE）进行修正，以减小其功函数，可有效地促进电子在光阳极与电子传输层间的运输，进而提高电池的转换效率。

（三）电子传输层

电子传输层要具有较高的电子迁移率，其导带最小值低于钙钛矿材料的导带最小值，便于接收由钙钛矿层传输的电子，并将其传输到光阳极中。其形态结构决定了电池的性能，不仅仅决定电子的传输还影响钙钛矿薄膜的生长，在电池结构中起到关键性的作用。

（四）钙钛矿吸收层

有机金属卤化物钙钛矿是钙钛矿太阳能电池的核心，其晶胞由一个面心立方和一个体心立方套构而成，区别于金刚石结构和闪锌矿结构而具有独特的钙钛矿结构。原子 A 占据立方体的 8 个顶角，原子 B 占据体心位置，原子 X 占据 6 个面心位置。目前在高效钙钛矿型（ABX_3）太阳能电池中，钙钛矿材料以 $CH_3NH_3PbX_3$ 为主，对应的 A 为甲胺基（CH3NH3），B 为金属铅原子，X 为氯、溴、碘等卤素原子。此外，$CH_3NH_3PbI_3$ 的衍生杂化卤化物 $CH_3NH_3PbI_3$-xCl_x 或 $CH_3NH_3PbI_{3-x}Br_x$ 因独特的光电性质而显得尤为重要。

（五）光阴极

由于空穴传输材料的限制，当前广泛应用于高效钙钛矿太阳能电池对电极的是金和铂，相比传统太阳能电池电极材料（铝、银、石墨等）要昂贵许多，为实现钙钛矿太阳能电池的市场化，亦是一巨大技术难点。

总之，钙钛矿太阳能电池具有较高的光电转换效率，但是其稳定性差，在大气中效率衰减严重，吸收层中含有的重金属 Pb 易对环境造成污染。此外，虽然钙钛矿材料相对便宜，但 spiro-MeOTAD 价格昂贵，同时还需金、铂等贵金属作为电极，大大提高电池的成本。因此，改善电池的稳定性，寻找低成本、高性能的空穴传输层材料将会成为未来的主要研究内容。同时，钙钛矿材料处于最佳光学匹配带隙范围，电池开路电压高于 1V，短路电流在 20 mA/cm^2 以上，因此可与硅电池、CIGS 电池形成叠层电池结构，从而扩大钙钛矿太阳能电池的应用范围。

第七章　超级电容器材料

第一节　超级电容器及其工作原理

一、超级电容器的概述

（一）超级电容器的基本介绍

随着经济的快速发展和人口的急剧增长，资源及能源的日渐短缺，全球气候变暖，生态环境日益恶化，人类将更加关注太阳能、风能、潮汐能等清洁和可再生的新能源，但是，可再生能源（主要包括风能、太阳能、潮汐能等）的本身特性决定了上述发电方式和电能输出受到季节、气象和地域条件的影响，具有明显的不连续性和不稳定性。例如太阳能可以在晴天发电，而在阴天和晚上就无法工作。风能发电也同样受到时间和气象的影响。也就是说，可再生能源发出的电能波动较大，稳定性差，从而为可再生能源的大规模利用带来了诸多问题。若接入电网，电网的稳定性将受到影响。要解决这一问题，必须发展相应的高效储能装置来解决发电与用电的时差矛盾以及间歇式可再生能源发电直接并网时对电网的冲击。所以，开发合适的储能技术显得至关重要。目前高效储能技术被认为是支撑可再生能源普及的战略性技术，得到了各国政府和企业界的高度关注。

超级电容器，又称电化学电容器，它是一种介于常规电容器与二次电池之间的新型储能器件。其功率密度是锂离子电池的10倍，能量密度为传统电容器的10-100倍。同时，超级电容器还具有对环境无污染、效率高、循环寿命长、使用温度范围宽、安全性高等特点。目前，超级电容器在新能源发电、电动汽车、信息技术、航空航天、国防科技等领域中具有广泛的应用前景。例如超级电容器用于可再生能源分布式电网的储能单元，可以有效提高电网的稳定性。单独运行时，超级电容器可作为太阳能或风能发电装置的辅助电源，可将发电装置所产生的能量以较快的速度储存起来，并按照设计要求释放，如太阳能路灯在白天由太阳能提供电源并对超级电容器充电，晚上则由超级电容器提供电力。此外，超级电容器还可以与充电电池组成复合电源系统，既可满足电动车启动、加速和爬坡时的高功率要求，又可以延长蓄电池的循环使用寿命，实现电动车动力系统性能的最优化。

当前，国内外已实现了超级电容器的商品化生产，但还存在着价格较高、能量密度低等问题，极大地限制了超级电容器的大规模应用。超级电容器主要由集流体、电极、电解质和隔膜等 4 部分组成。其中电极材料是影响超级电容器性能和生产成本的关键因素之一，而电解液则决定着超级电容器的工作电压窗口。

（二）超级电容器的一般结构

超级电容器的结构简单，主要由电极、电解液、隔膜三部分组成。其中，电极包括集流体和电极材料。集流体主要起收集电流的作用，常用的集流体有泡沫镍、铝箔、不锈钢网、碳布等。电极材料通常由活性物质、导电剂、黏合剂组成。活性物质是超级电容器最重要的组成部分，常用的活性物质有三类：碳材料、金属氧化物、导电聚合物。常用的导电剂有乙炔黑、石墨粉和碳纳米管等。黏合剂方面，聚偏氟乙烯（PVDF）、聚四氟乙烯（PT-FE）、聚全氟磺酸（Nafion）表现出比较优异的特性。

电解液的作用是提供电化学过程中所需要的阴阳离子。电解液要求具备高电导率、高分解电压、较宽的工作温度范围、安全无毒性以及良好的化学稳定性，不与电极材料发生反应等优点。超级电容器使用的电解液根据其物理状态可以分为两大类：固态电解液和液态电解液，其中液态电解液可细分为水系电解质和有机电解质。

水系电解液是使用最早的电解液，因为具有较高电导率、易于浸润电极材料且价格便宜等优点而一直沿用至今。根据其酸碱性，水系电解液可以分为酸性电解液、碱性电解液和中性电解液。酸性电解液中最常用的是 H2SO4 溶液。H2SO4 溶液具有电导率高、内阻小等优点，但是其腐蚀性大，不能用金属作为集电体。碱性电解液中最常用的是 KOH 溶液。相对于酸性电解液，碱性电解液的腐蚀性较小，但是碱性电解液存在爬碱现象，这使得密封比较困难。中性电解液主要包括钾盐、钠盐以及部分锂盐的水溶液，其腐蚀性在水系电解液中是最小的。水系电解液的分解电压只有 1.23V，不利于获得较高的能量密度，而且其凝固点较高，沸点较低，可以使用温度范围有限。

有机电解液常采用的溶剂有 N，N- 二甲基甲酰胺、碳酸丙烯酯、碳酸乙二酯、γ-丁内酯等，常采用的电解质阳离子主要是季铵盐、锂盐等，而阴离子有高氯酸根、四氟硼酸根、六氟磷酸根等。有机电解液通常具有较高的分解电压（2 ~ 4 V），而且其使用温度范围较宽，电化学性质稳定。但是，有机电解液也具有离子传输能力较差、成本高等缺点。

隔膜是多孔绝缘体薄膜，其作用是防止正负极之间直接接触而发生短路，但允许电解液离子自由通过。作为隔膜材料，不仅需要具有稳定的化学性质，而且本身不能具有导电性，对于电解液离子的通过不产生任何阻碍作用。当前使用最多的隔膜是聚合物多孔薄膜，如聚丙烯膜、琼脂膜等。

（三）超级电容器的应用

超级电容器作为大功率物理二次电源用途十分广泛，我国从 20 世纪 80 年代开始研究超级电容器。目前超级电容器正逐渐步入成熟期，市场越来越大，有越来越多的公司聚焦到超级电容器生产上。根据应用电流等级的不同，超级电容器主要应用于以下几个方面：

第一，应用在 100μA 以下的，主要作为存储器的后备电源，可以作为 CMOS、RAM、IC 的时钟电源。在医疗器械、微波炉、手持终端、校准仪等中得到应用。

第二，应用在 500μA 以下的，主要作为主供电的后备电源。在数字调频音响系统、可编程消费电子产品、洗衣机中作为 CMOS、RAM、IC 的时钟电源。

第三，应用在最高 50mA 的，主要用作电压补偿。在汽车引擎启动时，主电压突降，它可以作为汽车音响的后备电源，进行电压补偿。同样也用在磁带机、影碟机电机以及计量表的启动时刻。

第四，应用在最高 1A 的，主要作为小型设备主电源。在玩具，智能电表、水表、煤气表，热水器，报警装置，太阳能道路灯等作为主电源。还在激发器和点火器中起激励作用，在短时间内供给大电流。

第五，应用在最高 50A 的，主要提供大电流瞬时放电。主要用于不间断电源、GPS、电动自行车、风能太阳能的能量储备等。

第六，应用在 50A 以上的，主要提供超大电流放电。主要用于汽车、坦克等内燃发动机的电启动系统，以解决怠速启动问题。其他直流屏、电动汽车、储能焊机、电焊机、大型通信设备、抗电网瞬态波动系统等也有使用。

（四）超级电容器使用注意事项

第一，电容器在使用前，应确认极性。它不可以应用于高频率充放电的电路中，且应在标称电压下使用，若超过将会导致电解液分解、电容器发热、容量下降、内阻增大、寿命缩短，某些情况下，可导致电容器性能崩溃。

第二，电容器由于内阻较大，放电瞬间存在电压降。

第三，电容器不能置于高温、高湿的或含有有毒气体的环境中，应在温度 -30℃ ~ +50℃、相对湿度小于 60 的环境下储存，应该避免温度的骤升骤降。

第四，电容器用于双面电路板，需注意连接处不可经过电容器可触及的地方。电容器串联使用时，存在单体间的电压均衡问题。单纯的串联会导致某个或几个单体电容器因过压而损坏，从而影响其整体性能。

第五，将电容器焊接到线路板上时，勿使壳体与线路板接触，且在焊接过程中避免使电容器过热。焊接完成后，不可强行倾斜或扭动电容器，而且电容器及线路板需进行清洗。

二、超级电容器的工作原理

一般，超级电容器依据下列几种方式进行分类：

第一，根据电解液可分为水系电解液电容器、有机电解液电容器以及固态电解液电容器；

第二，根据电化学电容器的结构可分为对称型电容器和非对称型电容器。对称型电容器的正负极采用相同的材料，一般为碳材料；非对称型电容器的负极采用碳材料，正极采用金属化合物、导电聚合物或者是上述材料与碳材料的复合材料。

第三，根据电极材料及储能机理可分为两类：一类是基于高比表面积碳材料与溶液间界面双电层原理的双电层电容器（Electricdoublelayercapacitor，EDLC）；另一类是在电极材料表面或体相的二维或准二维空间上，电活性物质进行欠电位沉积，发生高度可逆的化学吸附/脱附或氧化/还原反应，产生与电极充电电位有关的法拉第准电容（FaradayPseudo-capacitor），又称赝电容。实际上各种超级电容器的电容同时包含双电层电容和法拉第准电容两个分量，只是所占的比例有所不同。

（一）双电层电容存储机理

双电层电容器通过静电吸附产生电容，在原理上与传统静电电容器类似。电容器两极被介电材料隔开，当外部提供电压时两极板存储电性相反的两种电荷，静电电容器电容量很小，通常只有皮法或微法。

双电层电容器双电层理论最早是由德国物理学家赫尔姆霍兹（Helmholtz）于19世纪70年代提出，后又经过许多研究者不断完善，才形成如今的完整理论。即在两相界面上，如电极材料和电解液、电解液及气体界面上常常存在着正负电荷的吸附和脱离，当正负电荷在界面附近分离形成层带时，这些层带即为通常所称的双电层。

双电层电容器在负荷状态下，电容器内电极材料表面的电荷呈现为无序状态排列。充电时，正负电荷分别在电极和电解液两相界面有序排列，进行电荷的储存。反之放电时，电极上的电子通过负载流动形成电流，电极表面的正负离子也回到电解液中。

在强电解质中，双电层理论厚度大约为0.1nm，故电容值主要与电极材料的比表面积有关。而根据电容器的储能公式，能量$E=0.5CU^2$，其中C为电容值，U为工作电压。据此可知，双电层电容器的储能值与电极材料的电容值C和工作电压U有关，因此可以通过提高工作电压和增大电极材料的比表面积来提高双电层电容器的能量储存。一般地，为了形成稳定的双电层，在实际当中多采用导电性好的多孔碳材料作为电极材料，它们形成双电层电容电荷的吸/脱附过程极快，所以双电层电容器具有高度的可逆性和很高的功率密度。

（二）法拉第准（赝）电容存储机理

与双电层电容同时发展的是由英国物理学家、化学家迈克尔·法拉第（Michael Faraday）提出的法拉第准电容理论，也称为赝电容理论。法拉第准电容是在电极材料表面、近表面或体相中，电活性物质发生高度可逆的化学吸附 / 脱附或氧化还原反应而产生的电容。法拉第准电容主要有以下三类：

第一，电化学吸附，如氢离子或金属离子在 Pt 或者 Au 上发生单分子层水平的电化学吸附。

第二，当以金属氧化物作为电活性材料时，其充放电机理为：充电时，电解液中的离子从溶液中往电极材料 / 溶液界面扩散，再通过界面的氧化还原反应进入到电活性材料体相中。若电活性材料具有较大的比表面积，则有许多同样的电化学反应同时发生，使得大量电荷同时被存储在电活性材料中；放电时，进入到电活性材料体相中的离子会通过上述反应的逆反应重新扩散到电解液中,并通过外电路将之前储存的电荷释放出来。

第三，当以导电聚合物作为电活性材料时，在导电聚合物上通过发生快速可逆的 n 型或 p 型掺杂和去掺杂反应来达到电荷的存储或者释放。

不可忽略的是，实际上，法拉第准电容器的电容还包括在电极材料表面与电解质之间的双电层电容，所以法拉第准电容器具有高的比容量和能量密度。

（三）超级电容器的特点

根据储能机理可知，超级电容器主要通过双电层，或电极界面上快速可逆的吸脱附或氧化还原反应来储存能量，作为一种新型储能器件，它具有其他储能器件不可比拟的优势：

第一，高比容量。目前单体超级电容器的电容量可以达上千法拉。

第二，电路结构简单。无需像二次电池那样设置特殊的充电电路，不会受过充过放的影响。

第三，循环寿命长。超级电容器或通过吸脱附，或通过快速可逆的电化学反应进行存储和释放电荷，其循环寿命可达上万次。

第四，充放电速度快。超级电容器的内阻小，在大电流充放电制度下，能在几十秒内完成充电过程。

第五，功率密度高。超级电容器高比容量、低等效电阻和快速充电性能，使得其具有高比功率。

第六，温度范围宽。超级电容器的电荷转移过程一般在电极表面进行，其正常使用受环境温度影响不大，温度范围一般为 -40 ~ 70℃。

第七，环境友好。超级电容器的包装材料中不涉及重金属，所用电极材料安全性能良好且环境友好，是一种绿色储能元件。

但是，目前超级电容器还有一些需要改进的地方，如能量密度较低，体积能量密度较差，和电介质电容器相比，工作电压较低，一般水系电解液的单体工作电压为 0V ~ 1.4V，且电解液腐蚀性强；非水系可以高达 4.5V，实际使用的一般为 3.5 V，作为非水系电解液要求高纯度、无水，价格较高，且非水系要求苛刻的装配环境。

第二节　超级电容器电极材料

一、碳材料

（一）活性炭

活性炭材料一般以含有碳源的前驱体（葡萄糖、木材、果壳、兽骨等）为原料，经过高温炭化后活化制得。炭化过程实质是碳的富集过程，形成初步的孔隙结构。超级电容器用活性炭电极材料的性质取决于前驱体和特定的活化工艺，所制备活性炭的孔隙、比表面积、表面活性官能团等因素都会影响材料的电化学性能，其中高比表面积和发达的孔径结构是产生具有高比容量和快速电荷传递双电层结构的关键。原料经调制后进行活化，活化方法分物理活化和化学活化两种。物理活化通常是指在水蒸气、二氧化碳和空气等氧化性气氛中，在 700 ~ 1200℃的高温下，对碳材料前体（即原料）进行处理。化学活化是在 400 ~ 700℃的温度下，以 H_3PO_4、$ZnCl_2$、KOH、K_2CO_3 等为活化剂。采用活化工艺制备的活性炭孔结构通常具有分级的多孔结构。包括微孔（< 2nm）、介孔（2 ~ 50nm）和大孔（> 50nm）。有学者认为，当活性炭的比表面积达到 1200 m^2/g 后，材料的质量比电容出现稳定值，电容值不再随比表面积的增大而增大。这表明并非所有的孔结构都具备有效的电荷积累。虽然比表面积是双电层电容器性能的一个重要参数，但孔分布、孔的形状和结构、导电率和表面官能化修饰等也会影响活性炭材料的电化学性能。过度活化会导致大的孔隙率，同时也会降低材料的堆积密度和导电性，从而减小活性炭材料的体积能量密度。此外，活性炭表面残存的一些活性基团和悬挂键会使其同电解液之间的反应活性增加，也会造成电极材料性能的衰减。因此，设计具有窄的孔分布和相互交联的孔道结构、短的离子传输距离以及可控的表面化学性质的活性炭材料，将有助于提高超级电容器的能量密度，同时也不影响功率密度和循环寿命。

有学者将鸡蛋壳膜进行炭化得到一种含约 10% 氧和 8% 氮的三维多孔碳纤维网状薄膜，发现富含氮和氧元素的特殊结构活性炭的比表面积为 $221m^2/g$，并具有 297F/g 的高比电容，同时，所得多孔碳纤维网状薄膜具有良好的循环稳定性，在电流密度 4A/g 时，经 10000 次充放电循环后仅有 3% 的电容衰减。

在碳材料中引入杂原子，利用杂原子的赝电容效应去提高碳材料的比电容是制备高比电容碳电极材料的一个新途径。由于改变了碳石墨层的电子给予和接受性能，碳材料中的杂原子在充放电过程中可发生法拉第反应，产生赝电容。另外，表面杂原子形成的官能团还能改善碳材料的亲水性。有学者认为，碳材料独特的物理化学性能不仅取决于其比表面积，还与其表面存在的杂原子的种类、数量和键合方式有关，并提出氮是重要的碳材料表面改性元素。有学者制备了一种由聚吡咯包裹、氮掺杂多孔碳纳米纤维构建的超级电容器，该复合材料在电流密度为 1.0A/g 时，比电容为 202 F/g，同时具有非常好的电容持续能力，最大功率密度达89.57kW/kg，是一种非常有潜力的超级电容器材料。也有学者在 800℃高温下，利用乙烷作碳源，吡啶作氮源，在氩气气氛中热解制备了氮掺杂的竹节形多壁碳纳米管，发现氮掺杂之后，材料的比电容由 19.9F/g 增至 44.3F/g。

氮掺杂可以抑制氧含量，降低自放电行为和电子接触电阻，改善碳表面湿润性。同时，含氮基团可以发生法拉第反应，贡献部分赝电容。虽然氮掺杂能有效提高碳材料的电容值，但是过多的氮会导致材料本身电阻变大，含氮官能团阻塞孔道，从而降低材料的电容保持率。有学者研究氮掺杂四面体碳材料，发现当掺氮量在 0.01% ~ 10% 时，碳材料的导电率随氮含量增加而增加，当氮含量大于 10% 时体系开始形成不导电相。氮掺杂对材料电导率的影响还取决于氮是位于石墨微晶的边缘还是微晶结构内。

除掺杂氮外，也可通过掺杂硼、磷等对碳材料进行改性。在有序介孔碳中掺 B 和 P，会在材料表面形成 B-O-P、B-O-C 和 P-O-C 等结构的复合物。B、P 共掺杂后，材料表面含氧量增加，形成额外的表面含氧官能团，这些官能团间发生化学反应并产生赝电容，从而增加了材料的电容值。

活性炭在超级电容器中的应用越来越广泛，进一步研究探讨活性炭活化过程的机理，通过控制活化过程形成的孔隙大小及孔数，及增大活性炭材料的比表面积尤为重要。另外，通过比较不同元素掺杂活性炭对材料比电容和导电率等性能的影响也是将来研究关注的重点。

（二）碳纳米管（CNT）

碳纳米管是 20 世纪 90 年代初发现的一种纳米尺寸管状结构的碳材料，是由单层或多层石墨烯片卷曲而成的无缝一维中空管，具有良好的导电性、大的比表面积、好的化学稳定性、适合电解质离子迁移的孔隙，以及交互缠绕可形成纳米尺度的网状结构，因而曾被认为是高功率超级电容器理想的电极材料。

（三）石墨烯

1. 比表面积

由于石墨烯层间范德华力和 $\pi-\pi$ 强作用力的存在，使不同方法制备的石墨烯材料的比表面积和比电容均低于理论值。为了解决这个问题，大量工作者一方面通过引入“spacer”来防止石墨烯的堆叠，另外一方面通过化学法制备多孔石墨烯基材料，以提高其比表面积。有学者以纳米颗粒为 space，使得琼脂炭化后能够均匀负载在石墨烯片层两侧。这一结构保持了石墨烯的二维结构，得到了一种具有高比表面积的完全外表面碳材料，确保了石墨烯高的外比表面积被充分用来构建双电层，缩短了电解质离子的扩散距离，将其用作超级电容器电极材料时，表现出优异的倍率性能。石墨烯作为添加组分加入琼脂溶液中，经过高温热处理得到高外比表面积的碳质材料 HESAC。在材料的制备过程中，琼脂的凝胶性质可以有效确保氧化石墨烯的单分散状态，而氧化石墨烯的

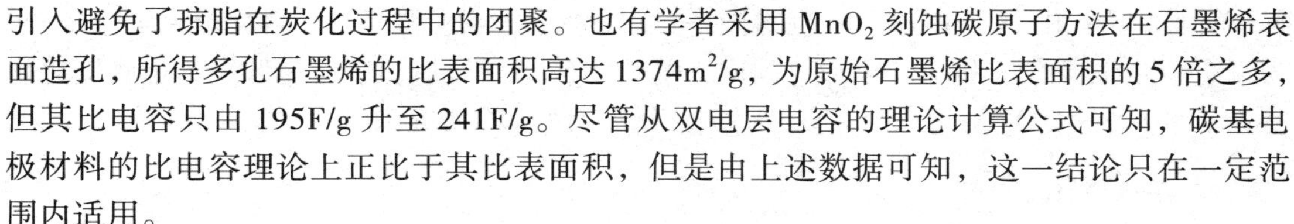
引入避免了琼脂在炭化过程中的团聚。也有学者采用 MnO_2 刻蚀碳原子方法在石墨烯表面造孔，所得多孔石墨烯的比表面积高达 1374m^2/g，为原始石墨烯比表面积的 5 倍之多，但其比电容只由 195F/g 升至 241F/g。尽管从双电层电容的理论计算公式可知，碳基电极材料的比电容理论上正比于其比表面积，但是由上述数据可知，这一结论只在一定范围内适用。

2. 孔结构

对多孔碳质材料而言，孔结构的合理设计非常重要，首先合适的孔径，可保证电解质离子顺利从体相电解液中进入到孔道中而形成双电层。有学者发现，当孔与离子的匹配性较差时，会出现非常明显的离子"筛分效应"。孔径过小时，离子无法进入到孔内；孔径过大时，又会造成电荷相对存储密度过低。只有孔径合适时，电极材料的电容特性才能得以充分发挥。不同尺度的孔对超级电容器电化学性能所起的作用差别较大，一般认为微米级大孔内的电解液为一种准体相电解液，可降低电解液离子在材料内部的扩散距离，中孔可降低电解质离子在电极材料中的转移阻力，微孔内的强电势主要吸附离子，可提高电极材料表面电荷密度和电容。此外，通畅的孔道结构能提高离子的转移速率和有效比表面积，孔的形状过于复杂，或孔道结构中存在缺陷时，大容量保持率会降低。尽管目前已经逐步建立了孔结构对电容性能的影响机制，然而其是一个十分复杂的难题，这是由于在材料制备过程中，很难对其孔结构进行精细调控，且孔道比较复杂，因此要完全阐明两者之间的关系仍需更多努力。此外，电极材料的表面化学特性、浸润性、导电能力等因素也制衡其电化学性能。

3. 表面化学

碳质材料极易发生氧的不可逆吸附而形成表面含氧官能团，它们可通过与电解质离子发生法拉第反应贡献赝电容，近年来，研究者们为进一步提高石墨烯的电容性能，采用多种方法在石墨烯表面引入含氧官能团，既可以有效缓解石墨烯层间自发堆叠，又可以通过贡献赝电容提高电极材料的电容值。有学者采用一种新型酸辅助快速热解技术制备了功能化石墨烯（a-FG），通过引入大量含氧官能团如 C-O，C-O 和 O-C-O，可将电极材料的电容值提高到 505F/g。在材料的制备过程中，还可采用化学改性、掺杂等方法引入其他杂原子如 N、B 等，来提高电极材料的浸润性或电子密度，优化其电容性能。

二、金属化合物

（一）RuO_2

RuO_2 材料具有比电容高，导电性好，以及在电解液非常稳定等优点，是目前性能最好的超级电容器电极材料。用热分解氧化法制得的 RuO_2 不含结晶水，仅有颗粒外层的 Ru4+ 和 H+ 作用，因此，电极的比表面积的大小对电容的影响较大，所得电极比容量比理论值小得多；而用溶胶凝胶法制得的无定形的 $RuO_2 \cdot xH_2O$，H^+ 很容易在体相中传输，其体相中的 Ru^{4+} 也能起作用，因此，他的比容量比用热分解氧化法制的要大。

尽管如此，但是RuO_2价格昂贵并且在制备过程中污染严重，因而不适合大规模工业生产。为了进一步提高性能和降低成本，国内外均在积极寻找其他价格较为低廉的金属氧化物电极材料，如MnO_2、Co_3O_4、NiO、V_2O_5，其中MnO_2的研究最为广泛。

（二）MnO_2

MnO_2的化学结构较复杂，化学配比并不一定恰好由一个Mn^{4+}和两个O^{2-}相结合，其化学式应表示为MnO_x，x表示氧含量，数值小于2。在化学组成上，一般还含有低价锰离子和K^+、Na^+、Li^+、NH^{4+}等金属离子。晶格常常有缺陷，包含隧道和空穴，有的为微晶状态。MnO_2微结构是Mn^{4+}与氧配位成八面体[MnO6]而形成立方密堆积，氧原子位于八面体顶上，锰原子在八面体中心，形成空隙或隧道结构。

MnO_2晶体以[MnO_6]八面体为基础，形成各种晶体结构，常见的有α、β、γ、λ、δ、ε型。α-MnO_2的结构是以斜方锰矿结构为基础，每个锰离子与6个氧离子相结合成八面体，[MnO_6]八面体的共用棱沿c轴方向形成双链，且与相邻的双链公用顶角，形成[2×2]的大隧道。由于[2×2]隧道具有较大的孔道间距（0.46nm），电解质离子能够方便地在α-MnO2里迁移，提高了电极材料的利用率，增加了电极材料的比电容值。因此此种晶体结构是超级电容器的理想电极材料。β-MnO_2具有金红石结构，是以锰原子为中心的畸变了的八面体，角顶由6个氧原子占据；[MnO_6]八面体共用棱形成八面体单链，沿着C晶轴伸展；所有八面体都是等同的，平均Mn-O原子间距是0.186纳米。γ-MnO_2是由[1×1]和[2×2]隧道交错生长而成的一种密排六方结构。虽然不同晶体结构的MnO_2的化学组成基本相同，但由于晶胞结构不同，即几何形状、尺寸和隧道结构不同，导致其电化学性质差别很大。

MnO_2电极材料的储能机理主要是基于法拉第赝电容，同时还包括一定量的双电层电容，但由于法拉第电容是双电层电容的10～100倍，所以一般主要考虑法拉第电容的贡献。在水溶液电解液中进行充放电时，电解液离子（H^+、Na^+、K^+、OH^-）在电场作用下迁移到电极——电解液界面，然后通过电化学反应嵌入或者吸附到活性电极材料表面。

不同形貌的MnO_2纳米材料的电化学性能差异很大，为了得到性质优良的电极材料，就必须通过严格的实验条件来调控其微纳米结构。纳米MnO_2的制备方法主要有以下几种：水热法、共沉淀法、电化学法、溶胶凝胶法等。

水热法是指在密闭的反应器中，采用有机溶剂或者水为反应体系，并对反应体系进行加热，使其内部形成高温高压的环境来进行纳米材料制备的一种方法。在高压下，绝大多数反应物能够部分或完全溶解，使反应在接近均相的情况下进行，所制备的纳米粒子具有纯度高、分散性好、形貌可控等优点。通过水热法可以方便地制备MnO_2的零维或一维纳米材料以及一维纳米阵列。零维纳米材料指的是三个维度都在纳米尺度内的纳米材料，可以是实心球、空心球、纳米颗粒等。Xu等以$KMnO_4$和硫酸溶液为原料，通过水热反应制备了α-MnO_2微球，材料在1M Na_2SO_4中的放电电容为167F·g^{-1}。以SiO_2微球为模板，$KMnO_4$水溶液为原料，可得到SiO_2@MnO_2复合微球；然后采用强碱

除去 SiO_2 模板后得到具有分级结构的水钠锰矿型 MnO_2 空心球。当循环伏安扫描速率为 $5mV \cdot s^{-1}$ 时，电极材料的比电容为 $299F \cdot g^{-1}$，并且具有优良的循环稳定性能。

一维纳米材料是指有两个维度的尺寸处于纳米级别，通常是纳米线、纳米棒及纳米管。

由于在高温高压条件下，盐酸对 MnO_2 具有一定的刻蚀作用。以盐酸和 $KMnO_4$ 为原料，利用盐酸对 MnO_2 的刻蚀作用，通过水热法制备了 MnO_2 纳米管和 MnO_2 纳米管阵列。

例如，制备 MnO_2 纳米管在 $5mV \cdot s^{-1}$ 时的比电容值为 $220F \cdot g^{-1}$；且具有超强的倍率性能。这可能是因为纳米管有利于电解质的迁移，从而提高了材料的倍率性能。

共沉淀法是制备 MnO_2 纳米材料最简单的方法。将 $KMnO_4$ 和二价锰盐按照一定比例溶解在溶剂中，然后把两者混合搅拌就可以得到 MnO_2 纳米粉体。共沉淀法具有工艺简单、条件温和等优点，但是不容易得到形貌均一的纳米材料。Chen 等在异丙醇 - 水的混合溶剂中，采用共沉淀法制备了各种晶体结构的 MnO_2 一维纳米材料。通过调节混合溶剂的配比，可以得到 $\alpha-MnO_2$ 的纳米针、纳米棒以及纺锤形的 $\gamma-MnO_2$。电化学测试表明，所制备的 $\alpha-MnO_2$ 纳米针具有很好的电化学性质，比电容值为 $233.5Fg^{-1}$，循环 500 圈后的比电容值为初始值的 75.2%。

电化学法是指在外加电场的作用下，通过控制电势使 Mn2+ 被氧化并且最终沉积在阳极表面形成 MnO_2 纳米材料。

自从有学者首次报道采用电化学法制备 MnO_2 薄膜电极以来，人们开始广泛地采用电化学氧化法制备 MnO_2 薄膜电极。在这一时期，主要是通过制备不同氧化态、比表面积（BET）和水含量的 MnO_2 材料来提高比电容值、增加倍率性能以及循环寿命。由于纳米材料的微结构对材料的电化学性质影响很大，因此，可通过控制沉积参数、电极基片和模板等的孔结构来实现微纳米结构的调控。最初，通过电流 / 电势的控制，可以制得 3D 多孔的纳米纤维网状结构。后来，采用阳极氧化铝为模板，通过电化学法制得了 MnO_2 纳米管 / 纳米线阵列。基于 MnO_2 纳米管阵列的电极材料具有超大的比电容值（电流密度为 $1A \cdot g^{-1}$ 时的比电容值为 $350F \cdot g^{-1}$）和很好的倍率性能，适合大电流充放电场合。

溶胶凝胶法通常是采用 KMnO4 或 $NaMnO_4$ 为氧化剂，与还原剂在溶液中反应形成稳定的透明溶胶体系，溶胶经陈化、胶粒间缓慢聚合，形成三维空间网络结构的凝胶，且其网络间充满了失去流动性的溶剂。凝胶经过干燥、烧结固化得到 MnO_2 纳米材料。还原剂通常为 Mn（Ⅱ）、葡糖等。烧结温度对产物的形貌、比表面积有十分重大的影响。通常情况下，在 200 ~ 300℃下煅烧所得的纳米 MnO_2 的比表面积最大。这可能是因为在合适的温度下煅烧，溶剂的蒸发速率可以得到控制，从而产生较高的气孔和均匀的孔径分布，使得具有较大的比表面积。但进一步增加煅烧温度，会导致气孔塌陷，比表面积减少。

（三）Co_3O_4

Co_3O_4 外观为灰黑色或黑色粉末，具有正常的尖晶石结构，与磁性氧化铁为异质同晶，具有好的赝电容性能、低的价格，是一种具有发展潜力的超级电容器电极材料。

各种形貌和结构的纳米 Co_3O_4 用作超级电容器的电极材料，并表现出了极好的超电容特性。有学者用溶胶凝胶法合成的 CoO_x 干凝胶在 150℃时所测得的比容量为 291F/g，非常接近其理论值 355F/g。此外，这种材料具有很好的稳定性能，这是由于低温下获得的无定型 $Co(OH)_2$ 具有较大的比表面积和合适的孔隙，在转变成氧化物的过程中，非晶结构变为晶体结构，活性表面减少，稳定性增加。而叶等以四元微乳液为介质，在水热环境下制备了具有蒲公英状、剑麻状及捆绑式结构的 Co3O4 前驱物，然后在 300℃下焙烧前驱物得到 Co3O4，所制备的 Co3O4 电极材料的比容量为 340F/g。

三、导电聚合物

根据电导率（σ）的不同，材料可以分为绝缘体（电导率 $\sigma \leqslant 10^{-10}$ S/cm）、半导体（$\sigma=10^{-10} \sim 10^{2}$ S/cm）、导体（$\sigma=10^{2} \sim 10^{6}$ S/cm）以及超导体（$\sigma \to \infty$）四大类。在过去的很长一段时间内，有机聚合物通常被认为是绝缘体。

虽然导电聚合物具有离域的 π 电子，但是由于其具有较大的禁带宽度（> 1.5eV），π 电子无法从价带跃迁到导带来实现电子迁移，因此，本征态的导电聚合物一般是绝缘体或者准半导体。但是，与饱和聚合物相比（如聚乙烯的禁带宽度为 8.8eV），导电聚合物的禁带宽度要小得多，说明其离子化电位较低，电子亲和力较大，易与适当的电子受体或电子给体发生电子转移，即进行化学或电化学掺杂，产生载流子而导电。导电聚合物的掺杂方式分为 P 型（空穴）掺杂和 n 型（电子）掺杂两种。p 型掺杂是指通过化学或电化学方法使导电聚合物被部分氧化所致，需提供一个对阴离子 A^-；n 型掺杂是指导电聚合物被部分还原所致，需提供一个对阳离子 M^+。n 掺杂需要很强的还原剂，如碱金属钾、钠等，且所制备的导电聚合物还原电位极低，在空气中不稳定，实用价值不大。通过掺杂后，在导电聚合物骨架上会产生载流子（由孤子、极化子和双极化子组成）。这些载流子在外加电场作用下会在导电高分子的共轭双键间发生跃迁，进而使体系导电。

导电聚合物独特的掺杂脱掺杂的性能可以提供电容性能。导电聚合物在充放电过程中，一般认为聚合物共轭链上会进行快速可逆的 n 型或者 p 型掺杂和脱掺杂的氧化还原反应，从而使聚合物具有较高的电荷密度而产生很高的法拉第准电容，实现电能的储存。导电聚合物的 p 型掺杂即指：共轭聚合物链失去电子，而电解液中的阴离子就会聚集在聚合物链中来实现电荷平衡。而 n 型掺杂是指聚合物链中富裕的负电荷通过电解液中的阳离子实现电荷平衡，从而使电解液中的阳离子聚集在聚合物链中。

导电聚合物主要依靠法拉第准电容进行电荷储存，在充放电过程当中，电解液正离子或负离子会嵌入聚合物阵列，平衡聚合物本身电荷从而实现电荷存储。因此，该过程较双电层电极材料仅仅依靠电极材料表面吸附电解液离子有更高的电荷储存能力，表现出更大的比电容。在相同比表面积下，法拉第准电容电极材料容量比双电层电极材料容量要大 10 ~ 100 倍。

此外，在导电聚合物的氧化还原过程中，当氧化作用发生时，电解液中的离子进入聚合物骨架；当还原作用发生时，这些进入聚合物骨架的离子又被释放进入电解液，从而产生电流。这种氧化还原反应不仅发生在聚合物的表面，更贯穿于聚合物整个体积。由于这种充放电过程不涉及任何聚合物结构上的变化，因此这个过程具有高度的可逆性。导电聚合物电极材料最大的不足之处在于，在充放电过程中，其电容性能会出现明显的衰减。这是由于，导电聚合物在充放电过程中，经常会发生溶胀和收缩的现象，这一现象会导致导电聚合物电容性能衰退。例如，聚吡咯基超级电容器在电流密度为 $2mA/cm^2$ 时，最初的比电容为 120F/g，但是当其循环 1000 次后其比电容就会下降约 50。聚苯胺也面临同样的问题，在不断的充放电过程中，由于其体积的变化，使其电容性能变差。例如聚苯胺纳米棒在循环充放电 1000 次后，其比电容会下降约 29.5%。因此，解决导电聚合物在超级电容器应用中的循环稳定性问题成为目前研究的热点。

当导电聚合物呈纳米纤维、纳米棒、纳米线或者纳米管时，可有效地抑制聚合物在循环使用中的电容性能衰减并表现出更好的电容性能。这是由于这些形态的导电聚合物一般都具有较小的纳米尺寸，能够有效减小离子扩散路径，提高电极活性物质利用率。此外，有序的导电聚合物与传统的随机的导电聚合物相比较，具有更好的电化学性能。例如，Gupta 等采用电化学沉积法制备得到了 PANI 纳米线，该纳米线比电容可达 742F/g，并且经循环充放电测试，前 500 圈比电容衰减 7%，随后的 1000 圈比电容仅衰减 1%。而 Wang 等却利用介孔碳为模板，制备得到具有空间有序 V 形通道的电极材料，这种空间有序的 V 形通道能够促进电解液很快扩散到电极活性物质表面，经电化学测试其比电容高达 900F/g，经过 3000 次充放电测试，它比电容仅下降约 5%。

第三节　超级电容器电解液

一、水系电解质

水溶液体系电解液是最早应用于超级电容器的电解液，水溶液电解质的优点是电导率高，电容器内部电阻低，电解质分子直径较小，容易与微孔充分浸渍。目前水溶液电解质主要用于一些涉及电化学反应的赝电容以及双电层电容器中，但缺点是容易挥发，电化学窗口窄。水系电解液的研究主要是对酸性、中性、碱性水溶液的研究，其中最常用的是 H_2SO_4 和 KOH 水溶液。

（一）酸性水体系电解质

在酸性水溶液中最常用的是 H_2SO_4 水溶液因为它具有电导率及离子浓度高内阻低的优点。但是以 H_2SO_4 水溶液为电解液，腐蚀性大，集流体不能用金属材料，电容器受到挤压破坏后，会导致硫酸的泄漏，造成更大的腐蚀，且工作电压低，如果使用更高的电压需要串联更多的单电容器。此外也有人尝试着用 HBF_4、HCl、HNO_3、H_3PO_4、CH_3SO_3H（甲烷磺酸）等作为超级电容器电解液，但是这些电解液都不太理想。

（二）碱性水体系电解质

对于碱性电解液，最常用的是 KOH 水溶液，其中以炭材料为电容器电极材料时用高浓度的 KOH 电解液（如 6 mol/L），以金属氧化物为电容器电极材料时用低浓度的 KOH 电解液（如 1 mol/L）。除了用 KOH 水溶液外，有学者研究了以 LiOH 水溶液作电解液的电容器的性能，相对于 KOH 水溶液电解液，使用 LiOH 水溶液作为电容器电解液，电容器的比电容、能量密度和功率密度都得到了一定的提升，但没有本质上的改变。另外，碱性电解液的一个严重缺点就是爬碱现象，这使得密封成为难题，因此碱性电解液的发展方向应是固态化。

（三）中性水体系电解质

中性电解液的突出优点是对电极材料不会造成太大的腐蚀，目前中性电解液中主要是锂、钠、钾盐的水溶液，其中 KCl 水溶液是最早研究的一种中性电解液，如有学者用 2 mol/LKCl 水溶液取代硫酸水溶液，以 MnO_2 等过渡金属氧化物电极为电极材料得到了 200F/g 以上的比电容，但缺点是如果电容器过充后，KCl 水溶液电解容易产生有毒的氯气。目前中性电解液中研究较多的是锂盐水溶液，尤其在以过渡金属氧化物为电极材料的赝电容体系中，除了充当电解液的支持电解质以外，由于锂离子离子半径小，可以“插入”氧化物中，从而增大了电容器的容量。与酸性和碱性电解液相比，中性电解液在安全性能方面有一定的优势，但其毕竟是水溶液电解液，受水的分解电压的影响大。

二、有机电解质体系

超级电容器的工作电压受限于电解液在高电位下在电极表面的分解。因此，电解液的工作电压范围越宽，超级电容器的工作电压也越宽。用有机电解液取代水系电解液，电容器工作电压可以从 0.9V 提高到 2.5 ~ 2.7V。当前商用的超级电容器较为普遍的工作电压为 2.7 V，由于超级电容器的能量密度与工作电压的平方成正比，工作电压越高，电容器的能量密度越大，因此，大量的研究工作正致力于高电导率、化学和热稳定性好、宽电化学窗口的电解液的开发。超级电容器有机电解质体系主要由有机溶剂和电解质构成，有机溶剂主要包括碳酸丙烯酯（PC）、碳酸乙烯酯（EC）、γ－丁内酯（GBL）、甲乙基碳酸酯（EMC）、碳酸二甲酯（DMC）等酯类化合物以及乙腈（AN）、环丁砜（SL）、N，N 二甲基甲酰胺（DMF），其主要特点是低挥发、电化学稳定性好、介电常数较大。电解质中阳离子主要包括季铵盐系列、锂盐系列，此外季磷盐也有报道，而阴离子主要是 PF_6^-、BF_4^-、ClO_4^- 等。四氟硼酸锂（$LiBF_4$）、六氟磷酸锂（$LiPF_6$）、四氟硼酸四乙基铵（TE-ABF_4）、四氟硼酸三乙基铵（TE mABF_4）等盐类是比较常用的电解质。

由于乙腈和碳酸丙烯酯具有较低的闪点、较好的电化学和化学稳定性以及对有机季铵盐类有较好的溶解性，被广泛应用在超级电容器的电解液体系中。AN 虽然比 PC 在内阻上要低好多，但 AN 有毒，如今在国外某些国家机动车上已禁止使用，而使用碳酸丙烯酯作为超级电容器电解液成为主流。目前应用最多的有机电解液是浓度为 0.5 ~ 1.0mol/L 的 Et_4NBF_4/PC 溶液。有机电解液中的水在应用中应尽量避免，水含量尽量控制在 20μg/g 以下。水的存在会导致电容器性能的下降，自放电加剧。如 Wang 等研究表明，含水量为 2000μg/g 的有机电解液组装成的电容器经过多次充放电，活性炭电极的储电能力显著降低。此外，电容器的过充会导致有毒的挥发性物质产生，同时也会使电容器的储电能力显著下降甚至丧失。总而言之，通过对各种有机溶剂的混合优化并与支持电解质和电极材料适配，以达到最优的配比，是当前有机电解液研究的发展方向。

三、离子液体体系电解质

离子液体作为一种新型的绿色电解液，以其相当宽的电化学窗口、相对较高的电导率和离子迁移率、宽液程、几乎不挥发、低毒性等优点，在超级电容器，尤其是双层电容器领域得到了广泛的应用。采用离子液体的超级电容器具有稳定、耐用、电解液没有腐蚀性、工作电压高等特点，但缺点就是离子液体的黏度过高，目前离子液体型超级电容器是电容器研究最为活跃的领域之一，离子液体在超级电容器方面的应用迅速发展，尤其是一些新的理论的出现和离子液体型超级电容器产业的迅速推进，使得离子液体在超级电容器中的应用达到了一个新的高度。

（一）离子液体作为超级电容器液态电解质

[EMIF]2.3HF 是低黏度、高电导率的离子液体。有学者研究了由活性炭电极和离子液体 [EMIF]2.3HF 构成的化学双层电容器（EDLC），研究表明，和离子液体 [EMIm]BF_4 相比，[EMIF]2.3HF 离子液体甚至在低温时都具有相当高的电容，但是其电化学窗口只有 3V 左右，导致电容器的能量密度较低，而且该离子不稳定，容易释放 HF，环境不友好。也有学者发展了一种新的全氟负离子的离子液体 [EMI]$RfBF_3$（Rf=C_2F_5、n-C_3F_7、n-C_4F_9），在低温时展现了较高的电导率，将其应用于以活性炭材料为电极的 EDLC 中并进行初步的研究，结果表明，其工作电压可以达到 3V，活性炭比电容为 13F/g，其缺点是电容器的电容随时间变化有很大损失（两天后损失 50% 以上），表明该离子液体不稳定。虽然普通的二烷基咪唑类离子液体作为电化学电容器电解质具有相当好的电化学性质，但它们在高比表面积的炭电极上容易分解，极大地影响了电容器的性能。另一方面，脂肪族胺类离子液体中对炭电极是稳定的，但四级铵阳离子（C1 ~ C4）体积相对较小，氮原子上的电荷比较集中，室温下很难形成液体。还有学者研究了以 [DEME]BF_4（N，N- 二甲基 -N- 乙基 -N-2- 甲氧基乙基铵四氟硼酸盐）离子液体为电解质的电化学双层电容。该 EDLC 的工作电压为 2.5V，在 70℃下的比电容为 26F/g。一般来说，离子的阴阳离子的尺寸大都在 10Å（1Å=0.1nm）以下，因此活性炭的孔隙要在微孔时才能达到其最大的电容。也有学者对碳纳米管（CNT）和电解液 [EMIm]BF_4 组成的超级电容器模型进行了模拟，发现了微孔尺寸的大小会极大地影响离子液体离子在微孔中的分布，碳纳米管的微孔尺寸大小为 0.77nm 时，碳纳米管的比电容达到最大。

另一方面，由于温度对离子液体的电导率、黏度等参数产生了比较大的影响，因此温度对液态离子液体型超级电容器的性能会产生较大的影响。

离子液体电解液用于超级电容器主要针对的是双电层电容器或者电极材料为聚合物（电极表面存在电极反应）的电容器，而固体氧化物作为超级电容器电极材料的电容器称为赝电容。这一类型电容器的电解液主要是水系电解液，然而近年来，这种分类定势似乎要被彻底颠覆，有不少工作使用固体金属氧化物和离子液体分别作为超级电容器的电极材料和电解液并取得了一定的进展。

（二）离子液体有机溶剂混合电解质

目前离子液体型超级电容器是电容器研究最为活跃的领域之一，但是其缺点是黏度大、电导率相对较低。研究表明，石墨烯作为电极材料在离子液体 / 有机电解液中的电位窗口可达 1.9V，远高于水系电解液的 1.0V，同时其还具有高的能量密度；随着离子液体阳离子咪唑环烷基链长度的增加，石墨烯在离子液体 / 有机电解液中的电化学性能变差；石墨烯在离子液体 / 有机电解液 1500 次循环以后，容量保持率为初始容量的 1.2 倍，并且表现出优异的循环稳定性。

一般来说，以活性炭作为电极材料，离子液体与水溶液、有机电解质对比如下所述。

第一，使用离子液体作为电解质，工作电压可以达到 3.5V；使用离子液体的 AN 或者 PC 溶液作为电解质，工作电压可以达到 3V；使用经典的有机电解液体系电解质，工作电压可以达到 2.5V；而水溶液电解质的超级电容器工作电压只有 1V。

第二，能量密度最高的是使用离子液体电解质的超级电容器，而水溶液电解质的超级电容器的功率密度最高，但能量密度要比离子液体电解质低一个数量级。

第三，在能量密度和功率密度比较协调统一时，使用离子液体的 AN 或者 PC 溶液作为电解质是比较合理的选择，能量密度很高并且功率密度也可以接受。

第八章 生物质能与核能材料

第一节 生物质能转化技术

一、生物质能概述

（一）生物质能的特点

第一，物质利用过程中具有二氧化碳零排放特性。因为生物质在生长时需要的 CO_2 相当于它排放的 CO_2 量，因而对大气的 CO_2 净排放量近似为零，可有效降低温室效应。

第二，生物质硫、氮含量都较低，灰分含量也很少，燃烧后 SO_z、NO，和灰尘排放量比化石燃料小得多，是一种清洁的燃料。

第三，生物质资源分布广、产量大，转化方式多种多样。

第四，生物质单位质量热值较低，且一般生物质中水分含量大而影响了生物质的燃烧和热裂解特性。

第五，生物质的分布比较分散，收集运输和预处理的成本较高。

第六，可再生性。生物质通过植物的光合作用可以再生，和风能、太阳能同属可再生能源，资源丰富，可以保证能源的永续利用。

（二）生物质能的分类

1. 林业资源

林业生物质资源是指森林生长和林业生产过程中提供的生物质能源，包括薪炭林、在森林抚育和间伐作业中的零散木材、残留的树枝、树叶和木屑等；木材采运和加工过程中的枝丫、锯末、木屑、梢头、板皮及截头等；林业副产品的废弃物，如果壳和果核等。

2. 农业资源

农业生物质资源是指农业作物（包括能源作物）；农业生产过程中的废弃物，如农作物收获时残留在农田内的农作物秸秆（玉米秸、高粱秸、麦秸、稻草、豆秸和棉秆等）；农业加工业的废弃物，如农业生产过程中剩余的稻壳等。能源植物泛指各种用于提供能源的植物，通常包括草本能源作物、油料作物、制取烃类植物和水生植物等几类。

3. 生活污水和工业有机废水

生活污水主要由城镇居民生活、商业和服务业的各种排水组成，如冷却水、洗浴排水、盥洗排水、洗衣排水、厨房排水、粪便污水等。工业有机废水主要是乙醇、酿酒、制糖、食品、制药、造纸及屠宰等行业生产过程中排出的废水等，其中都富含有机物。

4. 城市固体废弃物

城市固体废弃物主要是由城镇居民生活垃圾，商业、服务业垃圾和少量建筑业垃圾等固体废物构成。其组成成分比较复杂，受到当地居民的平均生活水平、能源消费结构、城镇建设、自然条件、传统习惯及季节变化等因素影响。

5. 畜禽粪便

畜禽粪便是畜禽排泄物的总称，它是其他形态生物质（主要是粮食、农作物秸秆和牧草等）的转化形式，包括畜禽排出的粪便、尿及其与垫草的混合物。

（三）生物质能利用的主要技术

1. 直接燃烧

生物质的直接燃烧和固化成型技术的研究开发主要着重于专用燃烧设备的设计及生物质成型物的应用。

2. 生物质气化

生物质气化技术是将固体生物质置于气化炉内加热，同时通入空气、氧气或水蒸气，来产生品质较高的可燃气体。它的特点是气化率可达 70% 以上，热效率也可达 85%。生物质气化生成的可燃气经过处理可用于合成、取暖、发电等不同用途，这对于生物质原料丰富的偏远山区意义十分重大，不但能改变人们的生活质量，而且也能够提高用能效率，节约能源。

3. 液体生物燃料

由生物质制成的液体燃料叫做生物燃料。生物燃料主要包括生物乙醇、生物丁醇、

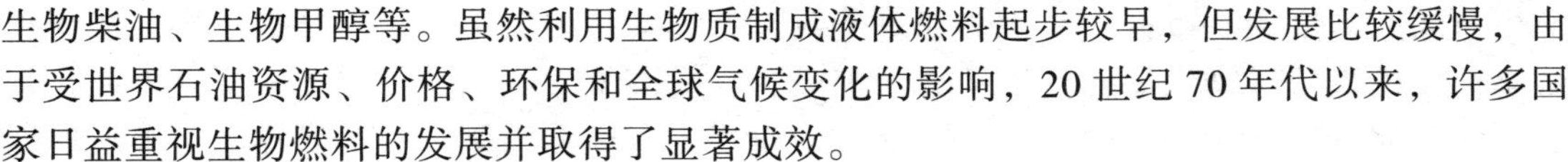

生物柴油、生物甲醇等。虽然利用生物质制成液体燃料起步较早，但发展比较缓慢，由于受世界石油资源、价格、环保和全球气候变化的影响，20 世纪 70 年代以来，许多国家日益重视生物燃料的发展并取得了显著成效。

4. 沼气

（1）沼气的传统利用和综合利用技术

我国是世界上开发沼气资源较多的国家，最初主要是农村的户用沼气池，以解决秸秆焚烧和燃料供应不足的问题，后来的大中型沼气工程开始建设，之后，大中型废水、养殖业污水、村镇生物质废弃物、城市垃圾沼气工程的建立拓宽了沼气的生产和使用范围。

（2）沼气燃料电池技术

沼气燃料电池就是用沼气（主要成分为 CH_4）作为燃料的电池，与氧化剂 O_2 反应生成 CO_2 和 H_2O，反应中得失电子就可产生电流从而发电。燃料电池使用气体燃料和氧气直接反应产生电能，其效率高、污染低，是一种很有前途的能源利用。

5. 生物制氢

氢气是一种清洁、高效的能源，有着广泛的工业用途，潜力巨大，近年来生物制氢的研究逐渐成为人们关注的热点，但是将其他物质转化为氢气并不容易。生物制氢过程可分为厌氧光合制氢和厌氧发酵制氢两大类。

6. 生物质发电技术

生物质发电技术是将生物质能源转化为电能的一种技术，主要包括农林废物发电、垃圾发电和沼气发电等。作为一种可再生能源，生物质能发电在国际上越来越受到重视，在我国也越来越受到政府的关注。

生物质发电将废弃的农林剩余物收集、加工整理，形成商品及防止秸秆在田间焚烧造成的环境污染，又改变了农村的村容、村貌，是我国建设生态文明、实现可持续发展的能源战略选择之一。如果我国生物质能利用量达到 5 亿吨标准煤，就可解决目前我国能源消费量的 20% 以上，每年可减少排放二氧化碳中的碳量近 3.5 亿吨，二氧化硫、氮氧化物、烟尘减排量近 2500 万吨，把产生巨大的环境效益。尤为重要的是，我国的生物质能资源主要集中在农村，大力开发并利用农村丰富的生物质能资源，可促进农村生产发展，显著改善农村的村貌和居民生活条件，将会对建设社会主义新农村产生积极而深远的影响。

二、生物质能转化技术分析

（一）物理转化技术

物理转化主要是指生物质的固化，生物质固化是生物质能利用技术的一个重要方面。生物质固化就是将生物质粉碎至一定的平均粒径，不添加黏结剂，在高压条件下，挤压成一定形状。其黏结力主要是靠挤压过程所产生的热量，使得生物质中木质素产生塑化与黏性，成型物再进一步炭化制成木炭。物理转化解决了生物质形状各异、堆积密度小且较松散、运输和储存使用不方便等问题，提高了生物质的使用效率，但固体在运输方面不如气体、液体方便。另外，该技术要真正达到商品化阶段，尚存在机组可靠性较差、生产能力与能耗、原料粒度与水分、包装和设备配套等方面的问题。

（二）化学转化技术

1. 直接燃烧

利用生物质原料生产热能的传统办法是直接燃烧，燃烧过程中产生的能量可被用来产生电能或供热。在生物质燃烧用于烧饭、加热房间的过程中，能量的利用效率极低，只能达到 10% ~ 30%。而在高效率的燃烧装置中，生物质能的利用效率可获得较大幅度的提高，接近石化能源的利用效率。供热厂的设备主要由生物质原料干燥器、锅炉和热能交换器等组成。早期开发应用的炉栅式锅炉和旋风锅炉，由于大量热能不可避免地从烟道丢失，其热能转换效率小于 26%。

2. 热解

生物质的热解是将生物质转化为更为有用的燃料，是热化学转化方法之一。在热解过程中，生物质经过在无氧条件下加热或在缺氧条件下不完全燃烧后，最终可以转化成高能量密度的气体、液体和固体产物。热解技术很早就为人们所掌握，人们通过这一方法将木材转化为高热值的木炭和其他有用产物。在这一转化过程中，随着反应温度的升高，作为原料的木材会在不同温度区域发生不同反应。当热解温度达到 200℃时，木材开始分解，此时，木材的表面开始脱水，同时放出水蒸气、二氧化碳、甲酸、乙酸和乙二醛。当温度升至 200 ~ 250℃时，木材将进一步分解，释放出水蒸气、二氧化碳、甲酸、乙酸、乙二醛和少量一氧化碳气体，反应为吸热反应，木材开始焦化。若温度进一步升高，达到 262 ~ 502℃时，热裂解反应开始发生，反应为放热反应。在这一反应条件下，木材会释放出大量可燃的气态产物，如一氧化碳、甲烷、甲醛、甲酸、乙酸、甲醇和氢气并最终形成木炭。通过改变反应条件，人们可控制不同形态热解产物的产量：降低反应温度、提高加热速率、减少停留时间，可获得较多的液态产物；降低反应温度和加热速率可获得较多的固体产物；提高反应温度、降低加热速率、延长停留时间可获得较多的气体产物。由于液体产品容易运输和储存，国际上近来很重视这类技术。最近国外又开发了快速热解技术，即瞬时裂解，制取液体燃料油（液化油产率以干物质计）可得 70% 以上。该方法是一种很有开发前景的生物质应用技术。

3. 气化

生物质的气化是以氧气（空气、富氧或纯氧）、水蒸气或者氢气作为气化剂，在高温下通过热化学反应将生物质的可燃部分转化为可燃气（主要为一氧化碳、氢气和甲烷以及富氢化合物的混合物，还含有少量二氧化碳和氮气）。通过气化，原先的固体生物质被转化为更便于使用的气体燃料，可以用来供热、加热水蒸气或直接供给燃气机以产生电能，并且能量转换效率比固态生物质的直接燃烧有较大提高。气化技术是目前生物质能转化利用技术研究的重要方向之一。

生物质气化时，随着温度的不断升高，物料中的大分子吸收大量能量，纤维素、半纤维素、木质素发生一系列并行且连续的化学变化并析出气体。半纤维素热分解温度较低，在低于350℃的温度区域内就开始大量分解。纤维素主要热分解温度区域在250～500℃，热解后碳含量较少，热解速率很快。而木质素在较高的温度下才开始热分解。从微观角度可将热分解过程分为四个区域：100℃以下是含水物料中的水分蒸发区；100～350℃之间主要是半纤维素和纤维素热分解区；350～600℃间是纤维素和木质素的热解区；大于600℃是剩余木质素的热分解区。

4. 液化

生物质的液化是在高温、高压条件下进行的生物质热化学转化过程，通过液化可将生物质转化成高热值的液体产物。生物质液化是将固态的大分子有机聚合物转化为液态的小分子有机物的过程。其过程主要由三个阶段构成：首先是破坏生物质的宏观结构，使其分解为大分子化合物；其次是将大分子链状有机物解聚，使之能被反应介质溶解；最后在高温、高压作用下经水解或溶解以获得液态小分子有机物。各种生物质由于其化学组成不同，在相同反应条件下的液化程度也不同，但各种生物质液化产物的类别则基本相同，主要为生物质粗油和残留物（包括固态和气态）。为了提高液化产率，获得更多生物质粗油，可在反应体系中加入金属碳酸盐等催化剂，或充入氢气和一氧化碳。根据化学加工过程的不同，液化又可以分为直接液化和间接液化。直接液化通常是把固体生物质在高压和一定温度下与氢气发生加成反应（加氢），和热解相比，直接液化可以生产出物理稳定性和化学稳定性都较好的产品。间接液化是指先将生物质气化得到的合成气（$CO+H_2$），后经催化合成为液体燃料（甲醇或二甲醚等）。生物质间接液化主要有两条技术路线：一条是合成气－甲醇－汽油的Mobil工艺路线；另外一条是合成气费托合成工艺路线。

5. 酯交换

酯交换是将植物油与甲醇或乙醇等短链醇在催化剂或者在无催化剂超临界甲醇状态下进行反应，生成生物柴油（脂肪酸甲酯），并获得副产物甘油。生物柴油可以单独使用以替代柴油，又可以一定的比例与柴油混合使用。除了为公共交通车、卡车等柴油车辆提供替代燃料外，又能为海洋运输业、采矿业、发电厂等具有非移动式内燃机行业提供燃料。

（三）生物转化技术

1. 厌氧消化技术

厌氧消化是指富含碳水化合物、蛋白质和脂肪的生物质在厌氧条件下，依靠厌氧微生物的协同作用转化成甲烷、二氧化碳、氢及其他产物的过程。整个转化过程可分为三个步骤，首先将不可溶复合有机物转化成可溶化合物，然后可溶化合物再转化成短链酸与乙醇，最后经各种厌氧菌作用转化成气体（沼气）。一般最后的产物含有

50% ~ 80% 的甲烷，最典型产物为含 65% 的甲烷与 35% 的二氧化碳，热值达 20MJ/m^3，是一种优良的气体燃料。厌氧消化技术又依据规模的大小设计为小型的沼气池技术和大中型集中的禽畜粪便或者工业有机废水的厌氧消化技术。

2. 发酵生产乙醇工艺技术

生产乙醇的发酵工艺依据原料的不同分为两类：一类是富含糖类的作物直接发酵转化为乙醇；另一类是以含纤维素的生物质原料作为发酵物，必须先经过酸解转化为可发酵糖分，再经过发酵生产乙醇。

（四）生物柴油

1. 生物柴油概述

化石能源如石油和天然气是当今世界的主要能源，然而，化石能源储量十分有限，随着未来经济的快速发展和能源结构的调整，中国对石油的需求还会继续增大。另外，化石能源燃烧后产生的二氧化碳、氧化氮、氧化硫以及排放的黑烟等导致了严重的环境污染问题，如温室效应、全球气候变暖等。严重的能源危机和环境问题促使人们进行石油替代能源的研究和开发。

柴油作为一种重要的石油炼制产品，在各国燃料结构中占有较高的份额。柴油具有动力大的特点，可以作为许多大型动力车辆（卡车、内燃机车及农用汽车如拖拉机等）发动机的主要燃料。柴油应用中存在的主要问题是燃烧效率较低，对空气污染严重，容易产生大量颗粒粉尘等。因此，国内外开始研究用可再生的生物柴油代替柴油。

柴油分子是由约 15 个碳原子组成的烃类，而植物油分子中的脂肪酸一般由 14 ~ 18 个碳原子组成，与柴油分子的碳原子数相近。20 世纪 80 年代，国外学者首先将亚麻子油经甲酯化用于柴油发动机，并将可再生的脂肪酸单酯定义为生物柴油。

发动机的发明者鲁道夫·狄塞尔（Rudolf Diesel）在最初发明发动机的时候，其实就是设想使用植物油作为发动机的燃料。随着 20 世纪 70 和 90 年代出现的两次石油危机，这一设想在世界许多国家变成了现实，生物柴油（由油脂转化获得的脂肪酸甲酯混合物）成为实用产品，直接应用在柴油发动机上并体现出较好的环境友好性。生物柴油的性能与 0# 柴油相近，但燃烧生物柴油时发动机排放出的尾气所含有害物比燃烧普通柴油大幅度减少。

2. 生物柴油的特点及其意义

生物柴油是柴油的优良替代品，它适用于任何柴油车辆，可与普通柴油以任意比例混合，制成生物柴油混合燃料，比如 B5（5% 的生物柴油与 95% 的普通柴油混合）、B_20（20% 的生物柴油与 80% 的普通柴油混合）等。

生物柴油的燃烧性能完全可以满足柴油机的需要。与柴油相比，生物柴油还具有以下优点：

第一，以可再生动植物油脂为原料，可以减少对化石燃料的需求量和进口量；

第二，环境友好，无硫化物排放，生物柴油十六烷值和含氧量高，燃烧更充分，尾气中有毒物排放量均大大的低于普通柴油，并且生物降解性高，是典型的“绿色能源”；

第三，生物柴油的闪点远远高于普通柴油，不容易意外失火，因此使用、运输、处理和储存都更加安全。

生产和推广、应用生物柴油的优越性是显而易见的，特别是对于我国这样一个能源进口大国和农业大国，发展生物柴油更是具有十分重要的意义。

第一，今后我国将长期大量进口石油。面对严峻的挑战，立足于本国油脂原料，大规模生产替代液体燃料，是保障我国石油安全的重要途径之一。发展生物柴油代替柴油，近期可以缓解柴油供应紧张的状况，长期则可减少进口、节省外汇，这将对我国石油安全做出重大贡献。

第二，生物柴油是一种可降解环保型清洁能源，可以显著减少污染物排放，减轻意外泄漏时对环境的污染。利用废弃食用油脂生产生物柴油，可以减少受污染的、含有毒物质的废油排入环境或重新进入食用油系统。在适宜的地区种植油料作物，为制备生物柴油提供充足油脂原料的同时，可以起到保护生态、减少水土流失等作用。因此，生物柴油的发展具有重要的环保意义。

第三，我国是一个农业大国，解决好“三农”问题尤为重要。通过结构调整将退耕还林和发展木本油料植物结合起来，开发种植特色高产工业油料作物，将农产品向工业品转化，这无疑是一条强农业富农民的可行途径。此外，由于分散生产和就地使用等特点，生物柴油的开发对改善区域经济和解决农村剩余劳动力也有十分重要的意义。

3. 生物柴油的制备技术

（1）直接混合

20 世纪初，鲁道夫·狄塞尔最早直接将植物油用在他所发明的柴油发动机中。为了降低植物油的黏度，有学者在 20 世纪 80 年代将脱乳大豆油和柴油混合作为柴油机燃料油。但是植物油的高黏度以及在储存和燃烧过程中，因氧化和聚合而形成的凝胶、碳沉积并导致润滑油黏度增大等都是不可避免的严重问题。实践证明，以植物油直接替代柴油或将植物油与普通柴油混合并直接使用到柴油机上是不太实际的。

（2）微乳液法

为解决油脂的高黏度问题，可使用甲醇、乙醇和 1- 丁醇进行微乳化，形成微乳液。微乳液是由水、油、表面活性剂等成分以适当比例自发形成的透明、半透明稳定体系，其分散相颗粒极小，一般在 0.01 ~ 0.2 μm 之间。微乳化能使燃烧更加充分，提高燃烧率。但在实验室规模的耐久性试验中，发现注射器针常出现被堵住，积炭严重，燃烧不完全，润滑油黏度增加等问题。

（3）热裂解

热裂解是在热或热和催化剂共同作用下，使得一种物质转化为另一种物质的过程。由于反应途径和反应产物的多样性，热裂解反应很难被量化。甘油三酯热裂解可生成一系列混合物，包括烷烃、烯烃、二烯烃、芳烃和羧酸等。该工艺的特点是过程简单，不产生任何污染，但是裂解设备昂贵，过程很难控制且难以达到产品质量要求。例如，当裂解混合物中硫、水、沉淀物及铜片腐蚀值在规定范围内时，其灰分、炭渣和浊点就超出了规定值。

（4）转酯化

这种方法是以长链脂肪酸单酯作为目的产物，也是目前生产生物柴油的主要方法。动植物油脂在催化剂的作用下，与以甲醇为代表的短链醇发生转酯化反应，生成长链脂肪酸单酯（生物柴油），同时生成副产物甘油。

根据所使用的催化剂不同，通常将转酯化法分为化学法和生物法两类。化学法是指以酸或碱作为催化剂。生物法则是以脂肪酶或者微生物细胞作为催化剂。

4. 制备生物柴油的油脂原料

（1）酸化油

酸化油是榨油厂酸碱精制后的废弃垃圾，但是酸化油收集较难，而且价格波动较大。

（2）废弃食用油脂

废弃食用油脂分以下部分：剩饭菜里的中性油；宾馆和饭店洗碗碟时，随水进入隔油池的垃圾；快餐业排出的煎炸废油；皮革厂加工时，从牛皮、羊皮上剥下来的一层油脂。这些废弃油脂收购价格差别比较大，量也非常有限。

（3）木本、草本类油脂原料。在木本油料中，我国的黄连木、乌柏、油桐、麻疯树等资源十分丰富，但现有的资源没有得到充分开发和利用。它们具有野生性，耐旱、耐贫瘠，不与粮食生产争地，在约占我国国土总面积69%的山地、高原和丘陵等地域都能很好地生长，而且其采集需要大量劳动力，合乎我国国情。结合我国西部退耕还林生态工程，大面积营造生物柴油资源林，提供廉价的生物柴油原料，可变荒山劣势为优势，同时为我国农民和林业工人增收，这将是中国发展生物柴油的重要特色。此外，我国也有丰富的油料作物资源，如大豆、棉花、菜籽等，它们的亩产油量比野生木本植物高，更利于大量提供生物柴油原料。但是，这类原料价格高，必须综合利用以降低生产成本；还要与粮食生产结合，不与粮食争地。将菜籽油来发展生物柴油为例，要采用优质品种，如低芥酸、低硫甙、高油收率的品种，提供优质生物柴油原料和动物饲料蛋白；要与农作物生产结合，组织起油菜种植、加工一体化生物柴油生产基地来实现。除国内资源外，也可以从国外进口大豆油、菜籽油、棕榈油等为原料，这也相当于代替一部分进口原油和柴油，关键是原料和成品价格能否和石油竞争。

（4）微生物油脂原料

微生物油脂也可能是未来生物柴油的重要油源。国外学者曾报道了产油微生物转化五碳糖为油脂的研究。产油微生物的这一特性尤其适用于木质纤维素全糖利用。因此，微生物油脂是具有广阔前景的新型油脂资源，在未来的生物柴油产业中将发挥重要作用。

（五）生物质制氢

1. 生物质制氢概述

目前全球能源主要依靠石油、煤炭、天然气这些化石能源，随着化石能源的枯竭最

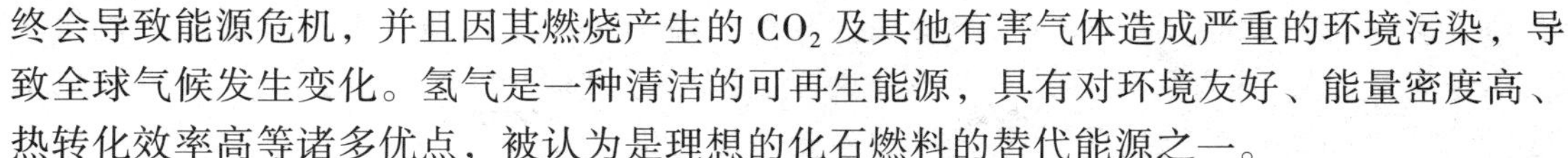

终会导致能源危机，并且因其燃烧产生的 CO_2 及其他有害气体造成严重的环境污染，导致全球气候发生变化。氢气是一种清洁的可再生能源，具有对环境友好、能量密度高、热转化效率高等诸多优点，被认为是理想的化石燃料的替代能源之一。

2. 氢能的特点

第一，在所有元素中，氢重量最轻。在标准状态下，它的密度为 0.0899g/L；在 -252.7℃时，可成为液态；如果将压力增大到数百个大气压，液氢就可变为固态氢；

第二，在所有气体中，氢能的导热性最好，比大多数气体的热导率高出 10 倍，因此在能源工业中氢是极好的传热载体；

第三，氢是自然界存在最普遍的元素，据估计它构成了宇宙质量的 75%，存储量大。除空气中含有氢气外，它主要以化合物的形态储存于水中，而水是地球上最普遍的物质。据推算，如果把海中的氢全部提取出来，它产生的总热量比地球上所有化石燃料放出的热量还高 9000 倍；

第四，氢的发热值高，除核燃料外，氢的发热值是所有化石燃料、化工燃料和生物燃料中最高的，为 142351kJ/kg，是汽油发热值的 3 倍；

第五，氢燃烧性能好，点燃快，与空气混合时可燃范围广，3% ~ 97% 范围内均可燃，而且燃点高、燃烧速率快；

第六，氢本身无毒，与其他燃料相比，氢燃烧时最清洁，除生成水和少量氮化氢外，不会产生诸如一氧化碳、二氧化碳、烃类、铅化物和粉尘颗粒等对环境有害的污染物质。少量的氮化氢经过适当处理，也不会污染环境；

第七，氢循环使用性好，燃烧反应生成的水可再用来制备氢，循环使用；

第八，氢能利用形式多，既可以通过燃烧产生热能，在热力发动机中产生机械功，又可以作为能源材料用于燃料电池，或转换成固态氢用于结构材料。用氢代替煤和石油，不需要对现有的技术装备进行重大改造，将现在的内燃机稍加改装即可使用；

第九，氢可以以气态、液态或固态的金属氢化物形式存在，能适应储运及各种应用环境的不同要求；

第十，氢可以减轻燃料自重，可增加运载工具的有效载荷，从而降低运输成本；从全程效益考虑，其社会总效益优于其他能源；

第十一，氢取代化石燃料能最大限度地减弱温室效应。

3. 生物制氢技术

生物制氢目前正处于起步阶段，进展迅速，制氢过程的能量消耗量少，而且也可以把生物制氢与环境治理相结合，达到既能制取氢能，又可以改善环境的目的。不足之处是产氢量较小，产氢速率缓慢。如果能克服这些不足，生物制氢无疑将成为未来制氢的主要方法之一。生物制氢是生物体在常温、常压下，利用生物体特有的酶催化而产生 H_2。生物制氢与生物体的物质和能量代谢密切相关，生物体放氢是其能量代谢过程的副产物之一。也就是说，生物体利用太阳能或分解有机物获得的能量，分解烃类，释放 H2。生物制氢耗能小，且可以和有机污染物的分解相结合。虽然目前生物制氢的产量不高，但随着现代生物技术的飞速发展，其产氢能力可以通过遗传改造和过程控制等手段得到提高，特别是生物制氢可以与有机废物的处理过程相结合，达到制氢和环保的双重目的，因而这也将会成为未来氢能的主要发展方向。

4. 生物制氢微生物

（1）发酵产氢微生物

①严格厌氧发酵产氢菌

分子氧对严格厌氧微生物有毒，即使短期接触空气也会抑制严格厌氧微生物的生长甚至致死，其生命活动所需能量通过发酵、无氧呼吸或磷酸化等过程提供。严格厌氧发酵产氢菌主要包括产氢梭菌、产氢瘤胃细菌、嗜热产氢菌、产甲烷产氢细菌等。不同严格厌氧菌株具有不同的产氢能力，如丁酸梭菌产氢量达416mL/L，阴沟肠杆菌ITT2BT08产氢量达212mL/L，类腐败梭菌、巴氏梭菌等也都具有一定的产氢能力。这些严格厌氧发酵菌可以用于单独产氢，也可以进行混合产氢。它们能够分解利用多种有机质产氢，如可以利用木糖、树胶醛糖、半乳糖、纤维二糖、蔗糖和果糖等小分子糖类，也能利用纤维素和半纤维素等大分子糖类产氢。

纤维素在自然界中广泛存在，如果用纤维素类物质作为产氢的原料，可望大规模生产 H_2。瘤胃细菌生存于动物的瘤胃中，利用动物未完全消化的有机物作为产氢的底物，如白色瘤胃球菌可以分解糖类产生 H_2。嗜热菌也具有产氢的能力，如嗜热厌氧菌。许多嗜热菌的产氢量很高，但一般葡萄糖利用率很低。产甲烷细菌在厌氧的情况下有一定的产氢能力，在正常情况下，其主要产物仍是甲烷，但在甲烷生成受到抑制的时候，巴氏甲烷八叠球菌可以利用 CO 和 H_2O，生成 H_2 和 CO_2。

②兼性厌氧发酵产氢菌

兼性厌氧发酵产氢菌在有氧或无氧条件下均能生长，但是在有氧情况下生长得更好。具有产氢能力的兼性厌氧发酵菌，如大肠杆菌和柠檬酸杆菌等。大肠杆菌在厌氧的情况下可以分解利用多种有机物放出 H_2 和 CO_2，大肠杆菌有极高的生长率并能够利用多种碳源，而且产氢能力不受高浓度H2的抑制，但其缺点是产氢量比较低。一些柠檬酸杆菌，如Citrobacter sp.Y19可以在厌氧条件下利用 CO 和 H_2O 产生 H_2。

③好氧发酵产氢菌

好氧发酵产氢菌只能在有氧的条件下才能生长，有完整的呼吸链，以 O_2 作为最终氢受体。需氧产氢微生物主要包括有芽孢杆菌、脱硫弧菌和粪产碱菌等。

发酵型细菌能够分解多种底物制取 H_2，如甲酸、乳酸、丙酮酸以及各种短链脂肪酸、葡萄糖、淀粉、纤维素二糖等。O_2 的存在会抑制与产氢相关的酶的合成与活性，甚至会使产氢过程完全受到抑制。在发酵型细菌中一般巴氏梭菌，丁酸梭菌和拜氏梭菌是高产氢细菌，而丙酸梭菌、大肠杆菌和蜂房哈夫尼菌的产氢量较低。

（2）光合产氢微生物

①藻类

藻类中的原核和真核藻具有产氢能力（蓝藻和绿藻）。蓝藻（又称蓝细菌）是一种原核生物，它可以利用太阳能还原质子产生H_2，如多变鱼腥藻、柱孢鱼腥藻，球胞鱼腥藻、满江红鱼腥藻、钝顶螺旋藻、珊藻、聚球藻、沼泽颤藻、点形念珠藻等。

②光合细菌

光合细菌是一群没有形成芽孢能力的革兰阴性菌，具有固氮能力，它们的共同特点是能在厌氧和光照条件下进行不产氧的光合作用。产氢光合细菌主要集中于红假单胞菌属、外硫红螺菌属、红微菌属、红细菌属、小红卵菌属等。

5. 生物制氢机制

（1）光合作用产氢

①直接生物光解制氢系统

产氢藻类可通过光合作用分解水产氢，同时伴随着氧气的产生，其生物过程按以下反应进行：

$$2H_2O \rightarrow 2H_2+O_2$$

这一过程包括光吸收的两个连续的系统：光系统Ⅰ（PS Ⅰ）和裂解水及释放氧的光系统Ⅱ（PS Ⅱ）。光合作用进行时，吸收的光能传递到PS Ⅱ反应中心后分解水，释放出质子、电子和氧气，电子在PSI进行一系列传递后传递给铁氧还蛋白。可逆氢化酶接受还原态铁氧还蛋白传递的电子并释放出氢气。

这一产氢系统的代表微生物为绿藻类的斜生栅藻，很久以前就有研究。厌氧是绿藻产氢的先决条件，当环境中氧气浓度接近1.5%时，脱氢酶会迅速失活，产氢反应立即停止，因此，O_2的积累对H_2的持续生产有很大的抑制作用。

②间接生物光解制氢系统

蓝细菌可以通过两步光合作用生产氢气。

蓝细菌（或称蓝藻）属革兰阳性菌，具有和高等植物同一类型的光合系统，被称为固氮细菌，能够进行光合作用将水分解为氢气和氧气，蓝细菌的产氢分为固氮酶催化产氢和氢化酶催化产氢。

间接生物光解制氢系统的主要障碍是产氢过程中产生的氧气对固氮酶的抑制，这直接影响到氢气的持续生产。

③光发酵制氢系统

属光营养细菌的紫色非硫细菌可在厌氧且缺氯条件下以有机酸为底物生成氢气。CO同样可以作为唯一碳源由光合细菌产生氢气。

光合细菌发酵产氢的主要优点为：理论转化率高，可以利用光谱范围较宽，无氧的抑制作用，可利用多种有机废弃物作为原料。

当然，这一制氢系统也同样存在一些缺点，例如固氮酶自身需要大量能量，太阳能转化率低，厌氧反应器占地面积较大。

（2）厌氧暗发酵生物产氢

①丁酸型发酵产氢途径

碳水化合物经过三羧酸循环形成的丙酮酸首先在丙酮酸脱氢酶作用下脱羧，形成TPP（焦磷酸硫胺素）－酶的复合物，同时将电子转移给铁氧还蛋白，还原的铁氧还蛋白被铁氧还蛋白氢化酶重氧化，释放出 H_2，其代表菌属为梭状芽孢杆菌属。

②丙酸型发酵产氢途径

辅酶Ⅰ的氧化与还原平衡调节产氢，经糖酵解或己糖二磷酸途径（EMP）产生的NADH+H+通过与一定比例的丙酸、丁酸、乙醇和乳酸等发酵过程相偶联而氧化为NAD+，来保证代谢过程中的NADH/NAD+的平衡。发酵细菌通过释放 H_2 的方式将过量的NADH+H+氧化，其代表菌属为丙酸杆菌属。

③乙醇型发酵产氢途径

葡萄糖经糖酵解后形成丙酮酸，在丙酮酸脱酸酶的作用下，以TPP为辅酶，脱羧生成乙醛，随后在醇脱氢酶作用下形成乙醇。此过程中还原型铁氧还蛋白在氢化酶的作用下被还原，同时释放出 H_2。

暗发酵产氢系统在工业产氢方面具有一定的优势，如发酵产氢菌种的产氢能力高于光合产氢菌种，而且发酵产氢细菌的生长速率一般比光合产氢生物要快；可以与不同有机物为底物连续产氢；可以将能生物降解的工农业有机废料为底物，来源广泛且成本低廉。

（3）光合生物与发酵细菌混合培养产氢

混合培养产氢系统由光合细菌和厌氧细菌混合发酵产氢，能提高氢气的产量。碳水化合物（葡萄糖）首先由厌氧细菌厌氧消化降解为有机酸、氢气和CO2。由于有机酸产氢的自由能是增加的，厌氧细菌不能继续降解有机酸，同时可获取能量和电子合成氢气。而利用光能的光合细菌可以利用这一自由能增加的反应，降解有机酸合成氢气。这种光合生物和厌氧细菌混合培养产氢的方式，不但能降低光合细菌对光能的消耗，而且能提高底物利用率，提高产氢量。

6. 生物制氢相关酶

（1）固氮酶

第一，固氮酶是一个 $\alpha_2\beta_2$ 异源四聚体，称为 $MoFe_2$ 蛋白，在整个固氮催化的过程当中，以连二亚硫酸盐为还原剂，α－亚基和β－亚基分别由nifD和nifK编码，光合细菌的固氮酶是一种铁硫蛋白。大亚基含有2个钼、20 ~ 30个铁以及20 ~ 30个硫。分子量为130kDa，固氮菌和蓝藻的分子量大约为220 ~ 240kDa。

第二，固氮酶还原酶由nifH编码，是一个同源二聚体，主要调节电子从电子供体（铁氧化还原蛋白或黄素氧化还原蛋白）向双向固氮酶还原酶传递。光合细菌的固氮酶还原酶含有4个铁和4个硫，分子量为3315kDa左右。而蓝藻的分子量大约为60 ~ 70kDa。固氮酶所催化的H2生成过程是一个高度吸收能量的反应，需大量ATP。

（2）氢酶

氢酶存在于多种微生物中，如产甲烷细菌、产酸细菌、固氮菌、光合细菌和硫还原细菌中。氢酶主要含有两个亚基，大亚基含有Ni-Fe活性中心，通过CO基团和CN基团与铁原子连接；而小亚基含有 3 个铁硫簇，在催化过程中，铁原子主要与还原活性有关。根据不同的分类方法，氢酶有多种分类。依据氢酶的催化特性，氢酶可以分为吸氢酶、放氢酶和双向氢酶三类。在一定的条件下，放氢酶主要表现催化产氢反应，吸氢酶主要表现催化吸氢反应，这会使产氢生物放出的 H_2 在吸氢酶的作用下又被吸收利用，不利于 H_2 的生成。而双向氢酶表现出的催化性质则依氢酶所处的环境而定，既能催化吸氢反应，又能催化产氢反应。当外界环境中的 H_2 分压很小时，双向氢酶就会倾向于催化产氢。当 H_2 分压很大时，双向氢酶就会倾向于催化吸氢。根据是否与膜结合，氢酶可以分为膜结合态氢酶和可溶性氢酶两类。氢酶的产氢活性也受到氧的强烈抑制，但是藻类的氢酶通过在培养基中培养 2 ~ 3d 而消耗掉 O_2，为藻类产氢提供了厌氧的环境。根据氢酶所含的金属，氢酶又可分为 [Ni-Fe] 氢酶、[Fe] 氢酶和无金属离子的氢酶，在细菌中的大部分氢酶都是 [Ni-Fe] 氢酶。

（六）生物燃料乙醇

1. 纤维质原料的化学组分

纤维质原料是丰富的有机资源。在木材、树枝、木材加工剩余的碎木和锯末中，纤维素含量一般为 40% ~ 60%（以干基计），半纤维素为 20% ~ 40%，木质素为 10% ~ 25%；还有少量其他化学成分。木质素是由苯丙烷单体构成的酚类高分子聚合物，能够和其他不能转化为乙醇的残渣一起作为再沸器的燃料使用。纤维素是由脱水葡萄糖单元经 β-D-1，4- 葡萄糖苷键连接而成的直链高分子多糖，呈微元纤束状态，具有很强的结晶性。纤维素大约由 500 ~ 10000 个葡萄糖单元组成。纤维素分子中的羟基易与分子内或相邻纤维素分子上的含氧基团形成氢键，这些氢键使很多纤维素分子共同组成结晶结构，并进而组成复杂的微纤维、结晶区和无定型区等纤维素聚合物。X 射线衍射的实验结果显示，对于纤维素大分子的聚集，一部分排列比较整齐、有规则，呈现清晰的 X 射线衍射图，这部分称之为结晶区；另一部分的分子链排列不整齐、较松弛，但其取向大致与纤维主轴平行，这部分称之为无定型区。结晶结构使纤维素聚合物显示出刚性和高度水不溶性。纤维素分子不能为微生物细胞直接利用，需要通过降解，才能被微生物吸收利用。因此，高效利用纤维素的关键在于破坏纤维素的结晶结构，疏松纤维素结构，使酶水解或化学水解更容易进行。半纤维素是一种无定型的非同源分子糖的聚合物，它围绕在纤维素纤维周围，并通过纤维素中的孔部位伸入到纤维素内部。木糖、阿拉伯糖、甘露糖、葡萄糖、葡萄糖醛和半乳糖是主要的糖残基。半纤维素的分子结构是一种类型的糖重复形成的长线性分子骨架，周围有较短的醋酸酯和糖组成的分支链。半纤维素的组成随着木材种类不同而有所差异，特别是软木和硬木之间差别很大。

2. 纤维质原料的糖化

（1）酸法糖化

①浓酸水解法

浓酸水解在 19 世纪就已提出，它的原理是结晶纤维素在较低温度下可完全溶解在硫酸中，转化成含几个葡萄糖单元的低聚糖。把此溶液加水稀释并加热，经一定时间后就可把低聚糖水解为葡萄糖。浓酸水解的优点是糖的回收率高，可达 90% 以上，可处理不同原料，时间总共为 10 ~ 12h 并极少降解。但是对设备要求高，且酸必须回收。

有学者提出浓酸水解的工艺：将生物质原料干燥至含水量约 10%，并粉碎到粒径约 3 ~ 5mm；再与 70% ~ 77% 的硫酸混合，以破坏纤维素的晶体结构，最佳酸液和固体质量比为 1.25 ∶ 1，糖的水解收率达到 90% 左右。浓酸对水解反应器的腐蚀作用是一个重要问题，近年来在浓酸水解反应器中利用加衬耐酸的高分子材料或陶瓷材料解决了浓酸对设备的腐蚀问题。浓酸法糖化率高，约有 80% ~ 90% 纤维素能被糖化，糖液浓度高，但采用了大量硫酸，需要回收，重复利用。对于硫酸回收，一种方法是利用阴离子交换膜透析回收，硫酸回收率约 80%，浓度为 20% ~ 25%，浓缩后重复使用。该方法操作稳定，适于大规模生产，但是投资巨大、耗电量高、膜易被有机物污染。

②稀酸水解法

稀酸水解工艺较简单，是利用木质纤维素原料生产乙醇最古老的方法；也是较为成熟的方法。较新的稀酸水解工艺采用两步法：即第一步在较低的温度下进行，半纤维素非常容易被水解得到五碳糖，分离出液体（酸液和糖液）；第二步在较高的温度下进行，重新加酸水解残留固体（主要为纤维素结晶结构），得到水解产物葡萄糖。

该法主要工艺为木质纤维原料被粉碎到粒径约 2.5cm，然后用稀酸浸泡处理，将原料转入一级水解反应器，温度 190℃，0.7% 硫酸水解 3min，可把约 20% 的纤维素和 80% 的半纤维素水解。水解糖化液经过闪蒸器后，用石灰中和处理，调 pH 值后得到第一级酸水解的糖化液。将剩余的固体残渣转入二级水解反应器中，在 220℃、1.6% 硫酸中处理 3min，可将剩余纤维素中约 70% 转化为葡萄糖，30% 转化为羟基糠醛等。经过闪蒸器后，中和得到第二级水解糖液。合并两部分糖化液，转入发酵罐，经发酵生产得到乙醇等产品。

在稀酸水解中添加金属离子可以提高糖化收率，金属离子的作用主要是加快水解速率，减少水解副产物的发生。稀酸水解工艺糖的产率较低，一般为 50% 左右，而且水解过程中会生成对发酵有害的副产品。有学者针对传统脱毒工艺中渣类废物产生多、还原糖损失较大等情况，提出了用电渗析技术对水解液进行脱毒并回收水解液中的酸工艺，使脱毒过程基本不产生废物，环境影响会大大降低。

（2）酶法糖化

有很多种酶可以催化水解纤维素生成葡萄糖，这种菌种分泌的纤维素酶是三种酶的混合体，包括内切葡聚糖酶（ED）、纤维二糖水解酶（CBH）和 β – 葡萄糖苷酶（GL）。三种酶协同作用共同催化水解纤维素，ED 先作用于纤维素分子非结晶区，打开缺口，形成大量非还原性末端，之后 CBH 作用于非还原性末端形成纤维素二糖，再由 GL 将纤维素二糖转变为葡萄糖。这些酶对结晶状的纤维素催化速率非常慢，酶解木质纤维素的阻力可能来源于其溶解度。糖化过程中积累的许多可溶性产物（葡萄糖、纤维二糖、纤维三糖等）也抑制了各种酶的水解。

纤维素分子是具有异构体结构的聚合物，具有酶解困难的特点，酶解速率较淀粉类物质慢，并且对纤维素酶有很强的吸附作用；对酶的重复利用及固定化技术难以应用，使酶解糖化工艺中酶的消耗量大。而纤维素酶的合成需要不溶性纤维素诱导，生产周期长、生产效率低，因而纤维素酶的费用占糖化总成本的60%。清华大学针对传统纤维素酶发酵方式中酶活性不高的现象，采用了微波预处理，并利用电磁场强化固态发酵方式，以及添加惰性载体固态发酵纤维素酶的方式，取得了一定的效果。同时，针对固态发酵中传热、传质效果不佳的问题对反应器进行了有针对性改进。对乙醇发酵过程中产物对酶解过程的抑制现象，采用 CO_2 循环在线气提工艺，结果表明最终乙醇浓度与生产强度都有显著提高。对纤维乙醇生产过程副产物木质素的利用也进行了木质素产品的研究开发。此外，清华大学还基于木质纤维生物质三组分的结构特点，通过三组分分离及生物量全利用，利用纤维素发酵制备纤维素酶，并水解纤维素，进而发酵制备纤维乙醇等。利用半纤维素水解液发酵制备乙醇、2，3- 丁二醇、木糖醇等。利用木质素作为燃料时的热能，制备木质素土壤改良剂、驱油剂等木质素产品，对木质素进行液化制备生物油和化工产品等；对生物乙醇还可进行催化脱水制备生物乙烯。生物乙烯可以作为下游许多化工产品的原料。通过这些技术集成，形成以木质纤维可再生生物质为原料的生物能源和生物炼制的生物质化工产业链。

3. 纤维素发酵生成乙醇

纤维素发酵生产乙醇有直接发酵法、间接发酵法、混合菌种发酵法、SSF 法（连续糖化发酵法）、固定化细胞发酵法等。直接发酵法的特点是基于纤维分解细菌直接发酵纤维素生产乙醇，不需要经过酸解或酶解前处理。该工艺设备简单、成本低廉，但乙醇产率不高，会产生有机酸等副产物。间接发酵法是先用纤维素酶水解纤维素，酶解后的糖液作为发酵碳源，此法中乙醇产物的形成受末端产物、低浓度细胞以及基质的抑制，需要改良生产工艺来减少抑制作用。固定化细胞发酵法能使发酵器内细胞浓度提高，细胞可连续使用，使最终发酵液的乙醇浓度得以提高。固定化细胞发酵法的发展方向是混合固定细胞发酵，如酵母与纤维二糖一起固定化，将纤维二糖基质转化为乙醇，此法是纤维素生产乙醇的重要手段。

与普通淀粉质为原料的乙醇发酵相比，采用纤维素为原料的乙醇发酵过程其最终乙醇浓度相对较低，低的乙醇浓度将导致后提取工艺能耗明显增加。因此，如何提高纤维素作底物的发酵中乙醇浓度也是纤维乙醇生产链中的一项重要技术。

葡萄糖发酵乙醇已经是非常成熟的工艺，但是木质纤维素类原料制乙醇工艺中的发酵和以淀粉或糖为原料的发酵有很大不同。纤维质原料经过糖化作用后，产生的还原糖主要为六碳糖和五碳糖（六碳糖：五碳糖约为 2 ： 1）。五碳糖的高效率发酵转化是实现纤维质产业化的一大瓶颈。通常五碳糖不能被酿酒酵母发酵成乙醇。20世纪80年代起，人们开始重视五碳糖的发酵。研究者通过三个不同途径进行了探索，并都取得了一定进展。

第一种方法是用木糖异构酶将木糖异构成木酮糖，而木酮糖能被普通酵母所利用。已筛选出不少适用于木酮糖发酵的酵母，乙醇产率（乙醇 / 木糖）可达 0.41 ~ 0.47g/g，研究者开发提出了使木糖异构化和木酮糖发酵一起完成的工艺。由于一般木糖异构酶在 pH=7 ~ 9 时活性最强，而木酮糖发酵适于在酸性条件下进行，还有研究者筛选出了特殊的菌种，其产生的木糖异构酶在 pH 值为 5 的环境中也有活性。不过总体来讲，这种方法的效率还不够高。

第二种方法是寻找和驯化能发酵五碳糖的天然微生物。人们已发现某些天然生长的酵母，如 P.stipitis、C.shehatae 和 P.tannophilus 等都具有同时发酵五碳糖和六碳糖的能力。其中，P.stipitis 还显示了一定的工业应用前景，由于它不但能发酵五碳糖和六碳糖，还能发酵纤维二糖，且培养时不需要加维生素，乙醇收率也较高。但这些微生物往往不能满足工艺上其他方面的要求，如生产强度低、浓度的耐受力低，据报道，最好的木糖发酵酵母的生产率也只有酿酒酵母发酵葡萄糖生产率的 1/5；而且，天然酵母对发酵液中溶解氧的控制要求很高，难以适应大规模工业应用。

目前最有希望的是第三种方法，即用基因工程技术开发能发酵五碳糖的微生物。天然的 Z.mobilis 对葡萄糖有很强的发酵能力，但是它对木糖不起作用。自然界存在的几种大肠杆菌（E.coli）不但能利用葡萄糖，也能利用木糖，但它们的代谢产物除了乙醇和 CO_2 外，还包括大量的乙酸、乳酸、琥珀酸和氢。

早期的基因工程菌是通过穿梭质粒改造成的，质粒容易脱落，从而存在遗传性能不稳定的问题。有学者把戊糖发酵基因整合到 Z.mobilis 的染色体上，整合后的菌株显示出良好的稳定性。发酵试验表明，菌株经过 4 0 代的培养后仍能保持基因的稳定性。在由 4% 木糖和 2% 阿拉伯糖组成的培养基中，乙醇产率为理论值的 83%。

重组基因的 Z.mobilis 和 E.coli 都被广泛应用于生物质制乙醇的工艺中。此外，人们还尝试了对产酸克雷伯菌（K.oxytoca）和菊欧文氏菌（Erwinia chrysanthemi）的改造。克雷伯菌和菊欧文氏菌自身不但能够代谢广泛的碳源，而且还能产生某些纤维素水解酶，有利于转化纤维素。但和大肠杆菌相似，它们的乙醇发酵能力都很低，需要对其改造才能用于乙醇的工业发酵生产。对各菌株的改造方案，随微生物的代谢特点不同而不同，但总的原则是扬长补短，用一种微生物的优势弥补另一种微生物的欠缺；同时，为了增加工程菌种的稳定性，目的基因最后常常需要从质粒整合到染色体上。

随着对菌种的改进，木糖的发酵效率已经接近葡萄糖。能同时发酵葡萄糖和阿拉伯糖的转基因 Z.mobilis 和 E.coli 菌种也已开发成功，但是其效率还不太高。已开发的生物质制乙醇的工艺流程有如下几种。

生物质制乙醇的浓酸水解工艺仅有 Arkenol 工艺。稀酸水解工艺的变化也比较少，为了减少单糖的分解，实际的稀酸水解常分两步进行：第一步是用较低温度分解半纤维素，产物以木糖为主；第二步是用较高温度分解纤维素，产物主要是葡萄糖。

酶水解工艺的流程变化较多，它们基本上可以分为两类：在第一类工艺中，纤维素的水解和糖液的发酵在不同反应器内进行，因此被称为分别水解和发酵工艺，简称 SHF；第二类工艺中，纤维素的水解和糖液的发酵在同一个反应器内进行。由于酶水解的过程又被称为糖化反应，故被称为同时糖化和发酵工艺，简称 SSF。

第二节　生物质能发电技术

一、生物质直接燃烧发电

生物质直接燃烧发电技术基本成熟，生物质直接燃烧和煤燃烧相似，但从环境效益的角度考虑，生物质燃烧要比煤燃烧环境友好。生物质气化发电是更洁净的利用方式，它几乎不排放任何有害气体。小规模的生物质气化发电比较适合生物质的分散利用，投资较少，发电成本也较低，适于发展中国家应用，目前已进入商业化示范阶段。大规模的生物质气化发电一般采用生物质联合循环发电（IGCC）技术，适合于大规模开发利用生物质资源，能源效率高，是今后生物质工业化应用的主要方式，目前已经进入工业示范阶段。

直接燃烧发电的过程是生物质与过量空气在锅炉中燃烧，产生的热烟气和锅炉的热交换部件换热，产生出的高温、高压蒸汽在蒸汽轮机中做膨胀功产生电能。

生物质气化的发电技术有以下三种方法：带有气体透平的生物质加压气化；带有透平或者是发动机的常压生物质气化；带有 Rankine 循环的传统生物质燃烧系统。传统的生物质气化联合发电技术（BIGCC）包括生物质气化、气体净化、燃气轮机发电及蒸汽轮机发电。由于生物质燃气热值低（约 5.02MJ/m^3），炉子出口气体温度较高（800℃以上），要使 BIGCC 达到较高效率，必须具备两个条件：一是燃气进入燃气轮机之前不能降温；二是燃气必须是高压。这就要求系统必须采用生物质高压气化和燃气高温净化两种技术，才能使 BIGCC 的总体效率较高（40%）。

我国在 20 世纪 60 年代就开始了生物质气化发电的研究，研制出样机并进行了初步推广，后因经济条件限制和收益不高等原因停止了这方面的研究工作。随着乡镇企业的发展和人民生活水平的提高，有些缺电、少电的地方迫切需要电能。其次是由于环境问题，丢弃或焚烧农业废弃物将造成环境污染，生物质气化发电可以有效利用农业废弃物。所以，以农业废弃物为原料的生物质气化发电逐渐得到人们的重视。

另外，城市生活垃圾也是生物质能的重要来源之一，垃圾焚烧发电是开发出的一项新能源利用技术。如果将我国城市生活垃圾量的 1/3 有效地用于发电，相当于每年节省煤炭 2100 万吨，垃圾焚烧发电方式将是城市处置生活垃圾的最佳方式之一。

二、生物质气化发电

生物质气化发电技术是将生物质转化成可燃气，再使净化后的气体燃料直接进入锅炉、内燃发电机、燃气机的燃烧室中燃烧发电。生物质气化发电相对燃烧发电是更洁净的利用方式，它几乎不排放任何有害气体，小规模的生物质气化发电已经开始进入商业示范阶段，它比较适合于生物质的分散利用，投资较少，发电成本也低，比较适合于发展中国家应用。

（一）生物质气化发电技术分类

从发电规模上分，生物质气化发电系统可分为小型、中型、大型三种。小型气化发电系统多采用固定床气化设备，特别是下吸式气化炉，主要用于农村照明或作为中小企业的自备发电机组，一般发电功率小于200kW。中型生物质气化发电系统以流化床气化为主，研究和应用最多的是循环流化床气化技术，主要作为大中型企业的自备电站或小型上网电站，发电功率一，般为500 ~ 3000kW，是当前生物质气化发电技术的主要方式。流化床气化技术中对生物质原料适应性强，也可混烧煤、重油等传统燃料，生产强度大、气化效率高。大型生物质气化发电系统主要作为上网电站，其适应的生物质较为广泛，所需的生物质数值巨大，必须配套专门的生物质供应中心和预处理中心，系统功率一般在5000kW以上。虽然与常规能源相比仍显得非常小，但在技术发展成熟后，将是今后替代常规能源电力的主要方式之一。一般来说，发电规模越大，单位发电量需要的成本就越低，也越有利于提高热效率和降低二次污染。

根据燃气发电过程的不同，生物质气化发电可分为内燃机发电系统、燃气轮机发电系统及燃气-蒸汽联合循环发电系统。

内燃机是一种动力机械，它是使燃料在机器内部燃烧，将燃料释放出的热能直接转化为动力的热力发电机。内燃机发电系统既可以单独使用低热值燃气，又可以燃气、燃油两用。内燃机发电系统具有设备简单、技术成熟可靠、功率和转速范围宽、配套方便、机动性好、热效率高等特点。但是，内燃机对燃气的质量要求高，燃气必须经过净化及冷却处理。生物质燃气的热值低且杂质含量高，和天然气和煤气发电技术相比，其设备需要采用独特的设计。

燃气轮机发电系统在使用低热值生物质燃气发电时，必须进行相应改造，将热值较低的气化气增压，否则发电效率较低。另外，由于生物质燃气中的杂质较多，有可能腐蚀叶轮，因此燃气轮机对气化气质量要求高，并且需要有较高的自动化控制水平，所以单独采用燃气轮机的生物质气化发电系统较少。

燃气-蒸汽联合循环发电系统是在内燃机、燃气轮机发电的基础上增加余热蒸汽的联合循环，该系统可有效地提高发电效率。一般燃气-蒸汽联合循环的生物质气化发电系统采用的是燃气轮机发电设备，而且最好的气化方式是高压气化，构成的系统称为生物质整体气化联合循环（BIGCC），它的效率通常可达40%以上，是大规模生物质气化发电系统的重点研究方向。

（二）生物质整体气化联合循环

生物质整体气化联合循环发电系统主要包括生物质原料处理系统、加料系统、流化床气化炉、燃气净化系统、燃气轮机、蒸汽轮机、余热锅炉等部分。

针对目前我国具体情况，采用内燃机代替燃气轮机，其他部分基本相同的生物质气化发电系统，是为解决我国生物质气化发电规模化发展的有效手段：一方面，采用气体内燃机可降低对气化气杂质的要求（焦油与杂质含量小于 $100mg/m^3$ 即可），因此可以大幅度减少技术难度；另一方面，避免改造相当复杂的燃气轮机系统，从而大幅度降低了系统的成本。

（三）沼气发电

沼气的应用在我国有近百年的历史，在20世纪70年代，由于农村生活燃料的缺乏，必须大力发展农村户用沼气。伴随农村户用沼气的发展，规模化、集约化、产业化的沼气工程也得到了迅猛发展，不但应用于畜禽养殖、粪便处理，也应用于工业有机废水和城市生活污水、污泥的处理，并且沼气工程的技术水平、工程和设备质量及运用管理水平得到迅速提高。

1. 沼气的基本原理

沼气发酵又称厌氧消化，是指在没有溶解氧、硝酸盐和硫酸盐存在的条件下，微生物将各种有机质进行分解并转化为甲烷、二氧化碳、微生物细胞以及无机营养物质等的过程。其生物化学过程主要包括分解、水解、产酸、产乙酸和产甲烷化 5 个步骤。各种复杂有机质，无论是颗粒性固体，还是溶解状态，无论是复杂有机质，还是成分相对单一的纯有机质，都可以经过该生物化学过程产生沼气。

当发酵系统中存在硫酸根且含有硫酸盐还原菌时，发酵系统会进行硫酸盐还原生成硫化氢。另外，含硫蛋白质降解也会产生硫化氢；当存在硝酸根且含有硝酸盐还原菌时，发酵系统会进行硝酸盐还原生成氨或氮。另外，参与产乙酸和产甲烷步骤的大部分微生物属于一氧化碳营养菌，该类细菌利用 CO_2/H_2 生成乙酸或甲烷以及乙酸氧化产 CO_2/H_2 的过程中会伴随中间产物一氧化碳的生成。因此，沼气通常含有少量的 H_2S、N_2、NH_3 和 CO。

2. 沼气发电技术

从发酵罐中出来的沼气通常含有 H2S、水蒸气等杂质，并且流量不太稳定，不能直接用于发电机。要经过脱硫、脱水等净化处理，为调节峰值，需设储气柜，沼气的热值在 20 ~ $23kJ/m^3$ 左右。

（1）沼气发电的特点

第一，可实现热电联产，发电机可回收利用的余热有缸套水冷却系统和烟气回收系统。另外，有些机组的润滑油冷却系统和中冷器也可实现余热回收。发电机组热效率可达40%以上。发电机组回收的热量冬季可用于发酵罐的增温保温，以保证罐内发酵温度。另外，多余热量可用于居民采暖或蔬菜大棚等的供暖，节省燃煤。在夏季，发电机组余热可以用于固态有机肥的干化处理，也可以与溴化锂吸收式制冷机连接，作为空调制冷。

第二，由于沼气中 CO_2 的存在，它既能减缓火焰传播速度，又能在发动机高温、高压工作时，起到抑制爆炸倾向的作用。这是沼气较甲烷具有更好抗爆特性的原因。因此，可以在高压缩比下平稳工作，同时使发动机获得较大效率。

（2）发电机组的组成

沼气发电是一个能量转换的过程。沼气经净化处理后进入燃气内燃机，燃气内燃机利用高压点火、涡轮增压、中冷器、稀薄燃烧等技术，将沼气中的化学能转化为机械能。沼气与空气进入混合器后，通过涡轮增压器增压，冷却器冷却后进入气缸内，通过火花塞高压点火，燃烧、膨胀推动活塞做功，带动曲轴转动，通过发电机送出电能。内燃机产生废气经排气管、换热装置、消声器、烟囱排到室外。构成沼气发电系统的主要设备有燃气发动机、发电机和余热回收装置。

①燃气发动机

用沼气作为动力燃料的内燃机需根据动力机情况进行改装，当用柴油机改装沼气时，需要进行以下工作：A. 为降低压缩比及燃烧室形状所要求的机器改装；B. 设计沼气的进气系统和沼气 – 空气混合器结构；C. 设计气体调节系统及其调速器的联动机构；D. 设计点火系统。

根据燃气发动机压缩混合气体点火方式的不同，分成由火花点火的燃气发动机和由压缩点火的双燃料发动机。火花点火式燃气发动机是由电火花将燃气和空气混合气体点燃，其基本构造和点火装置等均与汽油发动机相同。这种发动机不需要引火燃烧，因此，不需设置燃油系统。如果沼气供给稳定，则运转是经济的。但当沼气量供应不足时，有时会使发电能力降低而达不到规定的输出功率。压燃式燃气发动机只是在点火时采用液体燃烧，在压缩程序结束时，喷出少量柴油并由燃气的压缩热将油点着，利用其燃烧使作为主要燃料的混合气体点燃、爆发。而少量的柴油仅起引火作用。

双燃料发动机是可烧两种燃料的发动机，它是采取压缩点火方式，机内装有燃气供给系统、供气量控制装置和沼气 – 柴油转换装置。双燃料发动机先由柴油启动，当负荷升高以后才转换为沼气运转。

根据德国沼气工程的经验，大型沼气发电机组均采用纯沼气的内燃发动机，中小型工程多采用双燃料的发动机。

②发电机

发电机将发动机的输出转变为电力，而发电机有同步发电机和感应发电机两种。同步发电机能够自身发出电力作为励磁电源，因此它可以单独工作。

③余热回收装置

发电机组可利用的余热有中冷器、润滑油、缸套水和烟道气等。有些余热利用系统只对两部分回收利用，有些则可实现上述四部分回收利用。经过一系列换热，可以从机组得到 90℃的循环热水，供热用户使用。使用完之后，循环水冷却至 70℃左右，重新进入余热回收系统进行增温。

（四）生物质燃料电池

燃料电池技术为利用生物质发电提供了一条途径，如果将生物质技术与高效的燃料电池结合，不仅有利于岛屿、边远山区和农村地区的经济发展，而且可以带来可观的环境效益，在我国具有良好的发展前景。

生物质技术在燃料电池方面的应用主要基于生物质（主要是细菌、微生物和藻类）发电和生物制氢。

生物燃料电池使用诸如氢化酶等的酶，氧化氢原子，从而产生电流。在生物燃料电池中，催化剂是微生物或者酶，从而不需要用铂之类的金属介质。酶可以固定在生产的固体表面（例如碳）。

1. 利用有机物质能发酵产氢

这一过程可分两种情况：在无光照的条件下，将有机废弃物（例如剩菜、剩肉等）利用酶进行发酵。那么除了产生氢气和二氧化碳以外，还会伴随甲烷的生成，可以将氢气和甲烷分离，氢气用于发电，即供给燃料电池，而甲烷用于燃烧后供热；在光照条件下，利用微生物来处理，使这些有机废弃物全部处在发酵条件下，产生氢气和二氧化碳，再将氢气用于燃料电池的能量来源。

以上过程中，需要用到催化剂——氢化酶，其作用在于将氢离子结合，形成氢气释放出来。在无光照的情况下，有机物的发酵产氢，可对极端喜温菌和嗜热菌加以研究。

2. 微藻类制氢

一些蓝绿藻和细菌利用固氮菌制氢。而绿藻制氢，需要用到氢化酶。制氢的方法和途径多种多样。同步的一次光解水释放出氢气和氧气，这种方法需要严格控制氧气的压力。在绿藻有氧的光合作用中，如果不及时控制释放的氧气的话，则绿藻的产氢活动将是短暂的，因为光解出来的氧气将使得可逆的氢化酶很快失去活性。

解决绿藻产氢过程中对氧气敏感的方法之一是通过培植遗传，在后代中找到可以在空气环境下（有一定氧气的环境）持续释产氢气的变异体。在琼脂培养基中的莱茵衣藻，光照条件下，某些群落能持续释放出氢气，这些氢气经过过滤，上层中是对氢气敏感的感应物质（例如某种钨的氧化物），当接触到氢气时，它们会转变成蓝紫色。

3. 微生物燃料电池

微生物燃料电池（MFC）是依靠微生物的催化作用将废弃物或污染物中化学能转化为清洁电能的技术，具有处理废弃物和联产电能的双重功效，代表着废弃物资源化的重要发展方向。其基本工作原理是：在阳极室厌氧环境下，有机物在微生物作用下分解并释放出电子和质子，电子依靠合适的电子传递介质在生物组分和阳极间进行有效传递，并通过外电路传递到阴极形成电流；而质子通过质子交换膜传递到阴极，氧化剂（一般为氧气）在阴极得到电子被还原与质子结合成水。从而使得整个过程达到物质和电荷的平衡，并且外部用电器也获得了电能。

微生物燃料电池具有操作条件温和、资源利用率高和无污染等优点，在以下方面具有较好的应用开发前景。

（1）替代能源

生物质制氢被认为是未来氢燃料电池的原料来源，而 MFC 与生物质制氢的共同特点是均以生物质作为原料。但在生物质制氢过程中，葡萄糖等生物质中还有相当部分的氢未被利用，而 MFC 可直接将葡萄糖中的氢全部消耗转化成 H_2O，生物质转化成能源的效率较高。

（2）微生物传感器的开发

生化需氧量（Biochemical Oxygen Demand，BOD）被广泛用于评价污水中可生化降解的有机物含量，但由于传统的 BOD 测定方法需要 5d 的时间，因此利用 MFC 工作原理开发新型 BOD 传感器引起人们的高度关注。其关键在于，电池产生的电流或电荷与污染物的浓度之间呈良好的线性关系，电池电流对污水浓度的响应速率较快，有较好的重复性。

（3）污水处理新工艺

在废水处理过程中，微生物燃料电池可以作为电源进行能量修复，在更加稳定的条件下产生的剩余污泥比好氧处理工艺少。

第三节　核能材料

一、核能概述

（一）核能的特点

1. 能量的高度集中

1t235U 在裂变反应中产生的能量约等于 1t 标准煤在化学燃烧反应中产生能量的 240 万倍。考虑到当今反应堆利用铀资源的效率低下的情况，将核电厂的燃料消耗量同现代燃煤电厂相比，1t 天然铀也相当于 1 万 ~ 2 万吨标准煤，利用核能可以大幅度减少燃料开采、运输和储存的困难及费用。

2. 铀资源丰富

用核燃料代替化石燃料有利于化石燃料的合理利用，地球上已探明的易开采铀储量，在投入快中子增殖反应堆（简称快堆）以充分利用的条件下，所能提供的能量已大幅度超过全球可用的煤炭、石油和天然气储量之和。而海水和花岗岩中的铀资源，更是无比丰富。利用核能发电，可以为后代保留更多在化工方面用途广泛的煤炭、石油和天然气资源。

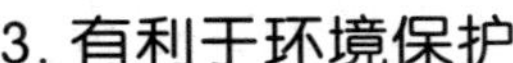

3. 有利于环境保护

核电厂不释放温室气体 CO_2 以及 SO_2 与 NO_x，有利于减轻全球变暖和局部性的酸雨危害，而且核能发电不像化石燃料发电那样排放巨大量的污染物质到大气中，因此核能发电不会造成空气污染。所以，核能在近期和远期都是很重要的能源。

4. 核能发电的成本中，燃料费用所占的比例较低

核能发电的成本不易受国际经济形势的影响，故发电成本较其他发电方法更为稳定。

从以上四个特点来看，核电在可持续发展、缓解全球环境恶化和提高全社会经济效益方面都具有竞争力。这在世界上缺乏化石燃料资源的国家是特别明显的。对中国远离煤炭生产基地的沿海各省市，核电具有十分重要的现实意义。核能供热已在少数工业发达国家得到开发和利用，也有着广泛应用的前景。但同时，核能也存在以下一些不可避免的缺点。

第一，核能电厂会产生高低阶放射性废料，或者是使用过的核燃料，虽然所占体积不大，但因具有放射性，故必须慎重处理，且需面对相当大的政治困扰。长期以来，科学家们一直在探讨核能源的洁净化问题，希望能有一种方法消除核废料。因此，有关洁净核能源技术的开发和应用便成为国际、国内的一个热门话题。

第二，核能发电厂热效率较低，因而比普通化石燃料电厂排放更多废热到环境中，故核能电厂的热污染较严重。

第三，核能电厂投资成本极大，电力公司的财务风险较高。

第四，核能电厂较不适宜作为尖峰、离峰之随载运转，即不宜搬迁挪移。

第五，兴建核电厂较易引发政治歧见与纷争。如朝鲜核问题。

第六，核电厂的反应器内有大量放射性物质，若在事故中释放到外界环境，会对生态及民众造成伤害。

（二）核能的分类

1. 裂变能

裂变能，如重元素（铀、钚等）的原子核发生分裂时释放出来的能量。它是将平均结合能比较小的重核设法分裂成两个或多个平均结合能大的中等质量的原子核，同时释放出能量的反应过程。重核裂变一般有自发裂变和感生裂变两种方式。自发裂变是重核本身不稳定造成的，因此半衰期都很长。而感生裂变是重核受到其他粒子（主要是中子）轰击时裂变成两块质量略有不同的较轻的核，同时释放出能量及几个中子。

2. 聚变能

聚变能，由轻元素（氘和氚）原子核发生聚合反应时释放出来的能量。它是将平均结合能较小的轻核在一定条件下将它们聚合成一个较重的平均结合能较大的原子核，同时释放出巨大的能量。由于原子核间有很强的静电排斥力，因此在一般条件下发生核聚变的概率很小，只有在几千万度的超高温下，轻核才有足够的动能去克服静电斥力而发生持续的核聚变。因此，使聚变能能够持续地释放，让其成为人类可控制的能源。

3. 反物质能

原子核衰变时发出的放射能，也称为反物质能。众所周知，构成物质的基本粒子有电子、中子和质子。但是，宇宙中还存在反粒子，如正电子、反质子等。由反粒子构成的原子称为反原子，由反原子构成的物质称反物质。地球上除了科学家制造出来的反物质外，并没有反物质存在。但是人们在宇宙中发现了反物质。当常规物质与反物质相遇时，随即发生“湮灭反应”，它们的质量全部消失而转变为能量，这也是核能的一种。如果用相应的质量转变为能量进行比较，“湮灭反应”放出的能量比核聚变能大 266 倍，比核裂变能大 1000 倍。

二、裂变反应堆材料

（一）裂变原理和裂变反应堆

1. 裂变原理

裂变反应材料有铀 –235 和钚 –239。铀 –235 或钚 –239 等重元素的原子核在吸收一个中子后发生裂变，分裂成两个质量大致相同的新原子核，同时放出 2 ~ 3 个中子，这些中子又会引发其他的铀 –235 或钚 –239 原子核裂变，如此形成链式反应。在裂变过程中伴随着能量放出，这就是裂变能。

铀 –235 原子每次裂变时放出约 200MeV 的能量，一个碳原子燃烧时放出的能量为 4.8eV。铀的裂变能是碳燃烧释放能的 4.878 万倍。人们知道 235U 是主要的易裂变材料。天然铀通常由三种同位素构成：238U，约占铀总量的 99.3%；235U，占铀的总量不到 0.7%；还有极少数的 234U。在自然界中具有经济价值的铀矿床是花岗岩矿床，以及与花岗岩有关的砂岩床和含铀砾岩矿床。因为核动力和核武器的需要，世界上对铀矿的勘探和开采日益重视。

2. 裂变反应堆

能实现大规模可控核裂变反应的装置称为反应堆。裂变反应堆有多种类型。

根据引起燃料核裂变的中子的能量，反应堆可以分为快堆、中能堆和热堆；根据所用燃料的种类可分为铀堆、钚堆、钍堆和混合堆；根据用于慢化中子的材料，反应堆可分为轻水堆（LWR）、重水堆（HWR）、石墨堆和有机介质堆。冷却剂是区分反应堆的一个重要特性，可采用轻水、重水、液态金属、气体、有机介质作为冷却剂。

根据目的和用途，反应堆有动力堆和生产放射性同位素用堆。动力堆本身又有固定式的（核电站）和移动式的（船舶用堆、飞机和火箭用堆）。目前应用最广泛的是水冷却（主要是轻水），加浓铀作为燃料的核电站，它已经证实本身不仅在技术上成熟可靠，在经济上也有竞争力。

水冷堆中广泛应用的是压水堆。压水堆选择主要考虑在给定温度下防止活性区内水冷却剂沸腾，进入汽轮机的蒸汽在冷却剂循环流过的热交换器内生成。这样的系统使活性区结构复杂化，对元件提出苛刻要求。

压水堆核电厂有两个独立的水系统，即一次水回路和二次水回路，它们在蒸汽发生器汇合。蒸汽发生器是一台由约 3000 根镍基合金制成的传热管构成的热交换器，传热管由碳钢板支撑，被集装在高 20m、宽 4m 的钢壳内，质量约 310t。压水堆可有两条、三条或四条冷却剂回路，每条回路都有自己的蒸汽发生器和一台或两台循环泵。

压水堆主回路系统在水不发生沸腾的条件下运行。低合金钢压力容器（高 12m、宽 4m）和与其连接的钢制管路内的压力均为 15.5MPa，在该压力下将水加热到 590K。加热的水通过蒸汽发生器的传热管，将热量传递给二次回路，产生温度为 560K、压力为 7MPa 的蒸汽以驱动汽轮机发电。

在直接循环沸水堆（BWR）中，水在活性区内沸腾，生成饱和蒸汽，直接进入汽轮机，沸水堆需要的投资少，能保证生产出成本更低的电能。

在动力堆中，采用重水作为冷却剂可避免使用浓缩铀，用天然铀即可作为核燃料。由于重水价格昂贵，目前重水堆电站仅在加拿大建造，加拿大有丰富的重水资源和廉价的天然铀。用重水作为慢化剂时，一般用轻水作为冷却剂。

气冷堆中最常用的冷却剂是氦、空气和二氧化碳，此外还可采用氮和氩。

石墨气冷堆先是用镁诺克斯合金作为天然铀燃料的包壳型元件。这种堆装备的核电站为两用堆。这种反应堆的优点在于，采用陶瓷体元件，使元件表面温度达到 1000℃，反应堆出口处气体冷却剂温度可提高到 800℃，从而保证蒸汽循环装置的效率达到 45%。而采用氦冷却剂的燃气透平循环时甚至能达到 50%。

用液态金属冷却剂的快增殖堆已在各种反应堆中占据了大量席位，并被看成是最佳能源体系中的一个组成部分。这种堆能使人们更加合理地使用铀资源，而且对周围环境不会产生不良影响。作为增殖堆的冷却剂可以采用钠和气体。目前液态金属冷却增殖堆已得到了充分的研究和发展。

（二）裂变堆材料分类与特征

1. 燃料元件用材料

燃料元件将裂变产生的能量以热的形式传给冷却剂。如果核燃料裸露，与冷却剂直接接触，裂变反应产物就会进入冷却剂中，导致系统严重污染。因此，要把燃料加上包壳，包壳所用的材料称为包壳材料。装在包壳内的燃料芯体是含裂变物质的材料，芯体通常可做成棒状、板状和粒状。把燃料芯体完全包起来就成为燃料元件。在动力堆中把一定数目的元件组装在一起，做成燃料组件。以整个组件形式放入反应堆中或从堆中取出。在热中子堆中燃料芯体的包壳材料必须选用热中子吸收截面低的材料。燃料芯体中进行的核裂变反应，产生大量的高能裂变产物，这些裂变产物在燃料芯体的晶体中运动，使晶体产生变形和损伤。因此，燃料芯体必须能经受这种辐照损伤效应。快中子辐照使晶格中的原子被击出，造成晶格缺陷，因而使强度增加而塑性相对降低。由于在结构材料中燃料包壳受到的累积辐照通量最大。因此，要求包壳强度的增加和塑性的降低必须达到容许的程度。另外，包壳在使用时还要具备必要的强度和塑性，对冷却剂要有一定的化学稳定性，即抗腐蚀性能一定要好。

高温气冷堆由于工作温度很高，一般采用涂层颗粒燃料。空间热离子反应堆燃料元件由核燃料和外侧的热离子二极管两部分构成。前者可选用 UO2 或 UN，后者除满足 1500℃高温堆芯结构材料的要求外，特别要考虑有高的裸体功函数和导热性以保证高的热电转换效率。发射极选用钨或钼的单晶，接收到极为 Mo（或 W）-AL2O3-316SS 复合材料。

2. 慢化剂材料

在热中子反应堆中，为了把裂变时产生的快中子的能量降到热中子能量水平，要使用慢化剂，达到良好的慢化效果。质量数接近中子的轻原子核对中子的慢化效果最有利。另外，要求慢化剂对中子散射截面要大，中子吸收截面要小，符合这些要求的主要有氢、氘、铍和石墨。所以，热中子堆一般选用轻水（H_2O）、重水（D_2O）、铍、石墨和氢化锆等作为慢化剂材料。

3. 控制材料

对反应堆裂变反应的控制，通常是向堆芯放入或者取出容易吸收中子的材料。材料的热中子吸收特性用中子吸收截面来表示。材料热中子吸收截面的大小因材料而差别很大，最高与最低之间差 7 个数量级。控制材料的热中子吸收截面在 100 靶恩° 以上直到数万靶恩。常用的控制材料有铪、BC、Ag-In-Cd、硼硅酸玻璃等。铪可以直接以裸露的金属作为控制棒使用，因为它与反应堆冷却剂的相容性很好。其他控制材料要放入由耐冷却剂腐蚀的材料制成的套管中包覆起来使用。此外，还有像压水堆一样采用化学控制法，把中子吸收材料以溶液的形式注入反应堆中。对快中子反应堆、各元素的吸收性能差别不大，但是也希望用吸收截面较大的材料作为控制材料。

4. 冷却剂材料

对动力堆来说，冷却剂的作用就是把堆芯产生的热量输送到用热处。因此，冷却剂最重要的是载热性能要好，必须是流体。冷却剂流经堆芯，带走热量，必须能承受大量中子照射而不分解变质。所以，有机材料作为冷却剂容易辐照分解，必须对它进行处理。目前在热中子反应堆中，常用的冷却剂有轻水（H_2O）、重水（D_2O）、CO_2、He 等，在快中子堆中采用液态金属钠。

5. 反射层材料

为了防止堆芯的裂变中子泄漏到堆芯外部，有效利用中子，在堆芯的周围放置反射层，作为反射层材料，希望其反射中子的性能好，并且与中子碰撞时对中子的吸收尽可能少。也就是要选用中子散射截面大、而吸收截面小的材料。使用状态可以固态砌堆构成反射墙，如铍块、石墨块等，也可以液体充注堆芯周围，如水堆中，水兼作为慢化剂和反射层材料，还兼作为冷却剂。由于固体反射层受辐照后会变质，所以堆芯高中子通量的材料寿命就成为问题。例如高中子通量的材料试验堆中的铍反射层，由于（n、2n）反应产生 He，在铍中生成气泡使靠堆芯的一侧会突起弯曲，通常使用数年之后就要更换。

三、聚变反应堆材料

（一）聚变原理与托卡马克装置

1. 聚变反应原理

（1）聚变反应。两个轻原子核融合形成重原子核，叫做核聚变，发生核聚变反应时放出更大量的能量。

（2）等离子体约束

①磁约束

用磁场约束的方法，即运动的带电粒子在磁场中受洛伦兹力而绕磁力线旋转时不会横越磁力线飞散掉，从而实现对它们的约束。

②惯性约束

在真空容器的中心，脉冲式的制成等离子体，用瞬间过渡现象把等离子体扩散加以约束的方法。

（3）等离子体加热

要进行聚变反应，除了要对等离子体加以约束外，加热等离子体也是重要条件。把等离子体加热到数万摄氏度乃至数亿摄氏度。加热等离子体的方法很多，如高速中性粒子入射加热、电阻加热、高频加热、激光加热等。

2. 托卡马克装置

托卡马克聚变装置的主要部件有：第一壁，它构成等离子体室；偏滤器系统，它从D–T反应中提取氦；包层系统，它将聚变能转换成热能，同时增殖燃料循环中所需的氚Ⅰ磁场屏蔽；容器结构；磁场系统；燃料和等离子体辅助热源。

托卡马克是一种利用磁约束来实现受控核聚变的环形容器。托卡马克的中央是一个环形的真空室，外面缠绕着线圈。在通电的时候托卡马克的内部会产生巨大的螺旋形磁场，将其中的等离子体加热到很高的温度，以达到核聚变的目的。相比其他方式的受控核聚变，托卡马克拥有不少优势。

受控热核聚变在常规托卡马克装置上已实现。但常规托卡马克装置体积庞大、效率低，突破难度大。在商用堆建成之前，中国科学家还设计把超导托卡马克装置作为中子源，以和平用于环境保护、科学研究及其他途径，这一设想获得国内外专家较高评价。

（二）聚变堆主要材料与特征

1. 聚变核燃料

聚变核燃料，主要是氘和氚。

2. 氚增殖材料

这里是指可与中子反应而生成氚的锂的陶瓷或合金。通过锂与中子反应生成氚。氚增殖材料的基本要求是：有一定的氚增殖能力，化学稳定性好，与第一壁结构和冷却剂有好的相容性，氚回收容易，残留量低。

3. 中子倍增材料

这种含有能产生（n、2n）和（n、3n）核反应的核素材料。铍（Be）、铅（Pb）和锆（Zr）产生这种核反应的截面较大。含有这些元素的化合物或合金都可以作为中子材料。

4. 第一壁材料

第一壁是托卡马克聚变装置包容等离子体区及真空区的部件，又称面向等离子体部件，它与外围的氚增殖区结构紧密相连。第一壁材料主要包括第一壁表面覆盖材料，可以选择与等离子体相互作用性能好的材料，如铍、石墨、碳化硅、碳 / 碳、碳 / 碳化硅纤维强化复合材料。第一壁结构材料要在高温、高中子负荷下有合适的工作寿命，目前选用的材料有奥氏体不锈钢、铁素体不锈钢、钒、钛、铌和钼等合金。第一壁材料还包括高热流材料和低活化材料等。

四、核能材料的辐照效应

（一）辐照缺陷的产生过程

1. 入射粒子在固体中的行为

入射原子进入固体与原子发生弹性碰撞和核反应时，能量必然受到损失。若入射粒子在其路程上撞击一系列点阵原子，传递反冲能量 *T* 给点阵原子，则当 *T* 超过其离位阈能 *T*d 时，点阵原子就离开原来位置，到达间隙位置，形成弗兰克尔缺陷对。大多数核能材料经受快中子辐照，它传递给点阵原子的能量高出 *T*d 许多倍。当初级反冲原子获得的能量远大于 *T*d 时，它将继续去撞击周围的原子产生次级反冲原子，它们又可逐次碰撞下去形成碰撞级联，这种过程对固体材料的辐照效应起到极其重要的作用。

2. 碰撞截面和辐照损伤剂量

在碰撞级联中产生的平均离位原子数目称为离位损伤函数 *N*d。

3. 离位阈能

Frenkel 缺陷对是辐照损伤的基本单元。它们由低能的 PKA 和级联碰撞中碰撞列产生。离位阈能 *T*d 是碰撞中反冲原子形成的弗兰克尔缺陷对所需的最低能量，它可由电子辐照实验和计算机计算实验确定。*T*d 的数值随着反冲原子在晶格中的反冲方向而变化。采用电子辐照处于 4.2K 温度的单晶 Cu 片，在不同的电子束与晶片夹角测出在不同电子束能量下的电阻变化，得出了 *T*d 与晶片方向的关系。

4. 离位峰

高能 PKA 产生缺陷的过程分为前后两个阶段，即级联碰撞和离位峰。级联碰撞持续的时间约为 0.1 ~ 0.3ps，小于典型的原子振动时间，此后就进入离位峰阶段。在新生的离位峰中原子剧烈运动，在其边缘建立起密度极高的密度冲击波峰，以置换碰撞、位错圈或其他机制把附近的离位原子逐出周围的点阵区域。

（二）核能材料中辐照损伤现象

1. 辐照与原子、分子的相互作用

从原子核里射出的粒子或者结合体以及以电磁波的形式放出的原子核内外的能量统称为辐射。与反应堆关系密切的辐射有 α 射线辐射、β 射线辐射、γ 射线辐射、X 射线辐射、质子（p）辐射、重氢核（d）辐射、中子（n）辐射以及裂变产物（FP）辐射。这些粒子由于某些原因得到能量而克服原子核或者原子内的结合力跑出来，通常具有较大的动能。常用的能量单位为电子伏（eV）。

带电粒子（α、β、p、d、FP）以高速度通过物质，使原子核外的电子脱离轨道成为自由电子，失掉一些电子的原子成为带正电荷的离子，称为电离现象。具有这种能力的辐射称为电离辐射。在物质中粒子所能通过的距离称为射程。这个值与它所具有的动能成函数关系。对于同一类的辐射，能量越高，射程越远。质量大的带电粒子 FP，在固体中射程非常短，只有几十微米。裂变时放出的能量几乎都作为动能传给了 FP。该能量是发生在核裂变的极其微小的范围内，它集中地传给物质，从而转换成热能。因此，只要是使用固体燃料，当前阶段还不能避免对材料结构的损伤。高能中子辐射和 γ 射线辐射同样也显示了损伤效应。

2. 粒子辐射对晶体的作用

（1）包壳材料中空位团、间隙原子团的形核生长和辐照肿胀

辐照缺陷的浓度和相应的微观结构可分为开始的瞬态过程和以后的准稳态过程。起初，原始的辐照缺陷浓度增加，而后趋向稳定。在瞬态过程结束时，缺陷的产生量与缺陷的复合及消失量达到平衡，此时空位和间隙原子形成各自的平衡浓度。由于间隙原子迁移率远高于空位，且缺陷尾闾俘获间隙原子的效率要高于俘获空位的效率，所以导致空位浓度要高于间隙原子，相应地就要有更多的空位流经空洞或气泡，使空洞或气泡生长，从而引起材料的肿胀。

（2）核燃料中裂变气泡迁移、聚集和裂变气体释放

对于核燃料，聚变产物的能量很高，高质量数一组的动能为 61MeV，低质量数一组的动能为 93MeV，都产生严重的辐照缺陷。它们在辐照缺陷的协同作用下形成气泡，造成肿胀或扩散迁移而释放。以 UO2 燃料为例，芯块中残留的烧结气孔分两类：一类小尺寸气孔在热应力和裂变碎片作用下发生收缩、湮没而导致芯块密实；另一类较大的气孔在温度梯度下发生迁移。随燃料消耗增加，裂变气体的气泡形核成长，并与气体相遇合并，使芯块由密实变为肿胀。气孔通过长期迁移到达晶界，又不断长大、变形或与其他气孔相连构成气孔链，或与裂缝表面相通构成释放通道。

（3）结构材料的辐照硬化、脆化和断裂

大多数金属材料在辐照下屈服应力和极限强度增加、延伸率下降。它们都是快中子注量和温度的函数，前者反映辐照硬化，后者反映辐照脆化。辐照也使持久强度增加，断裂寿命降低。对于脆性材料，辐照提高延－脆转变温度。这些都是在应力作用下发生位错与辐照缺陷相互作用的结果。

（三）辐照对聚变结构材料力学性能的影响

断裂韧度是指材料在弹塑性条件下，当应力场强度因子增大到临界值，裂纹便失稳扩展而导致材料断裂，这个失稳扩展的应力场强度因子即断裂韧度。它反映了材料抵抗裂纹失稳扩展即抵抗脆断裂的能力，是材料力学性能指标。铁素体 / 马氏体钢和难熔金属的低温辐照强化会导致断裂韧度值降低和材料脆性的增加。辐照之后的铁素体 / 马氏体钢和钒基合金的最低断裂韧度值为 30MPa · $m^{1/2}$，都远小于辐照前的数值（＞100MPa · $m^{1/2}$）。在低温（＜0.3*T*m）条件下，即使辐照剂量低至 1DPA，铁素体 / 马氏体和难熔金属也会表现出辐照强化。在 0.3*T*m 以上温度时辐照会引起聚变结构材料的脆性转变，但是随着温度的升高，聚变结构材料的辐照硬化率也会急速下降。

参考文献

[1] 孙晓东，张乐 . 化学化工材料与新能源 [M]. 吉林：吉林大学出版社，2019.01.

[2] 俞园园 . 化学化工材料与新能源研究 [M]. 哈尔滨：哈尔滨地图出版社，2019.08.

[3] 刘臣臻，饶中浩 . 相变储能材料与热性能 [M]. 徐州：中国矿业大学出版社，2019.05.

[4] 周春晖，余承忠 . 超分子化学、纳米技术与非金属矿功能材料 [M]. 北京：中国建材工业出版社，2019.10.

[5] 庄倩倩 . 生物降解高分子材料及其应用现状研究 [M]. 北京：中国纺织出版社，2019.11.

[6] 陈步明，郭忠诚，黄惠 . 有色金属电积用二氧化铅复合电极材料 [M]. 北京：冶金工业出版社，2019.02.

[7] 杨应昌 . 新能源材料与器件概论 [M]. 北京：北京工业大学出版社，2019.10.

[8] 王新东，王萌 . 新能源材料与器件 [M]. 北京：化学工业出版社，2019.02.

[9] 张玉兰，蔺锡柱 . 新能源材料概论 [M]. 北京：化学工业出版社，2019.07.

[10] 李路 . 新能源材料的技术与应用 [M]. 甘肃：延边大学出版社，2019.05.

[11] 任海波 . 锂离子电池与新型正极材料 [M]. 北京：中国原子能出版社，2019.10.

[12] 苗蕾 . 新能源材料与器件 [M]. 北京：中国建材工业出版社，2019.10.

[13] 王丽，郝延蔚，周亮 . 化工新材料概论 [M]. 成都：电子科学技术大学出版社，2020.01.

[14] 魏范松 . 新能源材料 La–Mg–Ni 系 A5B19 型储氢合金的研究 [M]. 镇江：江苏大学出版社，2020.05.

[15] 袁吉仁 . 新能源材料 [M]. 北京：科学出版社，2020.11.

[16] 楠顶 . 材料科学与新能源材料研究 [M]. 长春：吉林大学出版社，2020.05.

[17] 卢赟，陈来，苏岳锋 . 锂离子电池层状富锂正极材料 [M]. 北京：北京理工大学出版社，2020.04.

[18] 李雪 . 锂离子与钠离子电池负极材料的制备与改性 [M]. 北京：冶金工业出版社，2020.03.

[19] 罗学涛，刘应宽，甘传海 . 锂离子电池用纳米硅及硅碳负极材料 [M]. 北京：冶金工业出版社，2020.08.

[20] 王雪，王彬著 . 锂离子电池材料原理、性能及生产工艺研究 [M]. 长春：吉林大学出版社，2020.

[21] 王野，傅钢 . 碳基能源化学 [M]. 厦门：厦门大学出版社，2021.03.
[22] 曾晓苑 . 碳基复合材料的制备及其在能源存储中的应用 [M]. 北京：冶金工业出版社，2021.03.
[23] 朱永明，高鹏，王桢 . 锂离子电池正极材料合成表征及操作实例 [M]. 哈尔滨：哈尔滨工业大学出版社，2021.06.
[24] 赵红远，李勇峰 . 动力锂离子电池正极材料锰酸锂的设计合成与性能调控 [M]. 北京：机械工业出版社，2021.12.
[25] 赵艳红 . 石墨烯与过渡金属氧化物复合材料制备 [M]. 哈尔滨：哈尔滨工业大学出版社，2021.05.
[26] 陈彦彬著 . 储能及动力电池正极材料设计与制备技术 [M]. 北京：科学出版社 ,2021.04.
[27] 杨全红，孔德斌，吕伟 . 石墨烯电化学储能技术 [M]. 上海：华东理工大学出版社，2021.07
[28] 李继利 . 纳米结构锂离子电池富锂锰基正极材料的制备及改性 [M]. 北京：化学工业出版社，2022.10.
[29] 刘进 . 新时代锂电材料性能及其创新路径发展研究 [M]. 长春：吉林科学技术出版社，2022.04.
[30] 胡觉，姚耀春，张呈旭 . 新能源材料与器件概论 [M]. 北京：冶金工业出版社，2022.05.